경험 디자인 교과서

UX 디자인을 위한 이론과 연구

유엑스 리뷰

일러두기

이 책은 경험 디자인의 이론과 철학을 다루고 있습니다.
상당 부분이 쉽게 이해하기는 어려운 인문학적 내용입니다.
특히 여러 나라의 연구자들이 쓴 책이므로
각 장마다 문체, 접근법, 그리고 해석에 차이가 있으니
독자 여러분의 이해를 바랍니다.

경험 디자인 교과서

UX 디자인을 위한 이론과 연구

피터 벤츠 엮음

범어디자인연구소 옮김

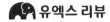 유엑스 리뷰

차례

제3부 인터랙션과 퍼포먼스

저자 소개

그레첸 C. 리너트(Gretchen C. Rinnert)

켄트주립대학교(Kent State University) 비주얼 커뮤니케이션 디자인 학부의 조교수로, 주로 인터랙티브 미디어와 모션 디자인을 가르치고 있다. 참여와 이해를 개선하기 위한 방안으로서 디자인과 교육의 교차점이 그녀의 연구 주제이다. 최근에는 건강과 복지와도 연계된 작업을 하고 있다.

라크스미 P. 라젠드란(Lakshmi P. Rajendran)

현재 셰필드대학교(University of Sheffield) 건축학부의 박사 과정에 소속되어 있다. 셰필드에서 수행되는 연구를 기반으로 한 그녀의 지속적 리서치는 다문화 도시 공간에서의 정체성 구성을 연구하기 위한 공간-행동 모델을 개발하는 것을 목표로 한다.

로지 파넬(Rosie Parnell)

셰필드대학교 건축학부의 부교수이다. 그녀의 연구와 실무, 그리고 강의는 디자인 참여, 건축 교육, 어린이 공간에 대한 관심을 통합한 것이다.

린다 렁(Linda Leung)

호주 시드니공과대학교(University of Technology Sydney)의 공학 및 IT 학부 부교수이며, '디지털 경험 디자인: 아이디어, 산업, 상호작용(Intellect, 2008)'의 저자다. 시드니공과대학의 인터랙티브 미디어 대학원 학장으로서 기술적으로 중재된 경험과 IT 업계에서 잘 알려진 사용자 경험(UX)에 관심을 갖고 있다. 연구 주제는 소수 집단과 소외된 지역 사회가 어떻게 기술을 그들의 필요에 적합하게 이용하는가에 있다.

마누엘 마틴 로에체스(Manuel Martin-Loeches)

마드리드 콤플루텐세대학교(Universidad Complutense)의 인지심리학자로, 언어심리학, 감정, 인지 조절, 정신생리학적 평가와 행동 통합에 관하여 안네카트린 샤흐트(Annekathrin Schacht), 베르너 좀머(Werner Sommer), 비르기트 슈투르머(Birgit Sturmer) 등 기라성 같은 학자들과 공동 연구를 진행하였다.

마이클 생크스(Michael Shanks)

스탠퍼드대학교(Stanford University)의 고고학자이자 교수이다. 그는 자동차의 과거, 현재, 미래를 연결하기 위한 스탠퍼드의 '더 레브 프로그램(The Revs Program)'의 공동 책임자이며, 과거에는 스탠퍼드 인문학 연구소(Stanford Humanities Lab)의 공동 책임자를 맡기도 했다. 스탠퍼드 디스쿨(d.school)의 하소플래트너디자인연구소(Hasso Plattner Institute) 및 CARS(Center for Automotive Research at Stanford, 스탠퍼드 자동차 연구 센터)와 연계하고 있다. 스탠퍼드 고고학 센터에 있는 그의 연구소는 '메타미디어(Metamedia)' 라고 불린다.

매튜 터너(Matthew Turner)

영국 왕립예술학교(Royal College of Art)에서 '대용품 디자인(Ersatz Design)'으로 박사 학위를 받았으며, 이후 세계적으로 많은 글을 출판했다. "메이드 인 홍콩(Made in Hong Kong, 1988)", "아이덴티티 디자인하기(Designing Identity, 1994)", "멀티 스토리(Multi-Stories, 2000)" 등의 전시회를 개최하기 위해 여러 박물관과 협업을 하기도 했다. 홍콩폴리텍대학교(Hong Kong Polytechnic University) 디자인 스쿨에서 "아시아의 디자인"이라는 강의를 개발하였고, 그 후 스코틀랜드로 돌아와 현재 명예교수로 재직 중인 에든버러네피어대학교(Edinburgh Napier University)에서 디자인 학장으로 근무했다. 2006년 홍콩아트스쿨(Hong Kong Art School)의 이사를 지냈으며, 2010년 홍콩침례대학교(Hong Kong Baptist University) 시각예술원의 객원 연구원을 지냈고,

2013년에는 홍콩폴리테크닉대학 사회적 혁신 디자인 연구소의 체류 사상가(Thinker in residence)로 활동하였다.

바버라 애덤스(Barbara Adams)

예술가, 디자이너, 사회과학자들과의 창조적 실천에 대해 연구하였다. 그녀는 예술가들과 미술기관에 대한 저술활동을 해왔으며, 최근에는 수전 예라비치(Susan Yelavich)와 함께 《미래를 만드는 디자인(Design as Future-Making, Bloomsbury, 2014)》이란 책을 편집하였다. 그녀는 뉴스쿨대학교(New School)의 유진 랑(Eugene Lang) 칼리지와 파슨스(Parsons)에서 학생들을 가르치고 있다.

베르너 좀머(Werner Sommer)

베를린 훔볼트대학교(Humboldt-Universitat zu Berlin)에서 근무하는 인지심리학자로, 뇌파 측정과 행동을 통합하는 연구를 하였다. 그는 마누엘 마틴 로에체스(Manuel Martin-Loeches), 안네카트린 샤흐트(Annekathrin Schacht), 비르기트 슈투르머(Birgit Sturmer)와 같은 기라성 같은 학자들과 함께 공동 연구를 진행하였다. 그의 최근 관심사는 식사의 심리, 얼굴과 감정 인지의 개인적 차이, 그리고 읽기를 강조한 언어심리학이다.

비르기트 슈투르머(Birgit Sturmer)

베를린 국제정신분석대학교(International Psychoanalytic University)에서 근무하는 인지심리학자이다. 그녀는 마누엘 마틴 로에체스(Manuel Martin-Loeches), 안네카트린 샤흐트(Annekathrin Schacht), 베르너 좀머(Werner Sommer)와 같은 기라성 같은 학자들과 언어심리학, 감정, 인지 조절, 그리고 행동과 정신생리학적 평가의 통합에 관하여 공동 연구를 진행하였다.

사라 M. 스트랜드바드(Sara M. Strandvad)

덴마크 로스킬레대학교(Roskilde University)의 커뮤니케이션, 비즈니스, 정보공학 학부 소속 퍼포먼스 디자인 프로그램의 부교수다. 그녀는 예술의 사회물질적 관점에 기반한 덴마크 영화 제작의 개발 과정에 관한 연구를 비롯해, 문화사회학 분야에서 다양한 학술 활동을 해온 저자이다.

스티븐 워커(Stephen Walker)

셰필드대학교 건축전문대학원의 부교수 겸 학장으로, 그의 연구 영역은 예술, 건축, 비판이론 등 광범위하며, 그러한 이론적 프로젝트들이 건축과 예술적 실무의 특정 순간들에 대해 제기할 수 있는 질문들을 살펴보기도 한다.

실비아 그리말디(Silvia Grimaldi)

런던예술대학(University of the Arts London) 소속 런던칼리지오브커뮤니케이션(London College of Communication)에서 연구자 겸 교수로 재직 중이다. 이곳에서 그녀는 공간 디자인 학사 과정의 주임교수를 맡고 있으며, 과거에는 '그래픽 제품 혁신' 학사 과정을 운영했다. 그녀의 연구는 제품 경험, 내러티브, 감성 디자인에 중점을 두고 있으며, 특히 제품에서 감성을 이끌어내는 놀라운 방법에 초점을 맞추고 있다. 최근에는 제품 경험에 대한 사용자의 해석에 있어 내러티브가 미치는 영향을 연구하고 있다.

안네카트린 샤흐트(Annekathrin Schacht)

괴팅겐대학교(Georg–August Universitat Gottingen)에서 근무하는 인지심리학자이다. 그녀는 마누엘 마틴 로에체스(Manuel Martin–Loeches), 베르너 좀머(Werner Sommer), 비르기트 슈투르머(Birgit Sturmer) 등 기라성 같은 학자들과 함께 언어심리학, 감정, 인지 조절, 정신생리학적 평가와 행동 통합에 관해 공동 연구를 진행하였다.

에이미 핀데이스(Amy Findeiss)

사람들이 어떻게 보고 느끼는지, 그리고 경험 디자인을 통해 혁신의 불꽃을 밝혀내기 위한 작업을 하고 있다. 그녀의 작업 대다수는 참여적 관여에 대한 기회를 확인하기 위해 인간의 행동, 동기, 내재적 가치를 이해하는 것에 초점을 맞추고 있다.

유라니 라베이(Eulani Labay)

협동과 놀이의 순간들을 통해 복잡한 사회적 문제들을 다룰 수 있다고 믿는다. 공연 디자인과 퍼포먼스, 미디어, 그리고 도시에 대한 이해는 그녀로 하여금 인식의 변화를 일으킬 수 있는 가능성을 위한 경험과 상호작용을 디자인하도록 이끌어주었다.

이안 콕슨(Ian Coxon)

덴마크남부대학교(University of Southern Denmark) 기술혁신 연구소의 경험 기반 디자인 담당 부교수로서, 인간 경험의 구조와 인지론에 관심이 있다. 그의 가장 최근 연구는 '보살핌의 생태학(Ecology of Care)'에 초점을 맞추고 있는데, 이는 인간의 일상과 경험에 유의미한 것이 무엇인지 더 깊이 이해하고 이를 디자인을 구성하는 의도성으로 가져옴으로써 인간과 기술 사이에 존재하는 보살핌의 영역을 더욱 건강하고 균형 잡히게 만드는 것이다.

자비에 애커린(Xavier Acarin)

바르셀로나에 위치한 센터드아트 산타모니카(Centre d'Art Santa Monica), 사이트 산타페(SITE Santa Fe), 크리에이티브 타임 앤드 인터내셔널 스튜디오(Creative Time and International Studio) 등 여러 다양한 기관들 및 예술가들과 함께 일해온 아트 프로듀서이다. 현재 뉴욕시에 거주 중이다.

켈리 티어니(Kelly Tierney)

인프라와 사회 시스템, 경험 디자인, 혁신적 변화를 위한 행동 및 조치에 대한 연구에 집중하고 있다. 그녀는 재난 대비, 의료개혁, 공공 공간, 소유권을 비롯한 다양한 맥락에서 커뮤니티, 사물, 서비스, 경험, 행동을 위한 미래의 비전을 만들고 있다.

캐서린 엘젠(Catherine Elsen)

벨기에 리에주대학교(University of Liege)의 부교수이자 미국 매사추세츠공과대학교(Massachusetts Institute of Technology)의 연구 겸임교수이다. 그녀의 연구 주제는 (건축과 산업디자인의) 디자인 과정에 관한 것이다. 더 세부적으로 말하면, 디자인 툴이 특정한 인지 과정(최종 사용자의 니즈 통합: 창조성, 팀 구성원들 간의 협동)에 미치는 영향에 관한 것이다.

코니 스바보(Connie Svabo)

덴마크의 로스킬레대학교(Roskilde University) 부교수이자 퍼포먼스 디자인 연구의 책임자이다. 2010년부터 2013년까지 경험 경제에 대한 덴마크 국립혁신네트워크에서 '경험탈출(Experiencescapes)'이라는 혁신적 주제의 프로젝트 리더를 맡았다. 이 네트워크에서 그녀는 2개의 대규모 경험 디자인 프로젝트를 맡았다. 하나는 유네스코의 지질유산 지역을 위한 것이었고, 다른 하나는 제1차 세계대전을 위한 신규 박물관 프로젝트였다. 최근에는 시몬센(Simonsen), 스트랜드바드(Strandvad), 허줌(Herzum), 한센(Hansen)과 함께 '상황 디자인 방법(Situated Design Methods, MIT Press, 2004)'이란 책을 공동 편집하였다.

크리스틴 뭉가르드 피더슨(Kristine Munkgård Pedersen)

덴마크 로스킬레대학교의 커뮤니케이션, 비즈니스, 정보공학 학부 내의 퍼포먼스 디자인 프로그램에서 강의를 하고 있다. 그녀의 연구는 주로 공간과 경험에 관한 문제로, 관광업의 분석에서부터 축제 기획과 디자인에 이르기까지 다방면에 걸쳐 진행되고 있다.

클라우스 외스터가드(Claus Østergaard)

올보르대학교(Aalborg University)의 조교수로, 모바일 사용자 경험에 대한 연구 및 강의를 하며 경험 디자인, 인터랙티브 디지털 미디어 워크숍을 진행한다. 또 그는 모바일 사용자 경험 디자인의 비교문화적 측면에 관한 연구에도 관심이 있다. 2012년에는 도쿄대학교의 정보학환(Interfaculty Initiative in Information Studies)에 머무르기도 했다.

타라 멀래니(Tara Mullaney)

방사선 치료에 대한 암환자의 경험을 조사하기 위해 디자인을 통한 연구 접근 방식을 채택하여 진행하였으며, 디자인의 구성이 의료서비스 내의 기존 사회적, 기술적, 기관적 경계를 이해하고 비평하는 데 도움을 주는 역할을 할 수 있다는 것을 연구하였다. 그녀는 또한 스웨덴 우메오 대학교(Umea University) 소속 우메오 디자인 학교(Umea Institute of design, UID)의 인터랙션 디자인 석사 과정에서 학생들을 지도하며 학위 논문에 대한 조언을 해주고 있다.

펠릭스 브뢰커(Felix Bröcker)

본래는 요리사로 교육을 받았으나, 이후 마인츠대학교(University of Mainz)에서 영화학과 철학 학위를 받았다. 현재 프랑크푸르트/마인에서 큐레이터학 석사 과정에 재학 중이며, 예술과 요리의 상관관계를 관찰하고 있다. 마인츠의 막스플랑크연구소(Max-Planck-Institute)에서 음식 프로젝트를 위해 토마스 빌기스(Thomas Vilgis) 교수를 도와 연구 조교로 일하고 있기도 하다. 또한 베르너 좀머(Werner Sommer) 교수를 도와 미식과 심리학 사이의 상호관계를 고찰하기 위한 프로젝트에 참여하고 있다.

피에르 르클레르크(Pierre Leclercq)

리에주대학교(University of Liege)의 교수이다. 그는 디자인 공학의 학제적 접근과 관련하여 근본적이고 응용적 연구 프로젝트를 이끌어왔다. 주요 연구 주제는 디자인 컴퓨팅, 인지, 디자인에서의 인공지능, 디자인에 있어 인간-컴퓨터 상호작용(HCI), 인터페이스 스케치이다.

피터 벤츠(Peter Benz)

현재 홍콩침례대학교(Hong Kong Baptist University) 시각예술원에서 부교수로 재직 중이다. 대학에서 시각예술 석사 프로그램(경험 디자인)의 진행과 강의를 맡고 있다. 건축에 대한 배경지식을 기반으로, 공간 디자인의 경험적 측면, 특히 "디자인되지 않은" 도시 주변부 지역에 관심을 갖고 있다.

서문

다양한 분야를 넘나드는 연구가 우수한 학문적 실천이라고 주장하는 사람들이 많지만, 여러 이유 때문에 학제 간 연구는 필요한 만큼 자주 행해지지는 않았다. 이 경험으로 미루어볼 때 이 책의 저자들이 4개 대륙 출신의 학문적·전문적 두뇌들이며 건축, 디자인, 미술, IT, 심리학, 사회과학 등 다양한 분야의 사람들로 구성된 것은 상당히 기쁜 일이다. 덕분에 독자들은 경험 디자인을 바라보는 각 분야의 독특한 시각이 어떤지 알 수 있을 것이다. 이 책에 기여한 사람들은, 이러한 학제 간 연구가 이루어져야만 특성상 다양한 분야를 넘나들 수밖에 없는 경험 디자인을 충분히 연구할 수 있다고 생각한다.

이 책은 학문적 엄격함과 타당성, 전문적 응용 가능성, 그리고 지적 접근성의 균형을 잡으려는 시도의 결과로 나오게 되었다. 심리학, 사회학 외에 다른 사회과학은 물론, 사용자 경험 디자인, 인터랙션 디자인, 제품 디자인, 혹은 건축 등의 학문 배경이 있는 전문가와 학자들을 독자층으로 수용하기 위해 여러 분야의 사람들이 이 책에 기여했다. 이러한 공동의 노력이 독자들에게 통찰력과 논리를 제시해주기를 기원한다.

이 프로젝트가 아직 실패할 수도 있었던 시기에 수많은 초록을 보는 데 시간과 노력을 아끼지 않아준 세계 여러 대학의 교수님들께 깊은 감사의 뜻을 표한다.

그리고 이 책을 출간하는 일을 함께 하기 전까지는 몰랐던 몇 분들을 포함해서 나와 함께 일해준 모든 분들에게 진심으로 감사드린다. 이 책이 나오는 과정에 너무나도 힘이 되어준, 블룸즈버리 런던의 편집차장인 레베카 바든(Rebecca Barden)과 그녀의 조수 애비 샤먼(Abbie Sharman)에게도 감사의 말을 전한다.

마지막으로 이 책이 출판되기 전에, 최근 저와 제 연구에 큰 영향을 준 시각디자인학과 석사과정의 경험 디자인 강의를 수강한 제자들에게 감사함을 전하고 싶다. 제자들과의 대면에서 경험한 흥미로운 도전과 즐거움이 없었다면, 특히 2013년도에 강의를 하지 않았다면, 이쪽 분야로 이만큼 깊게 파고들지는 않았을지도 모른다. 특히 이 책이 출판되기 전 마지막 2년간 IT 방면의 주제를 다루는 데 큰 도움을 준 윙 메이인(Wong Mei-Yin)에게 감사 인사를 전한다.

이 책을 읽어주시는 독자 여러분, 그리고 여기서 언급하지는 않았지만 도움과 응원을 주신 모든 분들에게 감사의 말을 전한다.

피터 벤츠

출판사 서문

경험 디자인의 등장과 올바른 접근법

최근 기업들의 디자인 화두는 '경험'이다. 포털 사이트, 게임, 인터넷 뉴스와 같은 서비스를 제공하는 IT 기업들에서부터 테마파크, 항공사, 심지어 은행과 병원, 그리고 정부기관에 이르기까지 경험을 미래 혁신전략으로 추진하는 조직의 유형은 매우 다양하다. 그 경험은 주요 고객과 매체를 어떻게 정의하느냐에 따라 사용자 경험, 모바일 경험, 공간 경험, 환자 경험 등으로 불리기도 한다. 경험을 중시하는 기업들의 상당수는 디자인과 기술, 그리고 마케팅이 중요한 제품을 판매하는 곳들이지만 관공서나 학교처럼 그렇지 않은 경우도 많다. 그렇다면 왜 경험이라는 추상적이고 지극히 감성적인 개념이 중요해진 것일까? 사실 원래부터 디자인은 인간의 경험을 만들거나 고유의 경험을 전달하기 위한 수단이었다. 그 경험을 상품화하고 서비스의 본질로 인식하게 되면서 경험 디자인이라는 개념이 체계화되어온 것이다. 그러한 경향이 두드러지며 경험 디자인이란 분야가 성장하게 된 배경에는 두 가지의 커다란 변곡점이 있다. 이에 대해 잠간 살펴보도록 하자.

첫 번째는 디자인학자들이 인간의 경험 향상을 추구하는 디자인을 중심으로 다른 여러 분야를 융합시킨 것이다. 가구나 의류처럼 물리적인 대상이 아닌 추상적 개념이나 무형의 서비스가 디자인의 주제로 주어지면서 제품을 가공하던 전통적인 디자인 방식만으로는 복잡하고 전문적인 문제들에 접근하기 어려워지자 관계된 분야의 전문가들과의 협업 과정에서 관련 학문들을 디자인의 리서치 과정에 끌어들여 함께 문제를 해결해 나가는 방식이 보편화되기 시작했다. 심리학, 산업공학, 문화인류학 등 디자인과는 거리가 멀게 느껴졌던 영역들의 조사방법론이 디자인 대상으로서 사용자 경험의 실체를 규명하기 위해 활용되었다. 처음에는 디자인 효과에 대한 반응으로서 경험이 형성되는 방식에 관한 연구가 주로 진행되었다. 기억, 재미, 만족감, 안전, 소통 등 인간적 요소와 디자인의 연결고리를 찾기 위한 것들이었다. 이후 그 각각의 요소들을 통합적으로 관리, 개선, 혁신하려는 시도가 계속되었다. 그것이 학계에서 경험 디자인 또는 사용자 경험 디자인이라는 분야로 정립된 것이다.

두 번째 원인은 실제로 기업에서 브랜드를 개발하고 발전시키는 과정에서 비롯된 것이다. 각 산업에서 기술적인 부분이 평준화되면서 고객들의 니즈를 파악하고 그에 맞추어 제품이나 서비스를 개발하는 사용자 중심 디자인이 기본적인 제품/서비스 개발 방식으로 정착되었다. 그리고 기업들은 시각적인 아름다움을 만드는 스타일링만으로는 브랜드 차별화에 한계가 있다고 인식하기 시작했다. 새로운 고객들을 끌어들이고 긍정적인 이미지를 소비자들의 머릿속에 남기기 위해서는 가치 있는 경험의 개발이 필요했다. 그런 기업들은 대부분 맥락이 있는 경험이 상품으로 전달하는 핵심 가치인 IT 서비스업종들이었다. 그래서 초기에 경험을 창조하는 데 동원된 인력들은 디지털 미디어의 발전과 함께 성장해왔다. 그리고 근래에 이르러 일류기업들의 상품 대부분이 기술적으로나 비즈니스적으로 디지털 미디어와 연계되어 사용자와 상호작용하게 됨에 따라 경험 디자인의 영역이 광범위하게 확장되었다.

UX라는 이름으로 더 널리 알려진 경험 디자인의 역사는 1980년대부터 본격적으로 학문화된 HCI(인간–컴퓨터 상호작용), 1990년대 컴퓨터 응용 제품의 발전과 함께 떠오른 신생 학문인 인터랙션 디자인과 같은 맥락에서 자연스럽게 탄생하게 되었다. 경험 디자인은 컴퓨터, 모바일 기기, 그리고 웹사이트의 대중화 과정에서 구조를 갖추며 진화를 거듭해왔다. 하지만 그 HCI와 인터랙션 디자인은 당시 끝을 모르게 새로워지던 컴퓨터 기술에 적합한 디자인에 관한 것들이었고, 경험 자체를 디자인의 대상으로 보는 진정한 의미의 경험 디자인이 학계에서 본격적으로 논의되며 거의 모든 산업의 디자인 현장에서 보편적으로 활용되기 시작한 지는 아직 20년이 채 되지 않았다.

기업에서는 UX 디자인(사용자 경험 디자인이라는 의미로. 디지털 산업에서는 경험 디자인이란 표현보다 더 자주 사용되는 개념)에 관한 수요가 상당히 높아졌는데, 이는 스마트폰이 대중화되고 모바일 기기가 인간의 일상을 지배하게 되면서 생긴 현상이다. 아직도 관련 전공을 개설한 대학의 수가 적은 편이고, 여러 업계에서의 성공 사례도 부족하다. 간간이 디지털 제품이나 서비스가 사용자 경험을 잘 설계하여 성공했다는 소식이 전해질 뿐이다. 그러나 분명 경험 디자인의 중요성은 점점 확산되고 있는 추세이다. 경험이 풍부한 디자이너라 할지라도 이 분야에서는 여러모로 공부가 더 필요한 시기인 것이다. 사용자 경험에 대한 통찰력을 얻기 위해서는 경험의 많은 유형들에 대해 생각해볼 기회를 주는 책만큼 좋은 것이 없다. 실제로 해외 유수의 디자인 교육기관들에서는 문헌 학습이 디자인 공부의 출발점이다. 특히 인문학적 사고가 중요한 UX 분야에서는 본서와 같이 인간, 공간 등에 대한 탐구적이고 실험적인 내용을 다룬 책이 국내에 꼭 필요하다고 생각해 왔다.

지금은 인터넷을 통하면 웬만한 디자인 정보를 얻고 필요한 기술을 배우는 것이 간단하다. 또 강의나 SNS를 통해 기본적인 지식도 쉽게 얻을 수 있다. 하지만 폭넓은 지식과 간학문적 이론의 융합을 토대로 진행되는 UX 분야에서는 그런 식의 학습이 상당히 어려운 것이 현실이다. 연구자들은 물론 기업들도 이제는 UX 디자인이 단순히 그래픽 인터페이스나 웹사이트를 디자인하는 일을 넘어 조직과 브랜드 전체를 아우르는 긍정적 경험을 만드는 전략적 업무라는 사실을 인지하게 되었다. 따라서 이제부터 경험 디자인에 입문하는 사람들은 사용자 경험의 전체적 구조를 파악하고 유기적으로 연관된 여러 경험들을 포괄적으로 인식하여 새로운 경험을 만들 수 있는 통찰력을 길러야 한다. 여러 종류의 경험에 대해 깊이 파고들며 '근거 있는' 디자인 이론을 담고 있는 이 책이 여러분을 도와주리라 믿는다.

이 책의 진가는 경험 디자인의 활용 범위가 넓어지고 있다는 데에서 찾아볼 수 있다. 기존에는 일부 IT 기업과 전자제품 회사들에 국한되어 부분적으로 적용되었으나 이제는 금융과 의료처럼 디자인과 거리가 멀었던 산업에서도 관심을 가지고 흥미로운 사례를 만들어가고 있다. 이러한 수요는 차후 제조업과 서비스업 전반으로 확대될 것이다. 가시적 차별화가 중요한 기능이었던 과거와는 달리 지금은 사용자 경험을 만드는 과정 자체가 디자인의 기능이 되고 있다. 그러나 UX가 유망하고 전략적인 수단으로 빠르게 자리 잡고 있는 디자인업계의 상황에 비해 경험 자체에 대한 연구는 아직도 상당히 더딘 상태이다. 디자인을 중심으로 여러 학문에서 필요한 아이디어를 끌어오고 공동 주제로 리서치가 진행되어야 하는데, 그것이 현실적으로 쉽지 않기 때문이다. 설령 여러 분야의 종사자들을 한데 모아 디자인에 대해 논의한다 하여도 서로의 입장과 배경지식이 다르니 그 방향성을 한데 모을 수 없었다.

그러한 한계를 극복하고 융합적인 관점에서 UX를 둘러싼 여러 분야의 전문가들이 협동적으로 쓴 것이 바로 이 책이다. 다방면의 전문가들이 사용자 경험이라는 공통의 주제를 놓고 트렌드를 제공하고 자신들의 노하우를 공유하였다. 경험 디자인이 하나의 체계화된 산업을 이루려면 이러한 시도가 확산되어야 하지만 그러하질 못했다. 그래서 나는 감히 이 책을 경험 디자인 교과서라 이름 붙였다. 전 세계의 UX 관련 도서 중 다학제적으로 디자인에 접근한 최초의 책으로 포괄적인 트렌드를 다루고 있기 때문이다. 이러한 특징은 열린 시각을 가지고 다양한 분야의 본질적 경험에 대한 가능성과 기회를 제시해준다. 또한 이 책은 각 분야 현장에 대한 리서치를 기반으로 만들어졌기에 UX 디자인을 위해 어떤 것들에 대한 탐구가 필요한지 알게 해준다. 디자이너들은 대체로 사회과학적 리서치에 취약하다. 그러나 사용자가 속해 있는 환경에 대한 이해를 위해서는 이 책이 보여주는 방식과 같은 리서치가 필수적이다.

이 책에서는 저자들이 각자의 영역에서 경험을 디자인으로 풀어내는 과정을 보여준다. 그 내용은 UX와 무관한 것이 아니며 우리가 해당 부문의 주제에 어떻게 접근해야 하는지를 알려주는 것으로, 디자이너가 인간의 경험을 창조하는 데 있어 중요한 통찰력을 제공한다. 교과서라 불릴 수 있는 책은 시대가 바뀌어도 변치 않는 지식과 지혜를 담고 있어야 하며 한 분야에 대한 포괄적 이해를 도울 수 있어야 한다. 그러한 측면에서 볼 때 이 책은 각 방면의 현안과 비전을 다루면서도 UX 디자인의 응용 방안을 제시하여 읽는 이로 하여금 콘셉트 개발을 위한 아이디어와 접근법을 떠올릴 수 있는 여지를 주므로 마땅히 교과서라 불릴 가치가 있는 것이다. UX 디자인에서는 어떻게 리서치를 하는지가 중요하면서도 어려운 일인데 이 책의 각 장은 다양한 주제에 대한 리서치 방향성을 제시해주므로 특히 도움이 될 것이다.

　이런 구성의 디자인 서적은 앞으로 국내에서 출간되기 어렵지 않을까 싶다. 이 책은 세계 최초로 한 가지 디자인 분야에 대한 다국적 전문가들의 공동 연구를 집대성했다는 점에서 특히 의의가 있다. 세상을 바라보는 디자이너들의 시야를 넓혀 주고 UX에 대한 깊이 있는 사고에 영향을 미칠 수 있으리라 확신한다. 또 각계각층에서 사용자 경험을 이해하고 디자인 전략을 수립함에 있어 이 책이 효과적인 매개가 되기를 기원한다. 아마 이 책이 출간된 이후에는 UX가 더욱 더 번창하여 모든 산업에서 널리 중시될 것이다.

　진정 훌륭한 경험 디자인은 폭넓은 경험을 가진 디자이너로부터 나오는 것이며, 디자이너는 직접 할 수 없는 여러 가지 경험을 타인을 통해 간접적으로 얻을 수 있다. 이를 위한 가장 쉬운 방법이 선구자들이 쓴 책을 읽는 것이다. 이 책에는 각 분야에 통찰력을 가지고 디자인 연구를 해온 여러 저자들의 경험과 지식이 응축되어 있다. 독자들이 책 속의 주제들과 관련된 프로젝트를 진행하게 될 때마다 이 책이 소중한 지침이 되기를 바란다. 자, 이제 책장을 넘겨보자. 이 책이 끝날 때쯤이면 경험 디자인 전문가인 저자들의 가치 있는 경험이 공유됨으로써 독자 여러분의 기존 경험이 확장되리라 믿는다.

유엑스리뷰 편집부

편집자 서문 및 참고 사항

매튜 터너Matthew Turner

경험 디자인과 경험 마케팅, 그리고 경험경제에 관한 유쾌한 아이디어들이 20년 전, 번영하던 1990년대에 이슈가 된 것은 너무나 자연스러운 현상이었다. 금융, 관광, 디자인 등 경험할 수는 있으나 정량적이지 않은 서비스에 자본이 쏟아졌다. 실체가 있는 상품보다 실체 없는 브랜드를 중요시하여 브랜드의 가치가 상승했고, 비물질적인 닷컴 기업들의 주가가 물리적인 제품을 생산하는 기업들 이상으로 치솟았다. 실제 제조업체들은 해외로 빠져나갔고 주식시장은 선물(先物)과 파생 상품들의 물결로 휘청거렸다. 이에 따라 은행가들은 규제에서 벗어났는데, 알고 보니, 규제에서 벗어난 게 아니라 현실에서 벗어난 것이었다.

이 책의 저자들은 뒤이어 등장한 기업 전략의 변화를 좀 더 자세히 다루고, 그 안에서 가치 창조를 위한 새로운 자원으로서 사용자 경험(user experience)이 등장하는 것을 보여준다. 이를 단순히 1990년대 버블 경제의 산물이라고 할 수는 없다. 몇몇 저자들은 이러한 변화가 후기 산업사회(post-industrial society: 서비스산업이 우위를 차지하는 공업화 다음 단계의 사회-옮긴이)의 지지자들이 몇십 년 전부터 발의한 아이디어들이 축적되어 나타난 것일 수 있다고 말한다.

그러나 다가오는 경험경제에 대한 1990년대의 이상을 해석해보면, 그 이상은 물질적 소비를 넘어선 미래 번영의 비전을 분명히 제시했으며, 그래서 호소력을 지닐 수 있었을 것이다. 거기에는 21세기 자본주의의 환상적인 비전이 담겨 있었다. 그 비전은 자본주의의 승리에 관한 것이 아니라 탁월하고, 차갑고, 정결하고, 감각적인 21세기 자본주의에 관한 것이었다. 그것이 바로 디자이너 유토피아다.

닷컴 버블의 붕괴, 세계적인 불안정, 그리고 2008년 이후 세계경제의 붕괴를 거친 오늘날에도 이 비전이 호소력을 지니는 이유는 그리 간단치 않다.

그렇다 보니 이 책에 모인 디자인 학자들과 디자이너들은 경험 디자인이라는 수사 뒤에 감춰진 실체를 비판적으로 탐구한다. 도입부에서는 경험 디자인의 선구자들이 간과했던 근본적인 질문들을 다룬다. 경험이란 무엇이며, 어떤 이론이나 방법으로 그 다양한 형태를 이해할 수 있을까? 상품의 경험이 경험의 상품화를 야기한다는 주장이 제기된 이후 20년이 지난 이 시점에, 그들은 그러한 주장이 실제로 실현된 정도를 평가한다.

경험의 상품화가 역사나 비평가들과 무관하게 진행되는 것이 아니므로 비판적 탐구는 위험한 영역이 될 수 있다. 수세기 동안, 지식인들은 대도시, 또는 자본주의나 대중매체, 아니면 글로벌 기업들이 인간 경험을 흐리게 하거나 훼손한다는 이유로 그들을 맹렬히 비난해왔다.

18세기 중반에 이미 그러한 예측이 제기됐다. 장 자크 루소(Jean Jacques Rousseau)는 진정한 경험이 현대 대도시의 장관(spectacle)과 패션의 소용돌이에 의해 흐려지고 있다고 보았다. 한 세기 후, 카를 마르크스(Karl Marx)는 자본주의가 사랑, 미덕, 그리고 양심에 대한 우리의 가장 깊은 경험들을 거래가 가능한 상품 시장에 내던진 것을 애도했다. 그리고 지난 세기엔 발터 벤야민(Walter Benjamin)이 대중매체의 집요한 공격과 단절된 개인 소비로 인해 집단적 경험과 공유 기억이 어떻게 위축되어왔는지 연대기별로 나열했다. 지난 수백 년 동안 이러한 비평들은 디스토피아를 그린 소설인《우리들(We)》이나《1984》, 유명한 광고와 브랜드인〈더 히든 퍼스웨이더(The Hidden Persuaders)〉나 'No Logo' 등을 통해 극적으로 부풀려져 왔다. 마침내, 이 주제는 할리우드 블록버스터에 의해 다루어지기도 한다. 소비의 즐거움을 누리지만 기업이 지배하는 국가에 의해 인간적 경험이 감시, 조종, 규격화, 통제되는 디스토피아적 미래로 말이다.

과대망상 영화들은 제쳐두더라도, 개인의 경험이 디지털 기술에 의해 매개되고, 조종되고, 상품화되는 정도에 대한 현실적인 우려가 있다. 웹 기반 회사들과 인터넷 거대 기업이 제공하는 향상된 사용자 경험은 개인의 사생활을 제물로 삼아왔다. 미국국가안전보장국(NSA, National Security Agency)과 그 파트너들이 밝힌 바에 따르면, 그간의 검색과 소셜 미디어 사용으로 수집된 데이터의 규모는 아마도 방심할 수 없을 정도일 것이다.

경험 디자인 개척자들이 윤리적 혹은 정치적 우려에 대한 부담을 느끼지 않았다면, 이는 아마도 20년 전 웹의 태동기에 전체 사용자 집단에 대한 상세한 데이터를 수집하는 행위가 어떤 영향을 미칠지 상상조차 할 수 없었기 때문일 것이다.

오늘날 경험 디자인이 처한 윤리적 딜레마에 맞서는 것은 이 책의 저자들에게 중요한 과제다. 저자들은 각각 다양한 관점으로 주제를 연구하며 그 도덕적, 정치적 의미를 달리 해석한다. 일부는 경험 디자인의 범위가 지나치게 부풀려졌다고 문제를 제기하고, 다른 이들은 현장에서 경험 디자인이 차지하는 위상에 대해 의문을 표한다. 모든 주제에 대해 형식적인 학과나 교수가 필요한 것은 아니다. 경험은, 연극이나 사랑처럼 전문적인 '익살학'이나 '연애론'에 의지하지 않고도 숙고할 수 있는 무한한 사색의 기회를 제공한다.

제1부: 경험을 바라보는 관점

이 디자인 책의 1부를 쓴 저자들은 디자인 실행을 위해 필수적인 특정 경험 이론을 서로 다른 관점에서 바라본다. 놀라운 일은 아니다. 경험에 대한 철학자들의 접근법은 매우 세세하게 나누어지지만, 주류 심리학은 그 주제 자체를 대부분 무시해왔다. 심리학자들은 인지적이고 정서적인 사고방식을 열심히 연구해온 반면, 능동적인 사고방식은 거의 다루지 않았다. 그러한 사고방식이 디자인을 하는 데 훨씬 도움이 되는데도 말이다. 그럼에도 1부의 저자들은 모두 경험에 대한 철학자들의 주장에 관심을 기울였으며, 은연중에 도널드 노먼(Donald Norman)에게 동의하게 된다. 노먼은 '사용자 경험 디자인'이라는 용어를 만든 인물로, 나중에 고립되고 소외된 느낌이 들어서 도움이 되지 않는다고 판단하여 앞의 용어에서 '사용자'를 빼버렸다.

이안 콕슨(Ian Coxon)은 1부를 열며 경험을 다룬 주요 철학을 소개한다. 바로 현상학이다. 특히 그는 마르틴 하이데거(Martin Heidegger) 등이 창안한 개념인 '공유된 기억과 지혜로서 경험'이 '일상의 사건, 감각, 광경으로서 경험'과 어떻게 다른지 탐구한다. 후자가 디자인의 일반적인 영역이긴 하지만, 콕슨은 내재되고 공유된 경험을 디자인하는 문제뿐만 아니라 잠재력도 고려한다. 콕슨의 시각에서 이 문제는 경험의 다양성과 디자이너의 표준화에 대한 강박을 조화시키는 것이다. 그의 결론은 철학자들과 디자이너들이 똑같이 경험을 이해하는 시작 단계에 있다는 것이다.

코니 스바보(Connie Svabo)와 마이클 생크스(Michael Shanks)는 미셸 세레스(Michel Serres)의 철학을 소개함으로써 다른 관점에서 경험의 본질에 접근한다. 이 자칭 카오스 이론가(규칙성이 없어 보이는 각종 현상 및 시스템에 내재하는 인과관계를 탐구하는 이론가)는 현상학을 깨끗이 버리고 실용주의를 무시했다. 하지만 집합 기억과 체현 지식에 대한 그의 견해는 하이데거와 존 듀이(John Dewey)의 생각과 일맥상통한다. 스바보와 생크스는 세레스의 개념을 신체와 세상 사이 경험의 불가분성을 상징하는 은유로 이야기하고, 결과적으로 그가 경험의 복잡성에 대한 단일한 설명을 거부한다고 논한다. 저자들은 세레스의 몰입 개념을 대변하며, 심리학자 미하이 칙센트미하이(Mihaly Csikszentmihalyi)의 '몰입' 개념과 연관 지어 이를 디자인 실무의 복잡성을 지지하는 관점으로 다룬다.

캐서린 엘젠(Catherine Elsen)과 피에르 르클레르크(Pierre Leclercq)는 이 부분을 시간에 대한 논의로 확장시킨다. 시간은 세레스뿐만이 아니라 모든 현상학자들에게 경험의 결정적인 차원이다. 그들은 스튜디오 프로젝트를 통해 사례연구를 진행했다. 그 프로젝트는 전문 디자이너들이 만든 제품을 통해 청중이 어떤 경험을 할지 상상하는 전략들을 조사하기 위한 것이었다. 엘젠과 르클레르크는 '한정된 무대의' 스튜디오 세션에서 디자이너들이 상상한 청중에게 실제 전문적 프로젝트에서 발생할 정도의 많은 통찰을 이끌어낸 것에 흥미를 느꼈다. 그들은 '훈련된 창의성'을 위한 도구들을 포함하여 훨씬 짧고 반사적인 관념화(ideation)의 과정들이, 최종 사용자가 풍부하고 능률적으로 통찰력을 얻는 방법일 수 있다고 주장한다.

린다 렁(Linda Leung)은 경험 디자인의 윤리적 측면을 일깨우며 1부를 마무리한다. 작자의 전제는 이렇다. '목표 시장'을 위한 '사용자 경험'에 대한 새로운 정의에 따르면,

경험 디자인은 내재적으로 독점적이고 차별적이며 불균등하다. 하나의 시장 부문이나 커뮤니티가 경험을 나누기 위해 이끌릴 때, 다른 하나는 배제된다. 렁의 주제는 호주에 사는 난민들로, 웹 기반의 커뮤니티 프로그램에서 소외된 탓에 그들의 지위는 저평가된다. 렁의 관점에서 경험 디자인은 사회 혁신을 위한 기회가 거의 없는 '일상적인 비즈니스'다. 이 연구는 소외된 집단이 자신들을 위해 디자인되지 않은 경험을 하려고 할 때 무슨 일이 일어나는지 질문함으로써 결론을 내린다. 모든 형태의 경험 디자인에 영향을 미칠 수 있는 흥미로운 질문이다.

제2부: 사물과 환경

2부에서는 일반적으로는 별 의미 없지만 필수적이고 때로는 파괴적인, 바로 '사용자'의 관점에서 (상품) 디자인과 건축의 현실 경험을 살펴본다. 저자들은 디자인의 공유 경험, 의미, 지속적인 영향이 디자이너의 스튜디오에서만큼이나 공공영역에서도 만들어진다고 주장한다. 고객 중심의 시대에, 향상된 소비자 경험과 점점 더 맞춤화되는 제품과 함께 소비자들의 통찰은 직관적으로 진실하며 본질적으로 장려되는 것으로 나타난다.

예를 들어, 어떤 여행자가 자카르타에서 길을 잃는다면 여행자는 아마도 '미친 피자 웨이터(Mad Pizza Waiter)'로 향할 것이다. 교통섬에 있는 이 기념비적인 조각상은 인도네시아 초대 대통령 아크멧 수카르노(Achmed Sukarno)가 통치하던 시대에 세워졌는데, 소리치며 힘차게 걷는 형상이 불꽃 받침대 위에 놓여 있다. 조각상은 한때 '영원한 젊음'을 상징했으나, 그 후 새로운 정체성과 기능을 얻었다:. 운전자들에게 도시의 길을 안내하는 것이다. 그러한 현상은 보편적이다. 런던의 거킨[Gherkin: 런던에 있는 빌딩으로 원래 명칭은 '30 세인트 메리 엑스(30 St. Mary Axe)'이지만 그 모양이 오이를 닮아서 영어로 오이를 뜻하는 '거킨' 빌딩으로 불린다—옮긴이] 같은 위풍당당한 새로운 건물들은 별명을 얻게 마련이다. 허물어질 때가 된 오래된 건물들은 파괴에 저항하는 대중의 시위로 이어질 수 있는 공유 기억에 자발적으로 초점을 맞춘다. 우리는 상품을 의인화하거나 인격화하는 경향이 있다. 예를 들어, 개인적, 집단적 정체성을 표출하기 위한 특별한 방법으로 자동차 같은 소유물을 채택하고, 적응하고, 사유한다.

당연히 우리는 그렇게 한다. 왜냐하면 꺾을 수 없는 결정론에 의해 좌우되는 환경이 대안이 될 것이기 때문이다. 건축적 결정론은 몇몇 모더니스트에게는 유효하겠지만, 그렇게 우스꽝스럽지 않다면 지독할 수도 있을 사회적 통제의 교조다. 이 교조에 맞서는 비평은 대부분 성공을 거두었다. 벤야민 같은 철학자들은 '다공성(porous:도시민들의 일상이 축적돼 시간과 공간의 경계가 사라지고 상호 침투해 발생하는 무정형의 복합체적 성질-옮긴이) 도시' 대신에 앙리 르페브르(Henry Lefebvre)가 말한 디자이너의 추상적 공허로서가 아닌 실제적 사회관계에 의해 구성된 공간을 언급했다. 이러한 비평에 고무되어, 건축가 알도 반 아이크(Aldo van Eyck)는 질서와 우연을 뒤섞은 '미로적 명확성'을 건축물에 적용했고 거주자들의 비공식적 건의를 장려했다.

그러나 비교적 최근까지 건축가들과 디자이너들은 그들의 실천을 일방통행으로 상상하는 경향이 있었다. 전문가들은 익명의 사용자들이 얼마나 평범하게 행동해야 하는 지뿐만 아니라 그들이 어떻게 느끼는지까지 결정하는 역할을 했다.

이러한 태도는 훈련에 의해 배양되었다. 디자인 교육에 종사하는 사람이라면 누구나 '말단 최종 사용자', '목표 시장' 또는 그와 비슷한 비인간적인 용어로 표현되는 고객들에게 자신의 프로젝트가 인정받을 것이라고 확신하는 학생들을 쉽게 떠올릴 수 있을 것이다.

내밀하건, 국내 규모이건, 아니면 공공시설 또는 도시에서 행한 것이건 간에 2부에 제시한 사례연구들은 디자인에 대한 우리의 일상적 경험을 북적거리는 쌍방향 도로로 보여준다. 디자이너들의 의도는 여기저기서 동시에 일어나고, 개인이나 커뮤니티의 선입관과 충돌하지만, 이 사례연구들은 대부분의 사람들이 그들 고유의 지각, 선입견, 집착을 품고 디자이너의 의도에 대부분 무관심하다고 주장한다.

사물과 환경을 다룬 저자들은 그들의 통찰을 한 단계 더 발전시킨다. 만약 디자인에 대한 경험을 강요받는 것이 아니라 협상할 수 있다면, 그 결과는 더 협력적이고 집합적인 디자인 실현이 될 것이다. 결국, 최근 수년간 디자이너들은 이기적인 독창성을 숭배하는 것을 거부하고 그들 스스로가 참여를 촉진하는 역할을 하고 있다고 주장해왔다.

현실에서는, 전문적인 디자인 과정에 집단적으로 참여하는 일은 드문 데다가 경험 디자인의 범위는 종종 개인적인 소비를 자극하기 위해 의도하는 단기적 볼거리에 제한되어 있다. 1부에서 살펴본 물질적 소비를 초월하는 미래의 경험경제에 대한 장밋빛 비전은 여전히 멀리 있다.

이론가들은 경험 디자인이 마케팅 전략에 의해 제한된다는 사실에 실망할지도 모른다. 하지만 이는 실무자들에게는 익숙한 일이다. 박람회, 패키지 관광, 테마 쇼, 문화의 도시 같은 이벤트 업계에서 일하는 전문 디자이너들은 오랜 전통 속에서 일한다. 황금천 들판(Field of the Cloth of Gold: 1520년 영국의 헨리 8세와 프랑스의 프랑수와 1세가 정상회담을 연 곳으로, 허허벌판이던 곳을 들판이 온통 황금으로 보일 만큼 수많은 천막을 금으로 발라서 이런 이름이 붙었다-옮긴이)에서 베이징 올림픽에 이르기까지, 대부분의 건축가들과 예술가들의 수입은 종종 일시적인 종교나 국가 축제, 선수권 대회, 잔치와 카니발, 왕실 가족의 입장과 행진, 야외극, 가장무도회, 우화적 장면과 공연을 디자인하기 위한 계약서에 좌우되어왔다. 하지만 덧없게도, 르네상스 이래로 계속된 이런 전통의 역사는 이제 거의 잊힌 상태다. 경험 디자인을 새로움이나 전망으로 정의하려는 시도들은 훨씬 더 풍부한 역사적 맥락을 놓치고 있다.

이 책의 2부는 실비아 그리말디(Silvia Grimaldi)가 찻주전자 같은 일상 용품과의 상호작용이 분명히 표현하는 이야기의 단편들을 밝힘으로써 시작한다. 극장과 영화에서 사용되는 고전적인 장치들처럼, 사물은 그 자신의 존재와 가정의 미장센을 표현하는 데 결정적인 역할을 한다. 그리고 영화 세트의 엑스트라들과 같이, 이 겸손한 사물들은 종종 우리의 사적인 드라마에서 여러 가지 역할을 한다. 그리말디의 은유는 이야기 이론에 의해 강화되고, 또한 주전자가 살인 무기에서 마조히스트에게 기쁨을 선사한 역할에 이르기까지 디자이너가 분명 의도하지 않았을 역할을 한 네 편의 영화를 참고하며 강화된다.

자비에 애커린(Xavier Acarin)과 바버라 애덤스(Barbara Adams)는 경험 디자인을 조사하기 위한 장소로 박물관을 낙점했다. 이는 특히 방문자 경험과 커뮤니티 참여가 박물관이 제 역할을 하는 데 핵심이 되고 있기에 더욱 적절하다. 애커린과 애덤스는 가치를 정하는 '교육기관으로서 박물관'과 창조적인 참여 프로그램을 제공하기 위해 초대된 바로 그 예술가들이 촉진하는 '교육기관의 권위를 비판하는 장으로서 박물관' 사이에 있는 긴장감을 탐구한다. 마리나 아브라모비치(Marina Abramovic), 티노 세갈(Tino Sehgal), 카르스텐 휠러(Carsten Höller), 크리스토프 뷔첼(Christoph Buchel) 같은 예술가들의 작업에 초점을 맞추면서, 저자들은 전시 공간에 있는 하얀 큐빅의 선형을 따르며, 이것을 문화를 규정하고 그 범위를 정하는 박물관의 역할을 뒤엎는 상황주의자의 전통과 대조한다. 이러한 불편한 타협에 대한 그들의 결론은 박물관이 소비 촉진과는 거리가 있는 경험 디자인의 드문 예를 제공한다는 것이다.

피터 벤츠(Peter Benz)는 계속해서 건축 비평가 에두아르트 퓌러(Eduard Führ)가 말한 "축구 경기가 경기장과 관련 있는 것처럼 건축물의 사용은 건축과 관련 있다"는 흥미로운 격언에 디자인과 그 사용자 사이의 관계를 비추어보며 논의를 이어나간다. 이 글에서는 홍콩에 있는 아홉 개의 호텔과 한 국제 호텔 그룹을 사례로 제시하는데, 이 사례연구는 경험 디자인에 관한 더 폭넓은 논쟁에 도움을 주는 통찰을 제공한다. 그룹 경영진이 맞닥뜨린 딜레마는 장소를 차별화하면서도 브랜드 정체성(아이덴티티)을 유지하고, 고객을 우선하면서도 운영을 표준화하는 것이다. 호텔의 '베개 선택 프로그램'이 만족스러운 해결책으로 보이지 않는다면, 벤츠는 건축가이자 현상학자인 유하니 팔라스마(Juhani Pallasmaa)가 제시한 훨씬 도전적인 해결책을 결론으로 취할 것이다. 경험 디자인이 디자이너들과 그들이 영향을 미치는 사람들 사이의 재참여를 요구한다는 것이다.

끝으로, 라크스미 P. 라젠드란(Lakshmi P. Rajendran), 스티븐 워커(Stephen Walker), 그리고 로지 파넬(Rosie Parnell)은 도시 거주민들이 도시 환경(이 경우엔 영국 북부 도시 셰필드)의 요소들을 통해 장소 감각과 정체성을 구성하는 방법을 추적함으로써 다양하고 유동적인 디자인 경험을 고찰한다. 현상학과 민족지학에서 끌어낸 방법들을 받아들임으로써, 저자들은 거주민들이 경계, 소속, 배제, 그리고 자연을 회복하는 가치를 말하는 용어들로 '공간 경험'을 이야기하는 방법을 분석한다. 황폐한 도시 공간은 배경이 아닌 소통 기술과 함께 따로따로 떨어진 사물들을 공간감을 구성하는 방법과 관련시킬 수 있는 하나의 장이다.

사물과 환경의 사례연구들을 종합해보면, 경험 디자인은 복잡한 실천이라기보다 복잡성 그 자체임을 알 수 있다. 항공기들과 고층 건물들은 고도로 복잡하지만, 그들의 미로 같은 요소들은 이미 낱낱이 파헤쳐진 정확하게 예측된 결과일 수 있다.

반면에 경험 디자인의 복잡성은 모델링에 저항하고, 결과를 예측할 수 없으며 측정 불가한 것으로 밝혀지고 있다. 예를 들어, 패키지 관광처럼 둘 이상의 분야에 걸친 전형적인 프로젝트를 생각해보자. 프로젝트는 디지털 정보 시스템, 마케팅, 서비스 디자인뿐 아니라 건축과 디자인의 일치를 요구할 것이다. 이 모든 요소들은, 내부 투자가 없는 이상 외부에 홍보함으로써, 더 많은 방문객을 끌어들이기 위해 차례로 이용될 것이다. 그리고 이러한 프로젝트는 문화 발달, 커뮤니티 참여, 도시 재생, 그리고 사회적 유대를 바라는 시민들의 기대에 부합해야 할 것이다.

경험 디자인에서 복잡성과 카오스 이론이 주는 교훈은 이러한 다중 프로젝트에서 수많은 작고 유동적인 요소들이 영향의 사정평가를 교묘히 빠져나가는 예상 밖의 결과를 가져온다는 것이다. 하지만 이와 동시에, 패션에서 그래픽에 이르기까지 더 많은 분야에서 좀 더 안정적인 실행을 위해 경험 디자인이 주는 교훈은 결국 모든 디자인은 혼란스러울 수 있다는 것이다.

제3부: 인터랙션과 퍼포먼스

이 책의 마지막 부분에서 저자들은 앞에서 제기된 논쟁적인 문제, 즉 공공 경험을 위한 디자인 기회와 그 장애물이라는 문제에 직면한다.

우리가 보아온 것처럼, 철학자들은 일시적이고 개인적인 경험을, 집합적 기억 및 지혜를 관통하는 공유된 경험과 매우 예리하게 구분한다. 경험 디자인은 전자에 초점을 맞추는데, 이는 많은 디자인 학자들로 하여금 경험 디자인이 기존에 확립된 실천 분야를 능가하는 지식 분야라는 주장에 의문을 제기하게 만들었다. 예를 들어, 전문적인 디자인은 시간과 장소, 상황 및 분위기에 대한 민감성, 특정 집단과 지역사회에 대한 감정이입, 그리고 행동 연구로 특징지을 수 있는 사용자 중심의 접근을 필요로 한다. 경험 디자인이 더 폭넓은 대중에게 한 약속을 정당화할 수 있을까?

3부의 저자들은 디자인을 통해 개인이 잠깐이라도 다른 이들과 상호작용을 함으로써 경험을 공유하게 만들 수 있는 방법을 탐구한다. 이러한 상호작용을 위한 공적 배경은 지하철에서 은행, 식당에서 놀이공원에 이르기까지 무척 다양하다.

사라 M. 스트랜드바드(Sara M. Strandvad)와 크리스틴 M. 피더슨(Kristine M. Pedersen)은 공공 경험을 디자인이 부분적으로만 형성한 현상으로 제시하면서 3부를 연다. 여기서 다루는 사례연구는 덴마크의 로스킬레 축제(Roskilde Festival)의 감당할 수 없는 '리미날리티(liminality, 한쪽에 속하지 않고 어떠한 기준의, 공간의 경계에 놓여있는 상태)'이다. 이러한 배경에서 저자들은 디자인이 단순히 참가자들이 함께 만드는 공동 경험을 위한 '플랫폼'을 제공할 뿐이라고 주장한다. 저자들은 실용주의가 덜 산만한 형태의 경험 디자인인 공동 창작을 철학적으로 이해하는 가장 효과적인 방법이라 제시한다. 최소한 듀이(Dewey)의 글에서 실용주의는 드러난 것보다 현상학에 더 가까웠지만, 그의 비교분석은 그의 철학과 경험적 응용 분야를 더 잘 분석할 수 있게 만든다. 결국 덴마크는 경험경제를 국가 정책으로 받아들인 정부 수준의 경험적 응용 분야를 택했다. 대부분의 덴마크 학자들은 경험의 가치를 측정하지 못해왔고, 그것이 개발 청사진을 대표하는 데 회의를 표한다. 이는 스트랜드바드와 피더슨이 우리에게 실용주의의 협력적인 생산 모델이 공유 경험을 디자인하는 훨씬 실용적인 접근법을 제공한다는 것을 일깨우도록 한다.

또, 인터랙션(상호작용)과 퍼포먼스는 인간-컴퓨터 상호작용(Human Computer Interaction, HCI) 분야에서 발달한 개념과 방법을 끌어옴으로써 경험에 대한 신선한 접근법을 취한다. 초반에, 이 분야에서는 정적 장비와의 상호작용에 중점을 두었지만, 디지털 기술이 모바일화, 유비쿼터스화되고, 소셜 미디어의 경우 협동성이나 정치성을 띰에 따라, 갈수록 그 범위가 더 넓어지고 있다.

에이미 핀데이스(Amy Findeiss), 유라니 라베이(Eulani Labay), 그리고 켈리 티어니(Kelly Tierney)는 상호작용 연구와 행동 연구, 그리고 상황주의자의 정중한 도발을 혼합하여 협력적 경험의 디자인에 접근한다. 앞에서 배제라는 골치 아픈 문제를 제기한 린다 렁과는 대조적으로, 이들은 자발적인 상호작용이 공동체 의식을 형성할 수 있다는 긍정적인 결론을 내린다. 이 집단의 현장은 뉴욕 지하철이고, 목표는 일시적이나마 개인들을 한데 묶어주는 비공식적인 참여 이벤트를 만드는 것이다. 춤과 기억 교환(The Memory Exchange)과 같은 연속적인 경험들이 자발적이고 일시적인 보이지 않는 상호작용 가치를 높이고, 원자화된 개인의 시대에 공공 경험에 대한 욕망을 극대화시킨다.

이와 유사하지만 공공의 사회적 욕구에 대한 좀 더 실용적인 헌신을, 그레첸 리너트(Gretchen Rinnert)가 미국의 혼란스러운 치료의 세계에서 길을 잃은 환자들에 대한 연구를 통해 보여준다. 크론병과 담낭섬유증으로 고통 받는 개인들을 면밀히 들여다보며, 그녀는 사회연구 방법을 넘어서 페르소나와 애니메이션 워크스루(walkthrough) 사용 등 경험 디자인 전략을 사용하는 '환자 중심' 접근법을 개발하게 된다. 리너트는 의료 당국의 무관심과 모바일과 온라인 기반의 환자 커뮤니티와 구글을 통해 얻은 엉터리 소견 사이의 불확실한 경계에 대해 논의한다.

또한 클라우스 외스터가드(Claus Østergaard)는 개인 양심의 유동성뿐만 아니라 연속적인 몰입 내의 사회 체계를 이해하기 위해 시도하는 전통적인 연구 방법의 한계를 밝힌다. 특히 이 사례연구는 놀이공원에서 방문자 경험을 풍부하게 하는 사용자 중심의 상황 인식 모바일 개념을 고찰한다. 게다가 전통적인 디자인 방법은 과제에 적합하지 않은 것으로 밝혀진다. 그리고 외스터가드는 부분적으로 인간-컴퓨터 상호작용에 의해 일어나는 훨씬 덜 경직되고 더욱 재귀적인 피드백 고리 체계를 제안한다.

비슷한 방식으로, 타라 멀래니(Tara Mullaney)는 전통적인 디자인 방법이 경험 환원주의적 관점을 포함한다고 주장한다. 인간-컴퓨터 상호작용을 통해 알 수 있는 경험 디자인 개념을 적용한 그녀의 '현금 없는 사회' 직전에 놓인 전자 은행 거래에 대한 사례연구들은 이러한 금융의 중간 기점에서 가능할 수 있는 사회적 경험들을 재고하게 한다. 멀래니는, 해커처럼 혁신적 경험들을 일깨우기 위해 분열적인 간섭을 다루면서, 경험 디자인의 디지털 형태에 대한 접근이 문제 해결에서 문제 설정으로 움직이고 있다고 결론 내린다.

문제 설정은 매력적인 전략이지만, 혁신적 경험을 제공한다는 주장들을 뒷받침하는 증거를 제시하는 데는 도움이 되지 않는다. 어떤 독특한 연구에서, 디자인 연구자 베르너 좀머(Werner Sommer), 펠릭스 브뢰커(Felix Bröcker), 마누엘 마틴 로에체스(Manuel Martin-Loeches), 안네카트린 샤흐트(Annekathrin Schacht), 비르기트 슈투르머(Birgit Sturmer)는 식사의 경험이 요리만큼이나 배경에 의해 형성된다는 일화적 관찰을 입증하기 위한 연구를 한다. 그들의 접근은 환원적인 디자인 연구 방법에 한계가 있음을 재차 밝힌다. 연구자들은 즉시 발생한 경험을 연구하면 연구의 방해물을 제거할 수 있다는 사실을 발견한다. 좀머와 동료들은 공동 경험이 기억보다 순간적인 감흥에 덜 관련된다고 반추한다.

사건 하나에서 공유된 추억이라 여겨지는 경험은(여기서는 식사를 의미하지만 제품이나 건물, 서비스가 될 수도 있다) 증거 기반 경험 디자인을 위한 효과적인 방향을 제공한다.

분명한 점은 경험 디자인은 여전히 발전하고 있는 용어이며 건축과 도시 디자인에서 제품, 모바일 상호작용, 공연, 이벤트를 위한 디자인에 이르기까지 넓은 경험 영역을 가로질러 펼쳐진 철학과 방법의 혼합물로부터 이끌어내야 한다는 것이다. 이와 동시에, 분명한 점은 이 용어는 직업 내의 명백한 판도 변화를 가리키며, 그 변화는 경험의 불가결한 산물이 될 불확실한 개념으로부터 이미 일어나고 있다는 것이다.

이 책에서 보여주듯이 경험 디자인과 그 범위, 원리, 방법, 그리고 윤리의 실천은 모두 이론의 여지가 있다. 접근과 방법의 다양성은 어떠한 주제든 간에 불가피하게 발생하며, 논쟁은 모든 분야에서 필수적이다. 이 책의 저자들이 제시해 알려진 중요한 논쟁들 없이는 경험 디자인 이론은 머지않아 교조적이게 될 것이고 하물며 실천은 상투성을 띨 것이다.

제1부

경험을 바라보는 관점

1장
인간 경험의 기본: 논리적 설명

*이안 콕슨*Ian Coxon

가장 어려운 점은 경험이 설명하기 위한 조정(措定)이 아니라, 그 자체가 본질적으로 설명의 주제라는 것이다.

바렐라VARELA

항상 똑같은 상황이다. 나는 항상 술집이나 만찬회에 있다. 새로운 사람을 만나다 보니 피할 수 없는 질문이 나온다. "당신은 무슨 일을 하나요?" 나는 경험상 이 질문이 한두 가지 대답을 유도하리라는 것을 알고 있고, 두 대답 모두 별로 만족스럽지 못하리라는 것을 안다. 그래서 나는 경험 디자인에 대해 설명하기 시작한다.

1단계, "전 연구자이며 공학부에서 학생들을 가르치고 있답니다." "오, 그렇군요"라고 그들이 답한다(그다음 위험한 질문으로 유도하는 관심을 보인다). "그래서 무엇을 가르치나요?"(불가피하게 내가 설명해야 하는 질문이다.) "전 사람들의 경험을 공학도들에게 가르칩니다."(대체로 그들은 어리둥절하며 나를 바라보고, 나름 이해가 빠른 사람들은 알아들었다는 듯이 고개를 끄덕이고는 질문을 멈춘다. 초짜들은 보통 계속 질문을 이어간다.)

사람들은 보통 "경험이라니 무엇을 말하시는 건가요?"라고 묻곤 한다. 나는 "경험이 무엇인지 아시죠?"라고 되묻는다. "물론이죠." "그래서 무엇인가요?" 나는 살짝 공격적으로 되묻는다(이쯤 되면 보통 '묻지 말았어야 했어'라는 표정을 짓는 경우가 많은데, 그 모습을 보고 있노라면 자동차의 전조등 불빛에 포착된 사슴 같다). 나는 보통 이 단계에 오면 질문자에게 미안함을 느끼고, 설명을 하기 시작하면서 대화를 조금 부드럽게 만든다. "그래요, 우리는 지금 이 방 안에 앉아 있죠. 이야기를 하고 술을 마시고, 음식을 먹으면서 말이에요. 서로 같은 경험을 하면서 이 장소에 있습니다. 하지만 우리가 경험이라고 부르는 것은 대체 무엇일까요? 그리고 어떻게 타인에게 그 경험이라고 부르는 것을 설명할 수 있을까요? 구조화되거나 정리된 방식으로 어떻게 경험이라는 것을 이해할까요?" 이쯤 오면 저돌적인 사람들은 계속해서 더 알고 싶어 하고, 그렇지 않은 사람들은 "괜찮아요"라고 말하며 포도주를 더 마시려고 하거나 다른 곳으로 가고 싶어 한다. '일반적인' 사람들은 말이다.

이 일반적인 일상 경험(내 경험)은 이 장에서 이야기할 근본적인 질문들을 다루고 있다. 경험이라는 것을 어떻게 하면 더 명확하게 이해할 수 있을까? 그리고 경험 디자인 분야에 관심 있는 사람으로서 어떻게 하면 우리 분야를 더욱 발전시키고 디자인하는 방식을 향상시켜 타인의 경험에 긍정적으로 기여할 수 있을까?

경험이 무엇인지, 그 개념을 명확히 이해해야 할 필요가 있다. 최소한 디자인 업계에 종사하고 있는 사람들은 그래야 한다. 다른 사람들을 '위한 디자인'을 하고 있는 사람들에게 경험이 무엇을 의미하는지, 그들이 디자인한 것들의 이점을 얻고 있는 사람들에게 경험이 무엇을 의미하는지 알아야 하는 것이다. 경험 디자인, 경험경제, 그리고 경험적인 요소를 작업에 포함시키는 디자인 직군(사용자 경험 디자인, 경험 기반 디자인)과 같은 디자인 산업 관련 분야들은 경험이란 개념에 대한 결합력이 있고 일관적인 용어상 기준을 필요로 한다. 디자이너가 청중에게 전한 공통적 이야기를 실현시키고 디자이너들 사이에서 동일한 작업을 가능하게 하기 위해서다.

언어는 항상 유동적이며 부드러운 소통 도구이다. 사용하는 맥락에 따라 의미를 부여받는다. 하지만 만약 맥락이 계속 변화하며 항상 다르다면(개별적이라면) 어떻게 경험이라는 개념이 원활히 소통될까? 경험이 마케팅 도구로서 인기를 얻기 이전에, 사람들은 자신들의 일상에 존재하는 자연스러운 부분으로서 경험에 몰두했다. 미래에 가치를 부가하는 요소로서 경험이 '부착'된 제품을 생산하거나 홍보하는 것이 더 이상 유행하지 않게 되면(실제든 아니든 간에), 사람들은 여전히 경험에 몰입하게 될 것이다. 이 장의 핵심 목적은 가장 기본적인 수준에서부터 경험이 진정으로 무엇인지 이해하는 기초를 제공하며, 최근 몇 년간 경험과 관련된 담론에 스며들어온 오해들을 명확하게 하는 데 있다.

(철학적인 관점에서 말하는) 경험을 이해하기 위한 핵심

확실한 시작(탄생)과 끝(죽음)을 제외하고, 의식하는 삶에 대해 이해하는 것의 대부분은대부분은 우리가 세상에 존재하는 현상적인 방식 또는 우리가 세상을 경험하는 현상적인 방식을 통해 구조화된다.

경험을 '현상적'으로 이해한다는 개념은 매우 중요한 의미가 있다. 기본적으로 '현상적'이라는 용어는 사회(가족, 친구 등), 문화적 역사(종교, 민족성 등) 같은 필터를 통해 해석되는, 우리 삶의 모든 (다양한 현상에 대한) 경험을 바탕으로 무언가를 경험하는 '우리'의 방식을 의미한다. 즉, 우리가 바라는 유일무이한 방식으로 세상을 바라보게 도와주는 사고의 '집합'이다.

우리가 누리는 '경험'은 항상 현상적인 경험이다. 그리고 경험적 사건으로 간주하는 것은 항상 마음속 생각일 뿐이다. 현상적인 견해를 이야기할 때, 우리는 자신의 경험을 통해 세상과 상호작용함으로써 상시 변화(구성)된다고 이해한다(견해에서 발달시킨 인식을 포함해서 말이다). 그리고 같은 작업이 반복된다.

다른 방식으로 바라보자면, 세상에 대한 경험은 인식에 의해 좌우되며, 현재까지 우리가 이룬 삶의 방식을 통해 발달한 현상적(존재론적) 견해의 산물이라고 말할 수 있다. 이 삶에서 겪은 사건들의 점진적인 통합은 세상에 대한 '누적되는 경험'과 뒤이은 기억 구조에 더해지며, 결과적으로 우리의 존재론적 견해에 기여하고 지속적으로 영향을 미친다. 그리고 다시 같은 작업을 반복한다.

현상학의 '논리적' 역할

우리가 경험에 대해서 이야기를 하려 한다면, 특히 인류(이 장에서는 원숭이는 제외하고 논의)에 대해서 말을 하려 한다면, 구조화되고 정리된 방식으로 하는 것이 좋으며, 본 과제에 접근하기 위해 사용할 개념적 체계를 진지하게 고려해야 한다. 즉 개념에 대한 우리의 철학적이고, 이론적이며, 실질적인 이해를 '걸러내기' 위해 적용할 과학적인 체계의 종류를 고민해야 한다.

만약에 경험이 우리의 존재론적 견해의 영향을 받는다면, 경험을 이해하는 방식 또한 우리가 경험을 이해하기 위해 적용하는 인식론적 체계의 영향을 받을 것이다. 철학적 인식론적 수준에서, 인류의 경험을 이해하는 데 초점을 맞추고 우리가 필요로 하는 방법론적 도구를 제공하는 철학이 하나 있는데, 바로 그것이 현상학이다. 인류의 과학 전통에서 파생된(그리고 소크라테스 시대까지 거슬러 올라가는) 이 철학적인 견해는 경험이 항상 현상적이라고 인식하며(위에서 언급한 것처럼 말이다), 경험에 대한 연구(로고스logos)를 현상학이라고 불러야 한다는 방향으로 자연스럽게 이어진다. 현상학은 철학(우리가 세상에서 어떻게 살아야 하는지에 대한 사고방식)이면서도 방법론(세상에서 우리가 경험을 이해하기 시작하는 방식)이다. 현상학은 경험의 본질을 (존재론적으로) 이해하고 그것을 체계적인(인식론적인) 방식으로 학습하는 데 도움이 되는 탄탄한 체계를 제공한다.

현상학의 기초는 에드문트 후설(Edmund Husserl)과 그의 수많은 전임자들이 구성했고, 이후 하이데거와 다른 이들이 개선했으며, 미국의 실용주의자인 듀이에 의해 명확해졌다. 그 후 수많은 학자들이 개선한 현상학은 경험에 대한 철학적인 견해를 제공해주었을 뿐만 아니라 경험을 이해하는 실용적인 방식, 방법론을 제공해주었다. 수백 년간 이어진 현상학의 발전 과정을 정리하지 않고도, 가장 기본적인 수준에서 경험을 이해하는 방식을 찾으려면 현상학에 대해 대체 무엇을 알아야만 할까?

현상학의 언어

이런 종류의 논의를 시작하기 위해선 동일한 언어를 구사하는 편이 좋다. 처음으로 경험을 이해하려는 사람들을 돕기 위해(그리고 일부 익숙한 이들을 위해) 여기서는 이 분야에서 수년간 발전해온 핵심 용어와 개념 중 일부를 소개하려 한다. 최근 몇 년간, 시장의 일부를 차지하기 위해 기존 개념을 새로운 용어로 표현하는 일이 고도로 경쟁적인 디자인 세계에서 특히나 유행을 탔다(지적 브랜딩의 한 형태). 이는 이 분야에 새로 들어온 사람들을 혼란스럽게 만들고 잘못 인도하는 신조어들이 과잉 공급되는 결과로 귀결되었다. 그러므로 다음 내용에서는 "경험을 가지고 일하고 있다"고 말할 때 무엇에 대해 이야기하고 있는지를 명확하게 하는 데 도움이 될 기초 용어들 중 일부를 소개할 것이다.

경험: 말 그대로 무엇을 의미하나?

경험이라는 단어의 어원은 14세기쯤으로 거슬러 올라가는데, 라틴어 'Experientia'로 해석하거나 '실험하다', '시도하다'라는 뜻을 지닌 프랑스어 'Esperience'로 해석할 수도 있다. 경험은 무언가와 물리적인 상호작용을 하거나 탐구하는 일을 넌지시 나타내는 경향이 있으며, 물리적으로 무언가를 경험하는 것을 의미한다. 18세기에서 19세기 사이에 수많은 독일 철학자들(그중 후설, 하이데거, 그리고 한스게오르크 가다머Hans-Georg Gadamer)은 경험을 언급하는 방법을 설명하기 위해 의미를 미묘하게 변형시킨 수많은 용어들을 사용했으며, 더욱 형이상학적인 특징을 나타내는 단어들을 사용하기 시작했다. 이러한 개념들을 설명하기 위해서는 '경험(experience)'을 바라보는 최소한 세 가지의 방식을 고려할 필요가 있다.

> Erlebnis: 마음속 깊숙한 곳에서 느낀 의식적인 경험, 직접 겪은 경험, 혹은 개인적으로 느낀 경험
> 예) 이 텍스트를 읽는 것.

Erfahrung: 일상적인 경험 – 그리 중요하지 않거나 기억에 남지 않은 경험

예) 매일 버스 정류장으로 걸어가는 것.

Erlebnisse: 우리의 삶에 대한 경험과 현상적인 견해에 기여하는 개별 경험의 집합

이 독일계 용어들은 단독으로는 그리 중요하지 않지만, 다른 형태와 성격을 지닌 경험을 볼 수 있는 초기(전통적인) 방식을 제공하며, 더욱 깊이 탐구할 수 있는 기본적인 구조를 제공하기도 한다.

경험을 이해하고자 할 때 Erlebnis, Erfahrung, 그리고 Erlebnisse를 항상 함께 고려할 필요는 없다. 우리는 여기서 Erlebnis 혹은 '경험'으로 인식 가능한 제한적인 경험에 초점을 맞추고 있다. 또 경험의 의미에 대한 대부분의 논의에서 초기와 근대 현상학자들은 주로 경험자를 완전히 아우르는 사건이면서 경험자에게 깊은 영향력을 미치는 Erlebnis(개인이 겪은 경험)에만 초점을 두었다.

그러나 이 장에서 다루는 현상학적 담론과 달리, 처음 두 개(Erlebnis와 Erfahrung)는 우리가 경험을 이해할 때 흥미를 자아낸다. 디자이너들이 디자인 실무를 통해 직접적으로 영향을 미칠 수 있는 것들이기 때문이다. 경험을 이해하기 위한 시도를, 가슴이 저미는 경험(Erlebnis)이든 아니든(Erfahrung) 간에 '경험(an experience)'에서 시작할 수 있지만, 그것으로 디자인 과정에서 모든 삶에 누적되는 경험(Erlebnisse)을 이해하고 고려하는 것은 불가능하다.

경험-단일한 경험의 통일성-자연스러운 경험

경험에 대한 논의에서 '통합' 개념은 경험과 통합을 해석하는 방식에 따라 논쟁의 여지가 있기에 혼란을 줄 수도 있다. 그러나 경험이란 무엇인지 명확하게 이해하는 데 매우 중요한 개념이다. 뒤이어 나오는 내용에서는 통합을 '경험의 독특함을 정의 내리는 데 도움을 주는 차별화 요소의 인지'라고 정의한다. 후설과 다른 학자들은 '사물 자체'에

관심을 집중해야 한다고 주장했으며, 그렇기에 경험 자체의 본질(즉 경험이 무엇인지를 결정짓는 요인)과 경험(경험의 통합)을 구분하는 경계를 설정하는 것이다.

무슨 말인지 이해하기 어렵겠지만, 사례를 들면 이해하는 데 조금 도움이 될 것이다. 예를 들어, 월마트에서 쇼핑을 하는 경험을 탐구하고 싶으면 어떻게 해야 할까? 이 경험이 연구 단위가 되기 위해선 정의가 내려진 시작과 끝이 있어야 한다. 만일 우리가 월마트에서 쇼핑을 하는 경험을 이해하고 싶으면, 쇼핑 경험을 통합할 수도 있다(혹은 주변에 경계를 설정할 수도 있다). 이때 고객이 주차장에 진입할 때부터(주차장까지 운전해서 오는 것은 포함하지 않는다) 경험을 이해하기 시작하고, 주차장에서 벗어날 때 끝나는 것으로 결정한다.

우리는 일상의 경험이 계속적이며, 끊임이 없고, 끝이 없음을 알고 있다. 그리고 단지 극히 일부분을 이해하려고 노력하고 있음을 안다. 예를 들어, 우리가 조사를 하는 고객은 월마트에 가는 도중에 세 가지 다른 흥미로운 경험을 했을 수도 있고, 집으로 돌아가는 길에 두 가지 흥미로운 경험을 더 했을 수도 있다. 월마트에서 쇼핑을 하는 경험을 이해하고 싶은 연구자는 경험의 일부분을 정의하기 위해 그러한 방식으로 경계를 두어야 한다. 이 통합된 경계들은 경험 자체(예를 들어, 월마트에서 쇼핑을 하는 경험)에서 파생되며, 경험을 정의하는 데 도움이 된다. 경험을 연구할 때는 우리가 이해하고 싶은 경험을 확인하기 위해 통합을 정의해야 한다. 연구자들은 "우리는 …… 경험을 이해하고자 한다"라고 말할 수 있어야 한다. 연구 범위를 제한할 수 있게끔 말이다. 또 이 설명은 다음과 같은 현상학적 질문을 구성하는 데 매우 중요하다. "…… 경험은 어떻습니까?"

통일성의 중요성에 대해 듀이는 다음과 같이 동의를 표하는 말을 했다.

경험에는 그 경험에 이름을 부여한 통일성이 있다. …… 이 통일성의 존재는 보통 경험을 구성하고 있는 부분들이 변형되더라도 전체적인 경험이 스며들어 있는 단일한 특성에 의하여 구성된다.

그렇기에 우리가 이해하기를 희망하는 인간의 경험은 시작과 끝이 있는 실재하는 경험이다(본래의 자연스러운 환경에 의해 정의되고 해당 환경에서 일어나는 통일성).

가다머는 한때 실제 경험, 독창적인 경험, 혹은 새로운 경험은 오로지 한 번만 일어나며, 다른 경험들은 독창적인 경험의 반복일 뿐이라고 주장한 적이 있다. 시간, 맥락, 그리고 경험을 구성하는 맥락과 관련된 다른 요소들은 정확히 동일하지 않을 것이다. 그러므로 우리가 동일한 경험을 두 번 한다는 것은 상상할 수조차 없다. 그러므로 누적되는 경험은 경험에 국한된 방식으로 구성된다.

하지만 이것은 반복이라는 주제를 제기한다. 예를 들어, 반복된 사용 경험을 통해 기량과 익숙함을 구축하는 경험 말이다. 이 생각은 누적되는 경험과 추억(회상적 경험)의 영역으로 우리를 이끈다. 기억 혹은 추억은 내적으로(반추 혹은 자기 대화) 그리고 외적으로 우리의 과거 경험을 묘사할 수 있게 하며, 학습된(이전에 경험한) 기량을 요구하는 다양한 과제를 수행하는 데 적용할 수 있게끔 한다.

회상적 경험 혹은 반추(反芻)로서의 경험

경험을 회상하거나 기억할 때, 연구자가 우리에게 경험에 대해서 묻는 상황이거나, 그냥 자연스럽게 사건을 되돌아보는 좀 더 자연스러운 상황에서 우리는 매개 필터를 통해 사건을 다시 경험한다. 이는 사건을 선택적으로 기억하는 방식을 말하는 것으로, 그 사건이 실제로 일어난 그대로 기억하는 것은 아니다. 우리는 사건이 기억 속으로 들어올 때 사건을 (현상적으로) 해석한다. 시간이 지나면서 우리가 다른 경험을 하면 첫 경험에 대해 회상한(다시 떠오르는) 기억은 조디 폴리지(Jodi Forlizzi)가 언급한 특성에 따라 변화하고 왜곡될 수 있다. 이렇게 하여 우리의 사건에 대한 누적된 기억은 존재론적인 견해에 의해 항상 현상학적으로 여과된다. 추억 혹은 회상적 경험에서 경험은 항상 기억으로 기록(인코딩)되고 다시 인출(디코딩)되는 과정에서 이루어지는 현상적 변화에 의해 편향된다. 이것이 종종 질적 연구 접근법에서 신뢰할 수 없는 원인이라고 종종 언급되는 주관성의

'문제'의 한 측면이다. 이러한 접근법이 가치가 없거나 신뢰성이 없다는 것을 추론하려는 것이 결코 아니다. 단지 경험의 현상학적 특성을 충분히 인식하기 위한 것이다.

우리가 고려할 수 있는 회상적 경험의 흥미로운 변형은 재현된 경험과 관련이 있다. '재현된 경험'이란 이전의 경험을 재현하거나 다시 생각하는 등의 방식을 말한다(이를테면, 역할 놀이 도중, 즉 참여형 혹은 협력형 생성 디자인 활동 도중 자신 혹은 타인들이 녹화된 영상을 보는 것 말이다). 이 기억 경험은 과거 경험의 재생성이 아니라 여과된 경험 기억의 외면화된 해석이다. 어쩌면 면밀한 묘사일 수도 있지만, 여전히 처음 발생한 실제(자연스러운) 경험과는 꽤나 다른 것일 것이다.

반 마넨(Van Manen)은 '의미 구성'이라는 개념을 도입함으로써 또 다른 관점을 제공한다. 그는 경험이 살아가면서 느끼는 것일 뿐만 아니라 본인이 "특정한 경험의 형태로서 인지하는" 것이라고 말한다. 이 명제는 즉각적으로 경험을 하는 것 너머로 또 다른 층계가 있음을 암시한다. 반추를 통해 유래된 특성이나 정신적인 '가치 구성'을 포함하는 층계 말이다.

반추는 경험을 하는 사건 도중 혹은 그 속에 위치할 수도, 위치하지 않을 수도 있다. 하지만 기억으로 처리된 후에 복잡함의 계층을 더할 수 있다. 일반적으로 의미라고 불리는 것을 말이다. 가다머는 다음과 같은 말을 덧붙였다. "만약 무언가가 경험(Erlebnis)이라 불리거나 여겨진다면, 그 무언가는 중요한 전체의 통합으로 발전되었음을 의미한다."

우리는 사건 이후의 경험으로 인한 복잡성의 증가를 나타내기 위해 그가 설명한 전체성의 중요성을 취했다. "기억 내에서 자체적으로 구성하는" 방식은, 즉 우리가 현상학적 태도에 간섭함으로써 그것이 더욱 커지고, 지속되는 성질을 발달시키며, 더욱 깊은 의미를 달성하는 방식을 뜻한다.

풍부하고 귀중한 정보의 원천으로서 경험의 내부 '처리'는 오랜 기간 엔지니어링과 디자인 분야에서 '성배'로 여기며 추구해온 관심사다. 어떻게 해야 이 의미 층계에 확실하게 접근할 수 있을까 하는 것은 우리가 계속 논의해온 주제다. 물건을 더 의미 있고 더욱 바람직하게 만드는 목표의 중요성은, 특히나 제품 수명 혹은 고객 충성도를 위해 디자인하는 과정에서 '소유권' 또는 제품 및 서비스와의 상호작용에 강력한 결합을 불러일으킬 때 명확히 드러난다.

누적되는 경험 - 경험되는 것 - 경험

종적이고, 집단적인 경험의 개념화는 경험에 대한 문화인류학적 관점이나 시간이 흘러 나타나는 경험으로 이해할 수 있다. 경험 전체나 일부가 개인의 누적된 경험으로서 흡수되기에, 경험 전체나 일부가 특정 현상적인 방식으로 저장되고 상기될 수 있는 것이다.

이 방식은 접근하기 가장 힘든 경험을 고려하는 방식 중 하나다. 여기서 말하는 접근하기 가장 힘든 경험이란 일생에 걸친 경험 연속체(experiential continuum)의 문제이며, 인간의 정신 깊숙한 곳에 파묻혀 있다. 이는 우리가 잘 알지 못하며, 대부분 거의 접근하지 못하는 의식, 비의식, 그리고 무의식의 정신의 계층과 관련되어 있다. 또한 이는 경험을 개인적 경험, 업무 경험, 그리고 인생 경험과 같은 폭넓은 관념적인 용어로 분류하는 방식이기도 하다.

이러한 분류는 화자가 나타내려고 하는 누적되는 경험의 유형에 대해 무언가를 알려주지만, 위에서 언급한 경험의 본질에 대해서는 거의 아무것도 알려주지 않는다. 앞서 언급한 내용처럼, 한 사람의 인생 경험을 이해하는 것은 굉장히 방대한 책에 대해 이야기를 하는 것이나 마찬가지다. 경험을 이해하려는 과정을 시작하려면 한 사람의 개별 경험 하나에 초점을 맞춰야만 한다. 즉 이 개별 현상학적 견해(이해하는 것조차 어렵다)를 넘어서면, 우리는 접근하려고 하는 진실(경험의 실제 의미)로부터 우리를 더 멀리 떼어놓기만 하는 추상화의 과정을 적용한다. 그렇기에, 만일 경험 집단, 집단 경험, 혹은 다른 유형의 공동 경험을 이해하려고 하면, 우리에게 역효과만 일으키는 추상화 수준에서 시작을 하는 것이다.

경험을 디자인하는 것뿐만 아니라 사용자 경험을 이해하려는 최근의 시도에서, 공통된 경험이나 공동 경험에 초점을 기울이는 상당한 성과가 있었다. 위 내용을 고려해보았을 때, 이것은 경험의 일반화나 정상화라 해석할 수 있다. 이것은 공동 경험에 대한 최근 연구에서 더욱 두드러지게 보인다. 이러한 상황에선 공유된 경험의 형태로 거론하기보다는, 동시에 둘 혹은 그 이상의 사람이 참여하는(경험이 아니라) 경험상의 사건으로 묘사하는 편이 더욱 정교할 것이다. 우리는 (이 장 앞부분에서 설명한 인식론적 관점에서) 경험이 항상 현상적이기에 공동 경험은 말 그대로, 그리고 이론적으로 이룰 수 없다고 주장한다. 우리가 정말로 묘사하고자 하는 건 유사한 사건 공간에서 일어나는 두 사람 간의 상호작용이나 소통의 사건이다. 이것은 동일한 것이 아니며, '공동 경험'이라고 묘사할 수 없다.

우선, 두 당사자가 존재하므로 그들이 혼자였다면 각자가 겪었을 경험과는 경험의 본질이 달라진다. 경험이 항상 현상적이기에, 만약 두 사람이 아주 가까운 곳에서 동일한 사건을 공유하더라도, 각 사람은 각기 어느 정도 독특한 방식으로 사건을 경험할 것이다. 타인의 존재는 각 경험자들에게 현상적인 경험의 일부다. 공동 경험은 경험의 다른 형태가 아니며, 그저 둘 혹은 그 이상의 사람이 동시에 겪은 별개의 경험일 뿐이다.

이 경험적 사건을 겪는 각 당사자는 전화기의 존재에 영향을 받는 것과 마찬가지 방식으로 타인의 존재에 영향을 받을 것이다. 한 참여자가 앉아 있는 카페와 다른 참여자가 머무르고 있는 침실 또한 영향력을 발휘할 것이지만, 경험의 발생지로서 원격 대화는 동일한 경험으로 구성되지 않는다.

공동 경험은 개인이 겪는 경험과 이 경험에 대한 해석이 물리적 또는 가상의 다른 존재에 의해 어떻게 영향을 받는지를 보여준다.

경험은 다른 사람과 비슷한 공간적 맥락에서 사건을 공유한다는 점만 공동 경험과 동일하다. 그러나 각 참여자들에겐 경험을 미묘하게 다르게 만들 현상학적 요소와 맥락적 요소가 항상 있다. 우리는 공유된 경험상의 사건(전화 통화)에 대해서 이야기하지, 공유된 경험에 대해서는 말하지 않는다. 만일 진정으로 경험을 이해하려고 한다면, 반드시 경험의 본질의 가장 근본적인 측면이 현상학적임을 기억해야 한다. 경험의 본질은 타인에게 알리거나(혹은 공유할) 수 없으며, 이것은 경험의 특성을 이해하는 것과 밀접한 연관이 있다. 다른 사람의 경험을 이해한다고 말하는 것은 디자이너로서 우리의 욕구에 부합하겠지만, 실제로 공동 경험을 만들 수 없거나 경험을 공동으로 창조할 수 없다는 사실을 받아들여야 한다.

경험을 바라보는 또 하나의 방법: 진짜와 진짜가 아닌 것의 균형

경험을 고려하는 다양한 측면과 방식을 논의하면서 우리는 언어, 통일성, 그리고 가장 핵심이자 결정적인 특성인 현상론적 특성의 측면에서 경험을 이해하고 묘사하는 방식에 대해 이야기했다. 경험을 바라보는 이러한 방식들은 경험을 가지고 일하는 방법을 이해할 수 있게끔 한다는 점에서 기능적인 특성을 지닌다. 하지만 이러한 방식들이 우리가 경험을 얼마나 잘 '처리' 하거나 '인식' 하고 있는지를 말해주지는 않는다.

하이데거는 두 가지 다른 용어를 제안했는데, 필자는 이것이 경험이 무엇인지 이해하는 데 아주 중요하다고 생각한다. 그는 진짜(eigentlich)와 가짜(uneigentlich)라는 용어를 사용했다. 더멋 모란(Dermot Moran)은 하이데거의 그 두 가지 개념을 다음과 같이 명확하게 정의했다.

우리가 스스로 집에서 보내는 시간의 대부분은 진짜다. …… 우리는 단란하다고 표현할 수 있는, 깊이 있고 구체적인 경험을 보유하고 있다. 그러나 더 일상적이고 평범한 매일의 순간들에서, 우리 자신만의 실체에 깊숙하게 영향을 미치는 것처럼 이것들을 다루지는 않는다. 하이데거는 우리가 대부분의 시간을 진짜가 아닌 방식으로 살고 있다고 생각한다.

이 두 용어들은 독일어 어원을 가장 매끄럽게 번역한 것들은 아니며 이해하기도 조금 어렵지만, 서로 다른 일상적 경험의 상당히 다른 특성을 이해하는 데 큰 도움이 된다.

여기서 경험의 두 가지 측면인 진짜와 가짜가 동일한 경험 공간에 동시에 존재함을 이해하는 것이 매우 중요하다. 이 둘은 절대로 경험과 별개이거나 분리된 측면들이 아니기에 언제나 두 가지 방식을 동시에 취하는데, 단순히 경험적 상황에 따라 조합하거나 균형을 달리할 뿐이다.

가짜 경험부터 시작해보면, 경험의 이러한 측면은 평범하고, 일상적이며, 우리가 매일 마주치는 방식으로 이해할 수 있다. 우리는 때때로 무엇을 하고 있는지 전혀 생각을 하지 않은 채, 잠자리에서 일어나, 이를 닦고, 샤워를 하며, 아침식사를 차리고, 직장에 가기 위해 버스에 오른다. 무언가를 보거나 인식하지 않고 무의식적으로 익숙한 길을 따라 특정한 거리를 걷거나, 심지어 차를 몰고 지나간 뒤에야 길을 멈추고 그 사실을 알아차린 경험이 누구나 한번쯤 있을 것이다. '의식을 잃었거나' 주변을 인식할 수 없을 정도로 너무나 생각에 '잠긴' 것이다. 물론 이 상태는 약한 형태의 분리 상태와 같은 심리학적 용어로 설명할 수도 있다. 다른 분야에서는 이 상태가 '존재'하지 않는 것이라고 말할 수도 있을 테지만 말이다.

우리에게 익숙한 주변 환경이 아니라 익숙하지 않은 도시나 새로운 직장에 처음 가본다고 해보자. 순간적으로 주위의 모든 것에 신경을 쓰게 될 것이다. 익숙함과 생소함이 그런 차이를 만드는 것이다. 새로운 자극을 경험하고, 새로운 정보 입력을 경험하며, 이 장소에서 새로운 것들에 매우 신경을 쓰게 되며, 심지어 이러한 환경이 약간 이질적이라 느낄 수도 있다. 우리 자신에게 더욱 신경을 쓰게 되며, 낯선 환경에 어색함을 느끼고, 어쩌면 생소한 취약성을 느낄 수도 있다. 그리고 아마도 이런 식으로 느낀다는 것을 인식하며 약간의 불편함을 느낄 것이다. 이것은 진정한 존재의 방식을 보여주는 예다. 의식적으로 자신을 인지하며 누구인지 인지하는 것 말이다. 위에서 언급한 예시는 약간 부정적으로 느껴질 수 있겠지만, 매우 사실적인 경험이 항상 불편한 것은 아니다. 그것이 인간의 자각을 높이는 매우 기분 좋은 경험이 될 수도 있다.

자연스러운(원초적인) 경험은 항상 가짜 경험과 진짜 경험이 고루 섞여 있다. 만일 우리가 항시 가짜 경험 상태에서 산다면, 그렇게 잘 살 수 없을 것이다. 상당히 기계적으로 행동하고, 꿈꾸는 상태라 느낄 것이다. 반대로, 만일 우리가 항시 진짜이기로 노력한다면, '휴식 시간'이나 우리 뇌 활동과 스트레스를 낮출 수 있는 짬조차 낼 수 없을 정도로 극도로 긴장된 삶을 살고 있을 것이다. 그래서 자연스럽고 일상적인 경험은 항상 가짜 경험을 하려는 욕구와 진짜 경험을 하려는 욕구의 균형을 맞추는 활동이라고 볼 수 있다. 이 균형을 잡는 과정은 우리 삶의 다양한 행동 양식에서 나타난다. 우리는 안전하게 주기적으로 돈을 받는 직장을 잡고 싶어 하지만 쳇바퀴 속에서 돌고 있다는 느낌은 받기 싫어한다. 우리를 멋져 보이게 만드는 새롭고 흥미로운 옷을 갈망하면서도 군중 속에서 너무 튀지 않기를 바란다. 초콜릿만 먹고 살 수는 없기에 꽤나 다양한 음식을 먹는다.

이 일상적인 경험의 두 가지 측면은 우리가 삶을 영위하는 생활세계를 이해하는 데 필수적이다. 물론 현대 세계에서 경험은 우리 주변의 많은 것들(아파트, 직장, 타인과의 관계 등)을 구성하는 과정에서, 그리고 그 과정에 의해 계속 구성된다. 또한 이러한 우리의 생활세계 속 경험 가운데 일부분이 우리가 상호작용하는 '사물'들에 의해 항상 조정된다는 것을 알고 있다. 하지만 경험을 다루는 이 장에서는 인간이 자연스럽게 경험하는 현상학적인 경험에 초점을 맞추고자 한다.

물론, 우리의 경험이 우리가 삶을 영위하는 맥락적(제품, 서비스, 그리고 시스템) 세상과 결코 동떨어진 것이 아님을 인정해야 한다. 여기서 '자연스럽게'라는 용어를 되도록 조정되지 않은 방식으로 경험을 이해하는 것을 나타내기 위해 사용한다. 즉 처음 경험이 발생했을 때, 특히 연구자가 경험에 영향을 미치지 않을 때 경험이 어땠는지를 관찰하고 이해하기 위해 이 용어를 사용한다. 생활세계 속의 자연스러운 경험을 탐구하는 목적은, 경험을 어떠한 방식으로도 연구하거나 통제하려고 하지 않은 상태에서 경험이 어떠한지 이해하기 위함이다. 이것은 매우 어려운 일이기는 하지만, '참관인'으로서 연구자의 영향력을 조정하는 데 도움을 주고 이 문제에 접근할 수 있게끔 하는 방법이 존재한다.

긴밀한 관찰과 관련하여, 개인의 경험을 연구 프로젝트에서 유용한 연구 자료로 삼는 인간 과학 연구자는 사람들의 생활세계(lifeworld)에 들어가려고 노력한다. 한 사람의 생활세계에 들어가는 데 가장 좋은 방법은 그 사람의 생활세계에 참여하는 것이다.

체현된 경험-체현하는 경험-체현 및 상호주관성

위에서 언급한 저명한 연구자들이 이미 다음과 같이 말했다. 경험과 생활세계를 깊숙이 이해하려면 단순히 관찰해선 안 되고, 경험해야만 한다. 관찰 기법의 중심에 실제 경험을 놓는 것이야말로 '진정 인간적인 방법'으로 생활세계를 이해하는 유일한 방법이다. 이때 개인적 경험의 우수성은 경험상 이해의 인식론의 일부로서 자리를 잡으며, 연구자가 삶의 경험을 내부에서부터 이해할 수 있게 한다. 타인의 자연스러운 '생활세계'에 들어가는 것은 연구자에겐 어려운 일이다. 그렇지만 현상학적 이론과 신경학적 이론에서 영감을 받은, 체현된 경험을 이해하는 연구 도구가 될 수 있는 실용적인 방법들이 존재한다.

여기서 숀 갤러거(Shaun Gallagher)가 '상호주관성(intersubjectivity)'이라 이르는 범위를 늘리기 위해 이 관점들을 둘 다 한곳에 모으는 가장 효과적인 방법 중 하나에 대해 논의할 것이다. 우리의 연구 프로젝트에서는 그 과정을 '체현(embodiment)'이라고 폭넓게 일컫는다. 갤러거는 신중하게 적용되고 이해된 체현 활동 도중의 삼투 효과를 통해 연구자가 통찰력을 얻는 방식을 이해할 수 있는 중요한 관점을 제공한다. 이 설명은 연구자들이 자신의 주관적인 모습을 반영하는 대상이 되기 때문에 연구자에 대한 체현의 추가적 이점을 높이기도 한다.

체현과 관련하여, 나는 의식이 내 의식적인 경험에 얼마나 어떻게 들어가는지 탐구하고 싶다. 또, 경험하고 있는 주체로서 나는 내 신체를 얼마나 인식하고 있는가? 어떠한 상황에서 어느 정도 인식하는가? 예를 들어, 의도적인 행동은 신체에 대한 명시적이거나 암시적인 인식을 포함하고 있는가? …… 이러한 질문들은 경험 구조의 중요한 측면과 연관이 있다. 의식적인 경험 전반에 걸쳐 자기 자신의 신체를 지속적으로 참조한다면, 퇴행적이거나 주변적인 인식이더라도, 이 참조는 의식의 현상적 영역에서 구조적인 특징으로 구성되며, 경험에서 다른 모든 측면들을 결정하거나 영향을 주는 구조의 일부가 된다.

덴마크남부대학교(University of Southern Denmark)에 위치한 경험 기반 디자인 센터(Experience-based Designing Centre)에서, 연구자들은 생활세계에 속한 경험을 '체현'함으로써 특정한 생활세계에 대해 그들이 이해한 바를 지지하거나 권장한다. 근본적으로, 그들은 이것을 이해하길 바라는 경험에 '진입'하도록 디자인해야 하는 디자인 과제로 접근한다. 이것은 항상 할 수 있는 일이 아니기는 하지만, 되도록 가까이 접근하는 것이 중요하다. 문제는 '얼마나 가까이 접근할 수 있는가?' 하는 것이다. 물론, 다른 모든 사람들과 마찬가지로 연구자의 경험은 항상 현상적이며 그들 자신의 경험일 것이다. 하지만 연구자의 경험은 두 가지 강력한 방식에 매우 유용하다. 연구자의 경험은 상호주관성에 대한 갤러거의 생각을 증진시키는 의미를 체현화한 수준으로 개별 누적된 그들의 경험을 전달한다.

전운동피질(premotor cortex)과 브로카 영역(Broca's area: 두뇌 좌반구 하측 전두엽에 위치한 영역으로, 언어의 생성 및 표현, 구사 능력을 담당하는 부위–옮긴이)에서의 신경 활성화는 일반적으로 상호주관적인 의미에 부합한다. 이것은 (타인의) 관찰과 (나 자신의) 행동 역량의 양상에서 동시에 공유되는 의미다. 더 일반적으로는, 나 자신의 행동 계획을 맡고 있는 뇌의 영역은 관찰, 상상 속에서 이루어지는 모의실험을 하거나 타인의 활동을 무방하는 도중에 활성화되는 영역과 동일한 부위다.
　체현은 경험, 인식, 그리고 행동을 구조화하는 데 매우 중요한 역할을 담당한다. ……

경험의 현상학적, 실증적, 세부적 측면에서, 신체는 더 이상 단순화할 수 없는 방식으로 자기 자신을 내보이기도 하고 숨기기도 한다. 그리고 이러한 행동에서 경험에 구조적인 영향을 미치는 것이다.

우리가 생각하는 방식을 구성하는 과정에서 체현의 역할에 대한 갤러거의 묘사는 연구자가 자신의 체현을 통해 어떻게 경험을 신체적인 수준에서, 나아가 인지적인 수준에서 이해하는지를 뒷받침한다. 다음으로, 연구자들이 경험자의 세계나 타인의 생활세계에 들어갈 때는 참여자로서 들어가지 관찰자로서 들어가지 않는다. 이것은 관련된 두 사람인 연구자와 참여자 간의 사회적인 역학을 상당히 변화시킨다. 우리 연구자들은 종종 체현 이후에, 체현이 없었더라면 논의하지 못했을 주제를 가지고 거리낌 없이 논의를 하며, (외부인으로서) 탐구하기 어려웠을 영역을 탐구하게끔 권한이 주어졌다고 느낀다. 한편 연구 참여자들은 감정이입을 하며 연구자들을 수용하는 경향을 보인다.

환자와 소통할 때, 우리가 체현해서 얻은 사진과 이야기들은 대화를 시작하는 데 매우 유용한 도구였다. 그러한 사진과 이야기들 덕분에 우리는 경험을 더 자세히 설명할 수 있었으며, 배우려는 의지를 보여줄 수 있었다. 이것은 예민한 주제들을 가로막는 장벽들을 무너뜨리는 데 도움을 주었으며, 그 덕분에 더 속 깊은 대화를 할 수 있었다. 우리가 참여자들에게 우리의 체현을 보여주었을 때, 참여자들은 우리가 몰두한 것이 무엇인지 알았기에 우리에게 감사했다.

결론

이 장에서는 수많은 디자인 분야에서 인간 경험을 이해하고 언급하는 방식을 논박하는 담론에 논리적인 명확성을 부여하고자 했다.

최근 몇 년간 경험 디자인 분야에 유입된 오해와 착오를 바로잡기 위한 노력의 일환으로, 이 분야에 새로 진입한 사람들이 아주 기본적인 수준에서 경험이 진정으로 무엇인지를 이해하는 데 도움을 주고자 했다. 또한 경험을 배워나가는 수많은 학생들에게 일종의 통일된 영향을 주는 방식으로 경험의 측면을 선보이고자 했다.

경험은 일상생활에서 매우 중요한 부분이며, 만일 디자이너가 경험을 잘 이해하면서 적절하게 활용할 수 있다면 사람들의 일상적인 생활세계에 상당한 의미와 가치를 더할 것이다. 경험을 이해하는 열쇠는 경험의 근본적, 현상적인 특성이다. 이는 즉 우리 모두가 삶을 서로 다르게 경험한다는 것을 말한다. 이러한 경험의 측면을 중요시하고 존중하는 것은 표준화된 사항에 입각한 디자인 세계에 상당한 문제를 제기한다.

일반(보편)과 매우 반대되는 개별적이고 독특한(특정한) 무언가로 어떻게 작업을 시작할 수 있을까? 이러한 난제의 부분이나 전체(경험과 우리의 존재론적 견해와 같은)는 우리가 행하는 거의 모든 행동에서 나타날 수 있으나, 그렇다고 해서 이러한 질문이 우리의 인간다움에 대한 근본적인 질문이라는 사실이 달라지지는 않는다. 이 질문을 다루어야 하지만, 관념적인 방식으로 다루어서는 안 된다.

이 장에서 설명한 인간 경험의 근본적인 측면(경험을 이해하기, 경험에 대한 우리의 기억의 경이와 한계를 이해하기, 복잡성을 이해하는 것은 거의 불가능하지만 누적되는 경험의 필요성, 진짜 경험과 가짜 경험의 특성을 조화하는 것, 체현된 경험의 중요하지만 다소 신비한 힘)은 불가피한 결론으로 우리를 이끄는 첫 단계일 뿐이다. 우리는 삶에서 중요한 의미가 있는 부분으로서 경험을 이해하는 방식을 알아내고 이러한 지식을 단순히 번영뿐만 아니라 유용함을 위해 사용하려면 더 많은 일들을 해야 한다.

2장
탈선으로서 경험: 디자인 사고의 형이상학에 대한 고찰

코니 스바보*Connie Svabo*
마이클 생크스*Michael Shanks*

애매한 영역: 디자인

일반적으로는 디자인이라는 용어를, 만드는 것의 목적, 의도, 유의성, 그리고 제작에 있어 작용 주체(agency)를 지칭하기 위해 사용하지만, 현대적인 디자인 영역의 출현은 18세기의 극단적인 분업화와 관련된 산업 공정의 성장과 연관을 짓는 편이 옳다. 디자인(물건, 시스템, 서비스 또는 경험, 그리고 여러분을 변화시킬 수도 있는 것에 대한 계획이나 사양을 작성하는 것)은 점차 제조에서 떨어져 나와 별개의 절차가 되었다.

디자이너들이 일상의 물건을 위한 산업 디자인을 할 때는 대량생산 절차에 따라 작업을 하긴 하지만, 그들은 취향과 스타일, 기능성과 이상적 특성, 안전 규칙과 합법성, 그리고 디자인하는 대상의 감정적 영향과 같이 추상적인 문제를 다루어야만 했다. 제조된 상품을 중심으로 하게 된 일상생활에서 개인과 집단의 정체성의 중심에 있는 수평적, 수직적 특징인 '현대성·계층·성별·인종의 구조와 문화'도 디자이너가 직접적으로 다루어야 할 문제가 되었다. 시장 경쟁은 혁신을 강조했다. 뭔가 새롭거나 다른 것을 제공하는 제품을 개발해야 했다.

그리고 디자인을 형성하는, 다르면서도 종종 충돌하는 디자인 철학이 있었다. 현대 디자인에서 형태는 기능을 따라야 했다.

1960년대 이후 네 가지 요소가 디자인을 인식시키고 그 중요성을 강조하는 데 기여해왔다.

1 관광과 엔터테인먼트뿐만 아니라 고객 만족에 초점을 맞추는 광범위한 산업을 포함한 서비스산업의 성장

2 사용, 기능, 그리고 인지 요소에 신경을 쓰는 인간과 똑똑한 기계 사이의 복잡한 상호작용을 다루는 정보 기술(IT)

3 디자인의 합리화와 형식화를 수반하는 디자인 연구, 훈련 및 교육에 대한 투자

4 수많은 영역에서 협력하는 전문가들을 필요로 하는 복잡한 제품과 서비스로 인한 디자인 영역의 확장

수많은 다른 영역의 디자인 중심점이 있다. 활동과 서비스의 디자인, 물질적인 물건의 디자인, 물리적 환경의 디자인, 그리고 커뮤니케이션의 디자인. 산업 디자이너들은 제품을 디자인하고 건축가들은 빌딩을 디자인한다. 하지만 현대인의 삶은 디자인으로 가득 차 있으며, 디자인의 포화로 인해 흥미로운 도전 과제가 생겨났다. 단일 물건, 서비스, 시스템, 그리고 환경을 디자인하는 것뿐 아니라 이런 디자인의 차이를 이해하고, 상상하고, 연결하고, 조율해야 하는 과제 말이다. 그리고 이러한 디자인의 어려움, 의식, 관심을 나타내는 무수한 관련 용어가 지난 30년 동안 유통되어왔다. 인간 요소, 인체 공학, 사용자 경험 디자인, 사용자 중심 디자인, 인터랙션 디자인, 감성 디자인, 그리고 공감적 디자인 같은 용어들 말이다. 일반적으로 이러한 용어들에 담긴 공통된 맥락은, 인간 요소에 초점을 맞춤으로써 디자인을 통합하고 개선할 수 있다는 것이다. 이는 곧 인간 중심 디자인이라고 정의할 수 있다.

디자인 관점의 변화를 보여주는 실례가 있다. 디자이너이자 사상가 도널드 노먼이 내놓은 결과물이다. 그는 《일상 사물의 심리학(The Psychology of Everyday Things)》이라는 책에서 인간공학적 디자인의 핵심 내용을 요약했는데, 그 제목이 암시하는 것처럼 이

책은 인지과학 및 행동심리학에 뿌리를 둔 산업 디자인의 접근법을 보여준다. 이 책에서 노먼은 연구와 사람이 사물과 상호작용하는 것에 대한 지식이 좋은 디자인에 필수적이라고 주장했다. 노먼의 책은 나쁜 디자인과 좋은 디자인의 예시로 가득 차 있는데, 그 차이는 디자인이 뿌리를 둔 심리학에 있었다. 그는《감성 디자인: 우리가 일상 사물을 좋아하는(싫어하는) 이유[Emotional Design: Why We Love (or Hate) Everyday Things]》(2005)를 쓰면서 관점을 급진적으로 바꾸어 사람들이 일상생활에서 사물들과 맺는 이성적이지 못한 감정 관계를 디자이너들이 수용해야 한다고 강조했다. 이러한 관점은《일상 사물의 심리학》개정판인《일상 사물의 디자인(The Design of Everyday Things)》(2013)에 포함되었으며, 그는 사업의 맥락, 윤리, 그리고 팀워크의 실용성을 비롯해 다양한 주제로 논의를 확장시켰다. 이러한 인간 중심적 디자인은 의자의 인체공학적 구조를 통해서든 의료 기술의 사용자 친화적 인터페이스를 통해서든 행복을 증진하는 데 초점을 맞춘다. 주로 사람들의 삶을 개선하고자 하는 혁신과 윤리적인 경향이 있다. 다른 사람들과 함께, 노먼은 '디자인 씽킹'이 모든 디자인의 중심에 있는 혁신적인 전환 과정, 즉 모든 것에 적용할 수 있는 긍정적인 변화를 상상하고 실현하는 과정이라고 설명한다.

조지프 파인(Joseph Pine)과 제임스 길모어(James Gilmore)는《경험경제(The Experience Economy)》라는 책에서 디자인을 넘어 더 폭넓은 관점으로 1990년대에 서구 선진국에서 일어나기 시작한 사업의 변화를 서술한다. 이는 서비스뿐만 아니라 경험을 소비자들에게 제공하는 변화였다. 만약 서비스 산업이 당신이 수행하는 활동에 대한 비용을 요구하는 것이라면, 경험 산업은 소비자들이 참여하여 얻는 감정에 대한 비용을 청구한다. 변화하는 사업은 거기서 시간을 보내는 소비자들에게 효익에 대한 비용을 청구할 것이다.

애매한 개념: 경험

그렇다면 디자이너들이 만들어내는 경험은 무엇일까? 경험 디자이너들은 분명히 경험을 디자인할 것이다. 그러나 다른 디자인 분야도 마찬가지일 것이다. 경험 디자인에는 경험의 개념 혹은 그 특유의 디자인을 통해서 그것을 독특하게 만드는 요소가 있을까? 아니면 모든 디자인은 경험 디자인이어서 다른 (인간) 경험이라는 개념을 반영함으로써 디자인의 개념과 그 행위를 개선할 수 있는 것일까?

경험에 대한 참조는 여러 디자인 영역에서 나타난다. 네이선 셰드로프(Nathan Shedroff)의 《경험 디자인 1(Experience Design 1)》(2001)은 디지털 인터페이스의 디자인을 다룬다. 애나 클링만(Anna Klingmann)의 《브랜드스케이프: 경험경제에서의 건축(Brandscapes: Architecture in the Experience Economy)》(2007)과 베른트 슈미트(Bernd Schmitt)의 《경험 마케팅: 고객들이 당신의 회사와 브랜드를 감지하고, 느끼고, 생각하고, 행동하고 연관 짓게 하는 법(Experiential Marketing: How to Get Customers to Sense, Feel, Think, Act, and Relate to your Company and Brands)》(1999)은 경험경제에 대한 파인과 길모어의 충고에서 영감을 받았다. 일반적으로 이러한 책과 이전 작업에서 지목하듯이 보편적이거나 권위 있는 경험의 정의는 없다.

《경험경제의 핸드북(Handbook on the Experience Economy)》의 편집자인 존 선드보(Jon Sundbo)와 플레밍 쇠렌센(Flemming Sørensen)은 경험이 정신적인 현상이라는 정의를 제시한다. 이들은 특정 저자들이 경험이 감각적인 자극으로 시작된다고 강조함을 주목한다. 즉 내적 정신적 과정에는 심리학적인 기반이 있다는 주장에 관심을 기울였다. 선드보와 쇠렌센은 칙센트미하이가 창안한 몰입 개념이 경험을 정의하는 더 정확한 시도라고 했다.

몰입은 활동에 몰입하는 동안 얻는 경험이다. 몰입은 칙센트미하이가 '다양한 놀이 형태'라고 부르는 암벽 등반, 체스, 춤추기, 그리고 공놀이와 같은 경험을 할 때 사람들이 하는 경험을 포함한다. 몰입 경험은 특정 활동에 완전히 빠져 에고(ego)의 경계를 넘나드는 경험을 뜻한다. 몰입의 개념은 경험 대상에 대한 내재적인 경향을 갖고 있지만, 몰입 경험은 완전히 정신적인 현상이 아니다. 몰입 경험에서 중심적인 것은 행위와 인지의 혼합이다.

흥미롭게도, 이러한 그림은 '경험경제'의 분야들을 봐도 분명해지지 않는다. 경험경제 분야에는 관광, 예술과 문화, 엔터테인먼트와 레저, 로또와 도박, 디자인, 이미지 및 브랜딩, 그리고 정보와 커뮤니케이션 기술(information and communication technologies, ICT) 기반 경험이 포함된다. 가장 자주 언급되는 사업은 호텔, 레스토랑, 여행사, TV 회사, 놀이공원, 박물관, 그리고 스마트폰과 애플리케이션 제작이다. 파인과 길모어는 경험이 능률적이며 경험을 디자인하는 것은 무대를 연출하는 것과 같아서 세트, 소품, 대본이 필요하다고 했다. 이는 사회 및 문화 이론에서 비롯된 매우 설득력 있는 견해다.

국제적 디자인 컨설팅 회사인 IDEO는 인간 중심 디자인을 촉진하는 것에 관심이 많다. 설립자 중 한 명인 빌 모그리지(Bill Moggridge)는 디자이너들과의 수많은 인터뷰가 포함된 방대한 디자인 서적을 두 권 출간했다. 바로 《인터랙션 디자인(Designing Interactions)》과 《미디어 디자인(Designing Media)》이다. 경험 디자인과 직접적인 관련은 없지만 경험이 이러한 현대적인 디자인의 중심임은 분명하다. 정의를 제공하는 대신에 모그리지는 디자인 씽킹, 절차 및 실용성을 탐구한다. 디자이너들이 이러한 사물을 넘어서는 경험을 어떻게 디자인하는지 말이다. 그의 가까운 동료인 데이비드 켈리(David Kelley)는 그의 작업을 경험(사적인 의사소통)을 디자인하는 것으로 묘사한다.

그러한 처우에도 불구하고 우리의 의견은, 디자인 세계에서 경험은 뭔가 애매모호하고 분명하지 않다는 것이다. 경험은 정신적, 심리학적 특성이 있으며 흡수 및 행동과 인지의 혼합을 포함할 수 있다. 하지만 분명한 정의는 없고 마찬가지로 분명한 사업 영역도 없다.

그렇다면 경험 디자인의 특징과 가치는 무엇일까?

단일 영역 초월하기

어쩌면 경험 디자인의 중심적인 가치는 파생된 특성과 다양한 능력에 있을지도 모른다. 경험 디자인의 흥미로운 잠재력은 단일 디자인 영역을 초월하는 능력에 있다. 경험 디자인은 연구이자 행위가 될 수 있다. 경험 디자인은 사람들이 복잡한 물리적인 환경과 다양한 사회적인 영역에 참여할 때 나타나는 상호관계와 복잡한 조합을 이끌어내는 데 도움이 될 수 있다. 경험 디자인은 이질적인 요소들 사이의 관계에서 나타나는 현상으로서 경험을 따르는 것을 가능하게 해야 한다. 이질적인 요소들이란 인간이 특정 장소와 상호작용하는 과정을 예로 들면, 이동 수단, 이동 중재 및 하이힐 한 켤레가 발휘하는 잠재적 영향력 등이다.

앞에서도 말했듯이, 오늘날 경제적으로 발달한 국가에 사는 사람들의 삶은 디자인으로 가득 차 있다. 우리는 디자인 환경에서 살아가며 디자인 사물에 둘러싸여 있으며 많은 상황에서 우리의 관심, 역량, 그리고 움직임은 디자인의 영향을 받는다. 디자인 및 물질문화학자 벤 하이모어(Ben Highmore)가 허버트 사이먼(Herbert Simon)의 말을 빌려 지적한 것처럼, 우리는 인공적인 세상에서 살고 디자인은 모든 곳에 있다. 이것은 디자인 연구, 그리고 다양하게 혼합된 디자인에서 경험을 개념화하고 조율하는 과정에서 가장 중요한 과제가 된다.

IDEO의 최고 경영자 팀 브라운(Tim Brown)에 따르면, 우리는 기본적으로 필요한 것을 충족할수록 감정적으로 만족스럽고 의미 있는 복잡한 경험을 더 많이 기대한다고 한다. 이러한 경험은 단순한 산물이 아니라 제품, 서비스, 공간 정보에 대한 다양한 혼합일 것이다.

경험은 다양한 사물, 상호작용, 공간, 그리고 정보의 혼합에서 나타난다. 사람들이 깔끔하고 정돈된 하나의 상황에서 한 사물과 상호작용하는 경우는 드물다. 반면에 사람들은 변화하는 환경과 다양한 사회적인 환경에서 다수의 사물과 상호작용한다. 브라운이 지적한 바와 같이, 이는 경험을 사물, 서비스, 공간 및 정보의 복잡한 혼합으로 디자인해야 하는 난제를 제시한다. 여기서 경험 디자인 모델이 어떤 성과를 거두어야 하는지가 명확해진다. 배우, 소품, 그리고 장소 및 관객과 밀접하게 관련된 역동적인 무대 배경이 잘 어울리게 무대를 구성해야 하는 것이다.

예를 들어 박물관 전시회를 둘러보는 경험은 단일 디자인의 경험이 아니다. 이러한 방문은 서비스 접점으로 이루어지는데, 서비스 접점에는 건축 디자인, 전시 디자인, 각 전시의 구체적인 디자인, 그리고 표지판, 폴더, 휴대용 매체, 동료 방문객, 선입견, 그리고 기대, 심지어 개인적인 기억과 생각의 경험과의 접점이 포함된다.

경험 디자인은 연구자들과 디자이너들로 하여금 영역을 넘어서 다양한 요소 사이의 상호관계, 협상 및 복잡함을 탐구하게 할 수 있다. 경험 디자인은 사용 사례 및 사용 상황에서 나타나는 이질적인 요소들의 복잡한 조합에 대한 잠재적인 민감성과 아주 밀접한 관련이 있다. 그렇기에 경험 디자인은 실제 사용 상황에서 행해지는 디자인 접근법을 포괄하는 용어가 될 수 있다.

현대의 디자인 작업과 연구에서 핵심 용어로서 경험 디자인의 관련성과 중심적인 초점은 디자인 분야 간의 경계를 넘어서는 것이다. 어떤 시점에서 한 디자인의 단일 논리를 취하는 대신에, 경험 디자인의 잠재적 시작점은 과학기술학자인 야프 옐스마(Jaap Jelsma)가 '사용 논리: 다수의 디자인이 관련된 곳의 상황과 행위의 복잡성'이라고 부르는 것이다.

경험을 중심 무대에 놓아 복잡한 물리적 환경과 다양한 요소들의 참여로 다양한 상황에서 어떻게 경험이 일어나는지 탐구하면 다른 임의의 상황에 놓인 관계와 조합에 대한 민감성을 구축할 수 있다.

하지만 이것이 정확히 어떻게 이루어질까?

경험 디자인의 중심적인 아이디어는 사용 상황에 관심을 쏟는 것이 중요하다는 것이다. 경험 디자인은 장소에 따라 달라진다. 사람들을 이해하고 디자이너들이 디자인하는 상황을 이해해야 한다. 디자이너들은 인간 필요와 욕망을 이해하고, 상상하고 충족시켜야 한다. 그러려면 감정이입을 하고, 사람들이 하는 것과 이들이 사물, 환경, 그리고 서로와 어떻게 상호작용을 하는지 알아야 한다. 이러한 상황에서 경험이 등장하며 경험은 상황에 뿌리를 둔다. 이는 공식적으로 디자인 씽킹(design thinking)으로 일컬어지는 분야를 다루는 것으로, 저자 중 한 명이 스탠퍼드대학교의 하소 플래트너(Hasso Plattner) 디자인 학교에서 가르치는 내용이다. 디자인 씽킹은 난제를 풀기 위한 실용적인 접근법이다. 그러나 우리가 일상의 상호 연결성과 관련하여 경험을 어떻게 인지할지도 고려해보도록 하자.

생각-감지-느낌으로서의 경험 디자인

경험을 위한 디자인을 시도하는 한 가지 방법은 생각하기, 감지하기, 그리고 느끼기에 집중하는 것이다. 모든 제품은 사용자를 위한 것이며 사용자를 생각하는 좋은 방법은 경험에 집중하는 것이라는 기본 전제 아래 제품을 디자인해야 한다. 경험 디자인 학자 피터르 데스메(Pieter Desmet), 파울 헤커트(Paul Hekkert), 그리고 헨드릭 슈퍼스타인(Hendrik Schifferstein)은 경험 디자인은 온갖 종류의 디자인에서 사용될 수 있다고 주장한다. 둥둥 떠다니는 휠체어부터 움직이는 자동차 주차장까지 말이다. 전통적으로 제품 디자인에서는, 우리가 나타낸 것과 같이 사용자-제품 관계를 사용자의 신체적, 인지적 능력을 기반으로 이해했으며(이는 신체적 능력, 즉 인체공학과 감각적 지각, 즉 미학과 같은 것을 포함한다), 인지를 포함했다(이는 정보 처리 장치로서 정신, 그리고 의미 형성을 포함한다). 이제 이러한 집중점에 감정이 주어졌다. 사용자-제품 관계를 감정적 관계로 생각하는 것이다. 여기서 중심적인 특성은 디자인이 인지, 감각 지각, 그리고 감정의 세 과정을 통해 경험을 목표물로 삼는다는 것이다. 감각 및 감정적 특성에 대한 유사한 관점이 인터랙션 디자인 및 디지털 사용자 경험 디자인에서 발견되며, 건축에서도 발견된다. 사용자를 신체와 정신은 물론, 감정적인 존재로 여기는 것은 경험을 기반으로 추진되는 디자인 전략과 방법들을 필요로 한다.

디자인 과정에서 경험을 감각, 감정, 인지로 이해할 필요가 있을 수 있다. 경험을 생리학적, 감정적, 인지적 측면으로 분해하면 경험이 무엇인지 파악할 수 있으며 경험을 디자인하고자 하는 노력에서 어디에 초점을 맞추어야 하는지 알 수 있다. 예를 들어, 데스메, 헤커트, 슈퍼스타인은 이렇게 경험에 대해 생각하는 것이 디자인 활동, 반영, 그리고 평가에 유용하다고 제안한다.

이처럼 구분하는 것은 우리가 경험의 영향을 다양한 측면에서 평가할 수 있게 해준다는 점에서 가치가 있다.

실질적으로, 실제 경험에서 이러한 요소들은 분리하기 꽤나 어렵다.

경험의 세 층위 사이의 구분은 이론적이다. 실제 제품 경험에서 이러한 층위는 서로 얽혀 있으며 서로 영향을 미칠 수 있다.

감각, 감정, 그리고 인지는 얽혀 있다. 그리고 이들은 세계의 나머지 부분과도 얽혀 있다. 경험을 분석적으로 분해하는 목적은 디자이너들이 경험에 대해 생각하도록 만드는 것이다. 감각, 인지, 그리고 감정의 개념은 '생각을 위한 의수'와 같다. 이러한 전제는, 실제 경험에서는 감정과 인지가 얽혀 있으며 분석적 개념의 목적은 생각을 지지하는 것이며, 경험을 새로운 방식으로 생각할 방법이라는 것이다.

경험을 감각, 인지, 그리고 감정과 같은 요소로 분해하는 것이 유용해 보이지만, 핵심 질문은 다음과 같다. "그러한 분석적 행위가 사물, 서비스, 공간 및 정보로 이루어진 복잡한 조합인 경험을 디자인하는 데 얼마나 유용하단 말인가?" 경험을 이러한 요소로 분해하면 복잡한 관계와 경험을 구성하는 움직임과 관심에 대한 몰입을 간과하게 될 수도 있다.

우리는 경험을 유동적으로 펼침으로써 경험을 이해할 것을 제안한다. 경험은 복잡한 이동과 관여라는 움직임으로 인지된다. 그래서 경험 디자인은, 영역을 지정할 경우, 다른 공간, 사물, 그리고 디지털 관계에서 시간이 지남에 따라 관여와 얽힘을 따라갈 수 있다는 점에서 흥미로울 수 있다.

방랑하는 형이상학

이제 더 많은 지면을 할애해 1인칭 관점에서 경험한 의식의 구조를 연구하는 현상학의 길고 풍부한 철학적 전통을 탐구할 것이다.

대신에 우리는 구체적인 관점을 제시할 것이다. 현대의 사회 및 문화 사상에서 고정된 것에 대한 검토는 세상의 유동성을 탐구하는 관심으로 이어졌다. 이동성, 절차, 그리고 유동성을 지향하는 패러다임적 경향은 다양한 분야에서 나타난다. 존 우리(John Urry)가 사회학에서 '사회를 넘어선 사회학'을 요청하는 것처럼 말이다. 인류학에서 문화와 정체성에 대한 연구는 고정된 현상에 대한 연구에서 정체성이 변동하는 현상에 대한 연구로 바뀌고 있다.

문화 연구에서는 망명자, 이민자, 그리고 난민의 실제 경험이 노마드적 사고(nomadic thought)의 필요성을 보여준다. 지리학에서는 장소·영토·지형의 영구성과 안정성이 도전을 받고, 대신에 나이절 드리프트(Nigel Thrift)가 제안한 움직임·속도·순환의 흔적인 '격렬함의 단계(stages of intensity)'라는 이론이 제시되었다. 건축에서는 베르나르 추미(Bernard Tschumi)가 '벡터의 움직임(movement of vectors)'이라는 건축에 대한 비전을 제시했다.

이러한 패러다임적 경향은 현실이 항상 역동적으로 변화한다는 존재론적인 관점에서의 작업이 필요함을 암시한다. 현실은 항상 유동적이고, 변화하며, 움직인다. 혼돈, 휘둘림, 혼란, 격동, 그리고 요란함이 항상 정돈됨, 정렬, 구성, 대칭, 패턴, 그리고 구조 이전에 있는 것이다. 안정성은 절차, 변화, 그리고 움직임의 배경이 된다. 변화가 무언가로 인지되기 이전에, 변화와 안정성은 정반대 관계에 있다. 질서가 혼돈의 배경에 존재한다. 이는 현실이 영구한 존재로 이루어졌다는 믿음과는 정반대다. 팀 크레스웰(Tim Cresswell)은 이러한 패러다임과 방랑하는 형이상학(nomadic metaphysics)이 그가 말하는 이른바 '정적인 형이상학(sedentary metaphysics)', 즉 '세계를 경계가 분명히 나뉜 구획으로 나누고자 하는 끊임없는 욕망'에서 벗어나게 한다고 했다.

방랑하는 존재론과 경험

유동성과 흐름에 초점을 맞춘 움직임과 역동성은 경험이 존재의 절차가 될 수 있게 한다. 움직이는 세상에서 경험 역시 움직으로 것으로 개념화되어야 한다. 이것은 경험이 일시적이고 변화하는 얽힘과 관여임을 밝히는 우리의 실험과 연결된다. 이렇게 우리가 경험 디자인과 연관 짓는 방랑하는 형이상학이라는 개념은 두 가지 중심적인 철학적 영향을 포함한다. 세레스(Michel Serres)의 철학적 개념인 얽힌 존재(mingled bodies)는 경험을 몰입으로 이동시키고자 하는 목적으로 도입되었다. 세레스의 명상과 다중성에 대한 철학은 경험을 몰입, 리듬, 그리고 움직임의 개념으로 보는 사고를 지지하고, 경험 디자인을 지속적 관여와 조율을 거친 무대연출로 본다.

탈선으로서 경험

세레스는 '얽힌 몸의 철학'이라는 개념을 만들어냈다. 그는 감각적 인지의 주요한 특성은 방향성이자 경향이라고 했다. 감각은 움직임, 방랑, 그리고 방문이다. 의식과 결합하여 탈선을 하는 것이다. 무언가 경험한다는 것은 어딘가로 가거나 이동하는 것(그리고 다른 곳에서 이동해 오는 것)이다. 무언가를 감지한다는 것은 떠다니는 것이다. 한 위치에서 다른 곳으로, 한 사물에서, 한 교차점에서, 한 접점에서 다른 곳으로 움직임을 뜻한다.

세레스의 글에서는 움직임, 만남, 교차, 그리고 교환이 핵심이다. 그는 촉감이 의식과 '공놀이'를 할 수 있게 해준다고 했다. 시도해보라, 손가락을 입으로 가져가라. 손가락으로 입술을 살짝 누른다. 그 움직임에서 입술은 손가락에 촉각을 유발하는 대상이다. 이제 입술에서 손가락을 떼고 손가락에 입술을 댄다. 이제 손가락은 입술이 입 맞추는 대상이 된다. 의식이 움직인 것이다.

의식은 손가락과 입술 사이의 접점에 존재한다. 그리고 움직일 수 있다. 손가락이 입술에 닿을 때, 의식은 손가락에 있다. 입술은 촉감을 일으키는 대상이다. 입술이 손가락에 닿을 때, 손가락은 입맞춤의 대상이 된다. 여기서 핵심은 의식의 위치가 아니라 '공놀이'이다. 의식은 움직인다. 이는 한곳에 있는 것이 아니다. 의식은 탈선 중이다.

세레스는 감각 인지를 교환 및 확장의 지점으로 서술한다. 감각 인지에서는 신체와 의식이 얽힌다. 이는 감각과 경험이 어떻게 정의되는가에 대한 결과다. 감각적인 인지는 더 이상 육체의 영역에 존재하지 않으며 경험은 신체, 인지, 그리고 감정의 혼합물이다.

경험은 에너지 감각, 신체, 명상, 의식, 그리고 세계의 유동적인 경련이다. 경험은 움직인다. 경험은 방랑한다.

의식과 신체가 공놀이를 하는 예시에서 신체와 의식은 서로 교환된다. 하지만 세레스의 철학에서 감각은 인간 신체에 국한된 것이 아니다. 감각이 의식 및 사물과 함께 공놀이를 하는 곳에서, 감각은 신체와 의식 사이의 교차점이며, 감각은 또한 세계와 나 자신 사이를 중재한다(세레스는 의식, 영혼, 그리고 '나'를 혼합하여 사용했다). "나는 세계와 섞이고 이는 나와 섞인다." 감각은 의식과 신체가 섞이는 위치이며, 이는 세계와 섞인다. 감각은 신체, 의식, 그리고 세계의 혼합이다.

감각은 신체에 속한 것이 아니다. 신체와 세계에 속한 것이다. 감각은 중재자, 교환점, 그리고 확장이다. 이는 감각이 분산되었음을 뜻한다. 감각은 대상에서 확장될 수 있다. 개인과 세계를 연결하는 지점은 사물, 도구, 혹은 차량 등 신체 바깥에 있을 수 있다. 이는 혼합과 섞임이며, 세레스가 강조하는 증식과 분포다.

망치를 든 손은 더 이상 손이 아니고 망치이며, 망치와 못 사이를 날아가는 망치는 더 이상 망치가 아니기에 사라지고 분해된다. 손과 생각은, 혀처럼, 이들이 하고자 하는 것에서 사라진다.

그렇다면 손은 무엇인가? 그것은 신체의 일부가 아니라 손톱이나 발, 무기, 혹은 개요서가 될 수 있는 능력이다.

세레스는 행위에서 함께 흐르는 것을 강조한다. 이는 망치질과 같은 행위에 적용되지만, 생각에도 적용할 수 있다. 혼합과 얽힘이 다시금 강조된다.

내가 이 사물에 대해 생각할 때, 나는 이 사물임이 틀림없다. 내가 정말로 그렇게 생각한다면 말이다. 내게 특정 개념이 주어진다면 나는 완전히 그 개념이며, 내가 나무를 생각한다면 나는 나무다. 내가 강을 생각한다면 나는 강이다. 내가 숫자를 생각할 때 나는 머리부터 발끝까지 그 숫자다. 그것이 의심할 수 없는 생각의 경험이다.

세레스와 함께 우리는 감각적 인지가 부차적인 것이자 분포된 것이라고 보았다. 인간, 도구, 생각, 신체는 함께 흐른다. 이들은 활동에 함께 혼합되어 있다. 그 활동이 생각이든 망치질이든, 혹은 차를 모는 것이든 말이다. 세계, 감각, 신체, 그리고 나는 활동에 섞여 있으며 얽혀 있다. 하지만 이러한 통일은 일시적인 것이다. 그리고 이것은 감각이 방랑할 때 중요한 것이다. 감각 인지는 '활동에 혼합된 뭔가'(이는 칙센트미하이가 '몰입 경험flow experience'이라고 서술한 것과 매우 유사하다)로 향하는 특성이 있다. 하지만 그 무엇보다도 감각은 방문하는 것이다. 움직여서, 지속적으로 전파되어서, 끊임없이 퍼지고 움직이고, 오고 간다. 이는 무언가를 향하는 행위이지만, 산만함이고, 계속 나아가는 것이다. 감각은 신체와 감각 사이, 인간과 세계 사이를 지속적으로 움직이는 교차점이다.

지속적인 관여로서 경험

세레스의 '얽힌 몸에 대한 철학'에서 영감을 얻어 방랑하고 움직이는 특성을 강조하는 방식으로 경험을 설명할 수 있을 것이다. 또한 이러한 경험은 교차, 짜임, 마찰, 추론, 그리고 교환과 같은 것으로 탐구할 수 있을 것이다. 이러한 경우에 경험은 감각, 의식, 신체, 그리고 세계의 움직이는 교차점이다. 경험은 지속적인 관여다. 이러한 점은 가만히 있는 명사가 아니라 움직이는 동사로써 경험을 이해하게 해준다.

더욱이 이러한 경험에는 리듬, 패턴, 일시성, 그리고 공간이 있다. 이는 멈춤과 끊김을 포함한다. 경험은 항상 매끈하고 마찰이 없는 것이 아니다. 경험은 짜임, 동요, 파괴, 그리고 산만함의 대상이다. 경험에는 마찰이 있다. 경험은 규율을 짜는 것이다.

방랑하는 디자인

디자인 연구 및 실행에서는 디자인과 이들의 혼합된 경험을 개념화하고 조율하는 것이 중심적인 난제다. 이를 수행하는 한 가지 방법은 다중적이고, 지속적으로 조율하며 방랑하는 형이상학의 유동성으로 경험에 접근하는 것이며, 디자인 활동은 이미 설정된 혼합 자체가 혼합에 관여할 수 있는 관여와 얽힘이 활발하게 일어나는 곳에서 이루어지는 배열 및 진행 중인 조합 활동이다. 경험이 이동에 관여하며, 방랑하는 에너지가 격변할 때, 경험 디자인은 힘, 관여, 그리고 에너지를 조율하고자 하는 노력이 된다. 이는 상호작용의 패턴을 상상하고 관여를 위한 리드미컬한 가능성을 제기함을 암시한다. 경험 디자인은 이질적인 힘을 조율하는 것이 된다.

디자인에서 이러한 접근법을 사용한다는 것은 이질적인 요소들 사이의 변화하는 패턴에 대한 상상력과 민감성을 개발해야 한다는 것을 시사한다. 그러한 관계는 추론과 관여, 연결과 분리, 그리고 관계의 지속적인 형성 및 분리의 패턴으로 탐구할 수 있다. 경험 디자인은 다양한 요소들이 결합하고 타협하는 관여와 산만함을 모으는 것이다.

디자인 실행을 위한 형이상학

방랑하는 유동적 형이상학은 전이 가능한 창의적인 디자인 과정을 축약한 디자인 씽킹에 적합하다. 사실 우리는 경험 디자인이 그러한 디자인 씽킹의 표출이라는 생각을 서술해왔다.

도중에 투입된 디자이너는 판을 아예 뒤집어엎고 새로 시작하기보다는 복잡하게 얽힌 요소들, 의도, 사물, 정체성, 의미를 필요로 하며 욕망을 인지하고자 한다. 협력적인 공감적 이해에 도달하려면 질문, 발견, 시험 및 디자인 과제로 돌아가는 반복되는 주기에 항상 남아 있는 디자인 문제를 해결할 방법을 확인하고 시험해보는 지속적인 연구가 필요하다.

이러한 형이상학에 대한 관심은, 인간 중심 디자인에서 인간 개념을 구축할 수 있게 한 인간 경험의 특성에 초점을 맞추게 함으로써 디자인 연구 및 실행의 새로운 길을 열어준다.

결론

경험은 다양한 대상, 상호작용, 공간, 그리고 정보의 얽힘으로 나타난다. 경험 디자인은 사용하는 상황에 따라 복잡함과 이질성을 대상으로 하는 다수의 디자인 접근법을 총괄하는 용어가 될 수 있다. 경험 디자인은 연구자들과 디자이너들이 경계선을 넘어 관계, 협상, 그리고 얽힌 부분을 탐구할 수 있게 한다. 경험을 디자인하는 한 가지 방법은 생각, 감각, 그리고 감정에 집중하는 것이지만 실제 경험에서 이러한 요소들은 얽혀 있다. 그러한 이유로 세레스의 오감에 대한 철학에서 볼 수 있는 것과 같은 '방랑하는 접근법(nomadic approach)'은 완전히 적합하다. 감각적 관여가 얽히고, 중재되고, 전파하는 방식에 있어서 말이다. 그러한 측면에서 경험은 감각, 의식, 신체, 그리고 움직이는 세계의 교차점이다. 방랑하는 접근법은 경험에 대한 새로운 은유를 실험해보기 위한 초대장이다(은유metaphor는 사실 '이동'이라는 뜻이다).

움직임, 통로, 탈선, 그리고 이동으로서의 경험을 위해 디자인을 한다면 무슨 일이 일어날까? 걷고, 뛰고, 폴짝 뛰고, 춤춰보자.

3장
경험 디자인 작업에는 얼마나 많은 시간이 걸릴까?

*캐서린 엘젠*Catherine Elsen
*피에르 르클레르크*Pierre Leclercq

경험을 위한 디자인을 하는 것, 최종 사용자를 고려하는 것, 최종 사용자들의 노골적이고 암묵적인 니즈, 공감적 이해를 위한 시간 투자, 감정과 감각을 다루는 것은 관심과 논의를 불러일으키는 주제들이다. '디자인 씽킹' 혹은 '쉽게 발견할 수 있는'(기업 문화가 될 것이라고 여겨지는 것들) 같은 방법론들은 제품 디자인에서 '광범위하게 발생하기 쉬운' 인간 중심적인 디자인 접근법들이다. 비슷하게, 서비스 디자인, 마케팅, 그리고 심지어 경영과 같은 영역들은 현대적 과제들을 다루는 새로운 방법을 개발해내기 위해 인간과 사회과학에서 영감을 받고 있다.

한편, 위에서 언급한 접근법들이 이상적으로 풀어낼 수 있는 맥락에 대하여 이론적으로나 실증적으로 알려진 것이 거의 없음을 인정해야 한다. 전문 언론과 몇몇 기초 연구에서 종종 발견할 수 있는 모순되는 서술들은 위와 같은 주장이 사실임을 보여준다. 예를 들어, 에릭 폰 히펠(Eric Von Hippel) 등은 (혁신가로 여겨지는) 사용자가 3M의 세계적인 성공에 엄청난 영향을 미쳤다고 강조하지만, 베시 모리스(Betsy Morris)에 따르면 스티브 잡스가 애플에서는 시장 조사를 한 번도 한 적이 없다고 말했다고 한다. 그렇기에 경험을 위한 디자인 영역에서는 연구 기회가 엄청나게 많다. 이 장에서는 그중 한 가지 측면에 초점을 더욱 기울일 것이며, 때로는 단점 중 하나인 최종 사용자[1]에게 가능한 실시간 경험을 제대로 디자인하기 위해 최종 사용자를 더욱 잘 이해하는 데 걸리는 시간까지 고려했다.

상황

인간이 만든 물건들이 동일한 사람에 의해 받아들여지고, 만들어지며, 사용되는 전통적인 사회에선, 물건을 사용하는 경험이 물건의 디자인 및 제조에 직접적으로 반영될 수 있다. 그러나 산업혁명은 디자이너(물건을 마음속으로 그리는 사람)와 제조업자(물건을 만드는 사람), 그리고 사용자(물건을 경험하는 사람)를 분리시켰다. 그리고 그 결과로 경험, 디자인, 제조 간의 직접적인 피드백 순환은 중단되었다.

사용자들(운용자, 거주민, 고객 등)은 복잡한 내재적인 특성과 외적인 특징들에 의해 직접적으로, 그리고 각기 다른 방식으로 자극을 받는다. 네이선 크릴리(Nathan Crilly) 등은 다음과 같이 기술한다. "고객들은 그들 자신의 동기, 경험, 그리고 기대에 따라 가공품에 접근하며, 그러하여 가공품은 각기 다른 맥락에서 각기 다른 방법을 통해 각기 다른 사람들에 의해 해석된다." 경험은 각 개인의 고유한 특수성에 의해 구성된다. 개인의 고유한 특수성에는 성격, 기분, 배경, 문화적 가치와 믿음, 능력과 역량, 그리고 (과거 경험과 기억에 연결되어 있으며, 물리적, 사회적, 그리고 경제적 맥락에 연결된) 동기와 기대가 포함된다. 에피 로(Effie L. Law) 등은 이러한 관점을 공유하며, 275명의 참여자에 대한 조사를 통해 25개국에서 온 연구자들과 디자이너들이 사용자 경험(혹은 UX)의 고도로 동적이며, 맥락에 의존적이고, 주관적인 성질을 의식하고 있다는 것을 보여주었으며, 유사한 관찰이 경험 디자인의 영역에서도 유효하다는 것을 보여주었다.

사용자의 니즈에 대한 통찰력을 얻는 데 도움을 주는 도구와 기법을 이용해 연구를 시행했지만, 디자이너가 이 다양한 도구들을 이용하는 방법을 결정하는 데 도움을 줄 '가장 좋은 실례'는 아직 하나도 존재하지 않는다. 올젠과 토르게이르 웰로(Torgeir Welo)는 가장 인기 있는 네 가지 방법을 비교하여, 웹 기반 조사와 인터뷰가 '표면적인 정보'

만을 제공하며, 그에 반해 워크숍과 관찰은 조금 더 심화되고 완전한 정보를 제공하지만 실제로 사용하기는 더욱 어렵다는 것을 밝혔다. 로라 웰버그(Lora Oelhberg), 셀레스테 로슈니(Celeste Roschuni), 앨리스 아고니노(Alice Agonino)는 디자이너가 사용자에 대한 정보를 포착하고, 반영하며, 공유하는 것을 돕는 도구의 목록을 형식화하기는 했지만, 이 도구들을 사용해야 하는 이유를 명확히 설명하지는 않았다.

도구와 기법 외에, 시기 선택, 그리고 최종 사용자에 대해 수집해야 하는 정보의 유형과 양에 대한 문제는 정답이 없는 질문으로 남아 있다. 관점에 따라, 최종 비용의 70퍼센트 이상이 정해지고 전통적으로 경험에 대한 고려 사항이 밝혀지는 단계인 초기 단계 디자인에 소요되는 시간은 유용하다고 여겨지거나, 유용하다고 여겨지지 않을 시에는 해롭다고 여겨진다.

한편, 일부는 예비 디자인에 주어진 시간과 연구의 양이 성숙 과정을 보장하고, 풍부한 정보와 창의적인 결과물을 보장하며, 일부 규범적인 (그리고 종종 부적절한) 욕구에 대해 안전한 거리를 유지하게 하며, 심지어 뜻밖의 즐거움까지도 보장하는 안전망을 구성한다고 여겼다. 이 접근법을 지지하는 주장들은 디자인 도구에 대한 연구에서 발견할 수 있다. 예를 들어, 마리아 양(Maria C. Yang)은 학생들이 '디자인(연구, 관념화, 그리고 스케치 단계를 포함한다)'에 할애한 시간과 학생들이 과제 수행으로 받은 최종 성적 간에 통계학적으로 유의미한 양의 상관관계가 존재한다는 사실을 발견했다. 알레한드로 아쿠나(Alejandro Acuna)와 리카르도 소사(Ricardo Sosa) 또한 스케치와 모델 제작에 소요되는 시간이 많을수록 더욱 독창적인 솔루션으로 이어지는 경향이 있다고 주장했다. 사용자 경험 디자인에 대한 이보다 더 세부적인 통찰은 거의 존재하지 않는다.

다른 연구에서, 사용자 중심의 접근법들은 대체로 '과도하게 시간을 잡아먹는' 것으로 간주된다. 이러한 관점은 사용자 중심의 접근법을 실제로 운용하는 많은 사람들이 공유하고 있으며, 그 수는 점차 늘어나고 있다. 이들은 시간을 '잘못된' 방식으로 사용하는 것이 효율성을 떨어뜨리고 이 중요한 단계에서 귀중한 디자인 재원의 사용 빈도를 떨어뜨린다고 가정한다. 순수한 사용자중심 연구에서, 저스틴 라이(Justin Lai), 도모노리 혼다

(Tomonori Honda), 마리아 양은 사용자와의 수많은 상호작용과, 상호작용에 소요된 시간이 더 나은 디자인 결과물로 항상 귀결되지는 않았음을 보여주었다. 그러나 획득한 정보의 품질은 더 풍부한 이해에 기여할 수 있고, 디자인 방향의 유효성을 확인하는 데 도움이 될 수 있다.

또 다른 연구에선, 잠재적인 최종 사용자 그룹과 관련하여 가장 많은 디자인 정보를 생성해낸 팀들이 더 나은 디자인 성과를 얻지 못했다. 더욱이, 결과가 통계적으로 유의미하지는 않았지만, 전반적인 동향은 사용자 그룹이 생성해낸 디자인 정보의 양이 더 적을수록(그리고 결과적으로 초점이 더 빠르고 강력할수록) 전반적으로 순위가 더 올라갔다고 주장했다.

전체적인 측면에서 말을 해보자면, 경험 디자인의 현 상황과 경험 디자인이 펼쳐지는 방식을 고려했을 때, 가장 뛰어난 디자이너들이 경험을 '위해' 디자인을 할 수 있을 것으로 보인다. 이 말은 즉, 일종의 호의를 보일 만한 경험으로 이어질 수 있는 맥락을 구성할 수 있다는 것을 의미한다. 그러나 이 목표를 달성하기 위해 사용자의 니즈에 언제 어떻게 영향을 미쳐야 하는지는 여전히 불분명하다.

연구 문제

이렇게 때때로 상충하는 관점을 고려하여, 두 가지 연구 문제를 구성한다.

디자인 과정을 '시간 구성(Time-Framing)' 하는 것이 어떻게 최종 사용자에 대한 (그들의 노골적이고, 암묵적인 니즈 ; 그들의 경험) 디자이너들의 인식을 (긍정적으로 혹은 부정적으로) 걸러낼 수 있는가 하는 문제.
실험적인 프로토콜들, 이 프로토콜들의 내재적인 한계와 부자연스러움이 최종 사용자의 경험을 위해 디자인하는 과정에서 디자이너들의 참여를 구성하는 방법에 대한 문제.

다음 절은 방법론적인 측면에서 우리가 이와 관련한 통찰력을 얻기 위해 어떻게 프로토콜을 정의하는지를 보여준다.

방법론 및 데이터 처리

이 장에서는 실제 디자인 프로젝트에서 프로토콜을 구축하는 네 가지 고유한 설정(세 가지 실험 설정 포함)을 비교하여 작성했다.

전 연구 과정을 관리하고 일관성 있고 유효한 디자인 지침을 가지고 작업할 기회를 우리에게 제공하는 실생활 설정은, 단일 디자인 업체 내에서 수행된 6주간의 전문 디자이너에 대한 민족지적 관찰(예를 들어 경험에 대한 핵심적이고 사회적으로 내장된 이해와 현상을 적극적인 필기, 오디오-비디오 녹음/녹화, 열려 있지만 선별적인 인터뷰 등을 통해 발달시키는 것)로 구성되어 있다. 연구 팀이 처음 연락했을 때 세 명의 디자이너(전문가 두 명과 인턴 한 명)는 매우 분주했다. 디자이너들은 우리와 카메라 두 대를 사무실로 안내했다. 우리는 그들의 프로젝트에 연관된 모든 시각 자료(디자인 지침을 위해 받은 서류들, 영감을 얻기 위해 그들이 관찰한 서류들, 그리고 그들 자신이 만들어낸 자료들)에 접근할 권한을 받았으며, 그들이 현재 진행 중인 활동에 대해 논의했고, 제출을 위해 파일을 출력하는 마지막 단계까지 디자인 절차를 하나하나 따라갔다.

6주간, 수십 개의 서류(스케치, CAD 출력물, 레퍼런스 자료, 기술 시트 등)를 질서 정연하게 스캔해서 보관했다. 그리고 대략 24시간 분량의 영상을 기록했고, 그중에 대략 6시간 분량의 영상을 분석에 사용했다. 이 6시간은 팀에 막 들어와 디자인 세계를 처음 맛보는 것일 뿐만 아니라 프로젝트도 처음 맡아본 인턴이 보는 가운데 이루어진 디자인 기록들로 구성되어 있었다. 이 인턴은 매우 호기심이 풍부했으며 질문을 여럿 했다. 이 인턴은 다른 두 디자이너가 그들의 (과거와 현재) 결정에 대해 많은 것을 말하게 했으며, 또한 그가 도착하기 이전에 디자인 절차가 어떻게 이루어졌는지 설명해달라고 요구했다.

인턴을 효율적인 팀의 일원으로 만들기 위해 디자인 절차에 되도록 빨리 그를 팀에 포함시키려고 한 두 책임 디자이너는 모두 인터뷰보다는 대화에서 더 깊이 있고 구체적인 정보를 제공한 것으로 관측되었는데, 이는 우리가 내린 일련의 선택을 정당화하는 결과였다.

이번 디자인 프로젝트는 국가 복권 사업(the National Lottery)을 위한 '게임 공간'을 디자인하는 것이었다. 이 게임 공간은 다양한 장소(도서관, 주유소, 슈퍼마켓 등)에 들어설 예정이었으므로 사람들이 복권을 가지고 놀 수 있는 시설을 갖추고 있어야 했다. 지침서에는 이 게임 공간에 들어가야 할 시설이 다음과 같이 명시되어 있었다. 복권을 작성하기 위한 탁자(복권을 작성하는 용도로만 사용되도록 살짝 기울어졌으며 그 어떠한 물건도 위에 올릴 수 없도록 디자인해야만 했다), 사슬에 묶인 펜, 펜대, 쓸모없는 복권을 수거하기 위한 쓰레기통(불필요한 복권 이외에 다른 물품들은 버릴 수 없도록 출입구는 최소한으로 디자인), 아직 아무것도 작성되지 않은 복권을 보여주기 위한 장소(특정한 사이즈에 맞춤), 그리고 복권 결과와 광고 캠페인을 보여주기 위한 장소. 각 게임 공간은 개별 용도를 위해서만 디자인되어야 했지만, 그중 일부는 각 매점의 니즈에 맞추기 위해 모듈식으로 서로 연결되어야 했다. 게임 공간은 관심을 불러일으킬 수 있어야 했고, 현대적이고, 생생하며, 동적인 정체성을 만들기를 갈망하는 국가 복권 사업과 즉각적으로 관련되어야 했다.

제출된 디자인들은 시장 가시성(50퍼센트), 디자인(25퍼센트), 모듈성과 인체 공학성(25퍼센트)으로 평가를 받을 것이다. 그리고 디자이너들이 받는 15페이지짜리 디자인 지침서가 프로젝트 담당자와의 유일한 접촉 수단이다.

다른 세 가지 실험 설정은 위에서 언급한 디자인 지침의 간소화된 버전으로 구성되었다. 위에서 선보인 개요와 유사하게 말이다. 하지만 시간이 제한된 실험 설정에 불필요하고 알맞지 않은 것으로 여겨지는 기술 파일은 제외되었다.

첫 번째 실험 설정은 180분짜리 디자인 절차이며, 이 디자인 절차에서는 디자이너가 지침서에 따라 자신의 관점에서 모든 것을 스케치하고 적노록 요구받았다. 이 어린(전문적인 경험은 부족하지만 그래픽과 제품 디자인에 강력한 배경지식을 갖춘) 디자이너는 전 디자인 과정에서 생각을 입 밖에 내어 말하도록 요청받았다. '180분' 대상으로 일컬어질이 디자이너는 일반 연필과 색연필들을 주로 사용하여 44장의 종이에 25개의 개별적인 아이디어들을 (106개의 그림으로) 그리고 주석을 달았다.

두 번째 실험 설정은 유사한 프로토콜(소리 내어 말하는 방식을 포함)상에서 구성되었지만, 이번엔 디자이너에게 해당 과제를 45분 안에 완료하도록 요구했다. 이 '45분' 대상자는 예술과 디자인에 배경지식을 갖춘 기계공학 석사과정 학생이었다. 이 학생은 일반 마커를 사용하여 15장의 종이에 9가지 개별 아이디어들을 (37개 그림으로) 그리고 주석을 달았다.

마지막 실험 설정은 의도적으로 조금 다른 방식으로 설계했다. 우리는 (45분 학생[2]과 유사하게 기계공학과 제품 디자인을 전공한) 다른 석사과정 학생에게 동일한 디자인 지침서에 따라 시작하되, 이번엔 사용자의 니즈와 기대라는 특정한 관념에 대한 20분짜리 관념화 절차 도중에 브레인스토밍 기법을 사용하라고 요구했다. 메모지와 마커를 갖춘 이 '20분' 대상자는 이 지침서를 마주했을 때 생각할 수 있는 모든 사용자의 니즈를 작성하라고 요구받았다. 이 대상자는 그의 메모지를 벽에 붙이고는, 이 메모지들을 보기 위해 몇 발자국 뒤로 떨어져서 곰곰이 생각했다.

이 세 가지 실험 설정들은 모두 영상으로 기록되었으며, 모든 서류들은 안전하게 등록되었다. 이어서 이루어지는 분석은 데이터 전체를 기반으로, 반복적으로 정의된 그리드를 따라 수행되었다. 분석을 위한 변수들은 최종적으로 다음과 같이 수정되었다.

- **사용자에 대한 질적인 설명:** 디자이너들은 어떠한 맥락에서 각기 다른 유형의 사용자들을 언급하는가? 디자이너들은 프로필, 능력, 의인화된 정보, 책임, 과제 등을 기술하고 있는가?
- **사용 시나리오:** 디자이너들은 사용자와 그들의 질을 단순히 나열하고 있는가, 아니면 이들이 행동하거나, 이동하거나, 상호작용을 하는 모습을 상상하고 있는가? 사용자들은 명백한 목표를 따르고 있는가? 사용자의 이 예상된 '역할 수행'은 사용자에 대한 디자이너들의 가장 중요한 심적 표현 중 하나다.

- **사용자 경험:** 디자이너들은 특정한 유형의 경험을 보유한 사용자를 상상하고 있는가?

여기에서, 메드웨이(Medway)의 경험 분석에 대한 작업물은 가능한 경험을 네 가지 단계로 구조화하는 데 사용되었다. 이 네 단계는 기능적 혹은 구조적 지각(가공물의 실재적인 요소의 지각), 지각 인식(빛, 소리, 무게 등과 같이 지각될 수 있는 두 번째 단계의 속성), 현상학적 경험(감각, 날씨를 경험하는 것 등), 그리고 상징적인 의미(아이디어 환기 혹은 수수께끼, 기억, 문화적 상징 등에 대한 언급)다.

바로 여기서 시작해서, 탐색 결과물을 얻기 위해 사건 발생에 대한 기본적인 집계를 수행했으며,(실생활 설정 도중에) 자연적으로 구사한 말이나 (세 가지 다른 실험들 도중에) 인위적으로 촉진한 생각을 입 밖으로 내어 말하는 방식은 현상을 보여주는 추가적인 증거를 제공했다.

결과

디자이너 그 누구도 자신의 디자인 과정 도중에 진짜 최종 사용자에게 접근하지 못했기에('실생활'의 디자이너들은 그저 다양한 장소를 찍은 사진만을 보았다), 디자이너들은 모두 (디자이너로서, 사용자로서, 혹은 도박꾼으로서) 자기 성찰과 과거 경험에 의존할 수밖에는 없었다. 20분 대상자가 브레인스토밍 기법을 사용하도록 요구받을 때에, 우리는 비유와 강제 연결(혹은 새로운 아이디어를 만들기 위해 은유를 사용하는 것)과 같이 다른 '창의적인 방법론들'이 다른 참여자들에 의해 자연스럽게 전달되었음을 발견했다.

디자인 과정 중에 그려진 사용자의 유형과 관련하여, 우리는 프로필들을 11가지로 구별할 수 있었다. 이 중 4가지 프로필은 모든 디자인 설정상에서 다음과 같이 언급되었다.

- 게임 공간 사용자, 의식적으로 그리고 직접적으로 복권을 채우거나 긁기 위해 가구와 상호작용한다. 디자이너들은 이 고객을 다양한 시나리오(다양한 신체 형태학, 사회적 상

황, 소도구 등)에 대입한다.

- 매점, 게임 공간과 복권에 관심을 가지고 있을 수 있으며, 브랜딩에 영향을 받고 매료되었을 수 있지만 그러한 목적으로 매점에 온 것은 아닌 본 장소의 방문자.
- 브랜드에 대한 예상된 의도 없이 장소에 나타났지만, (무슨 일이 일어나고 있는지 바라보고 지각없이 행동함으로써) 게임 공간 사용자와 상호작용을 할 수 있는 '람다(lambda)' 사용자.
- 국가 복권 사업을 대신하여 게임 공간을 운영하며 게임 공간의 전시를 통해 추가 수입을 기대하는 매점 소유주.

〈표 3-1〉은 네 가지 설정에 포함되는 것으로 여겨지는 모든 추가 사용자들을 요약하고 있다. 흥미롭게도, 실생활의 디자이너들은 전부는 아니지만, (예를 들어, 제한된 이동성을 지닌 사용자들이 고려된 다른 실험 설정과 비교하여) 더 많은 프로필들을 가지고 왔다.

〈그림 3-1〉은 최종 사용자들이 언급된 총 사건 발생[3] 횟수와 실험적 설정에서나 실생활 설정에서의 총 기간(분 단위, 분석을 위해서 선택된 총 364분의 모임)을 각각 네 가지 설정을 위해 보여준다. 그림의 곡선은 '사건 발생 횟수/총 기간'의 비율을 나타낸다.

흥미롭게도, 20분 브레인스토밍의 참여자는 다른 세 가지 설정보다 최종 사용자에 대한 통찰력을 (절차 지속 시간에 비례하여) 훨씬 더 왕성하게 만들어냈다. 그 이유 가운데 적어도 일부분은, 이 참여자가 되도록 많은 통찰을 하도록 요청받았으며, 반면 다른 참여자들은 우리의 관심사가 최종 사용자라는 이야기를 들은 적이 없다는 사실로 설명할 수 있다. 20분 참여자는 나중에 마음속에 떠오르는 이미지들과 해결책들을 디자인하는 것을 자제해야 했다고 설명했다. 프로토콜을 준수하여 그는 마음속에 떠오르는 이미지들과 해결책들을 그려내지 않았지만, 그 대신에 그중 많은 부분을 디자인 자극제로 삼았으며, 개인적인 경험을 비유하는 데 활용했다. 그가 다양한 특징과 요구에 따라 사용자들을 분류한 스티커 메모를 벽에 붙이자, 그의 작업은 전체적으로 고도로 구조화되었다.

180분 디자인 설정은 실생활 절차와 사건 발생 횟수는 같았지만, 시간은 절반 정도

20분 브레인스토밍	45분 설정	180분 설정	실생활 설정
유지 관리자	유지 관리자	제한적 이동성을 가진 사람들	유지 관리자
전반적 프로젝트 주최자 (국가 복권 사업)	제한적 이동성을 가진 사람들	상호작용을 하며 게임 공간을 관리하는 영업사원(소유주가 아님)	전반적 프로젝트 주최자 (국가 복권 사업)
	'도박꾼'(가장 넓은 의미에서)		'도박꾼'
			영업사원
			아울렛 안으로 들어오지는 않지만 안을 보고 있는 구경꾼 (보행자 혹은 차 안의 사람들)
			제조업자
			위험한 사용자(떨어지는 물건, 날카로운 물건, 비위생적인 것 등 잠재적 위험 상황에 처한 이들)

〈표 3-1〉 체계적으로 참조한 4가지의 일반적 프로필 외에 4가지 설정에서 각각 고려되는 최종 사용자 유형

만 걸렸다. 이 참여자는 다양한 비유를 (레스토랑, IKEA, 숲, 놀이공원 등에) 사용함으로써 많은 것을 관념화시켰으며, 20분 혹은 40분 디자이너보다 더 다양한 상황(예를 들어, 광고의 영향, 매력 등)에 도달했다. 흥미롭게도, 실생활 설정과 비교했을 때, 이 남성은 게임 공간을 사용하는 최종 사용자에게 더욱 별난 자세(다른 사람들이 제안한 것처럼 게임 공간 바로 앞에 서 있거나 앉아 있는 것뿐만이 아니라, 안에 누워 있거나, 해먹을 치고 누워 있거나, '인디아나 존스'처럼 다리 위를 걷는 것 등을 포함해서)를 제시했다 .

실생활 설정에서는 디자이너들이 최종 사용자에 대해 (180분 설정과 동일하게) 67개의 참조 사항을 만들었지만, 흥미롭게도 이 참조 사항들은 그 특성이 꽤나 달랐다.

디자인 지침의 최종 버전을 잘 알고 있는 두 전문 디자이너들은 모두 프로젝트 경쟁

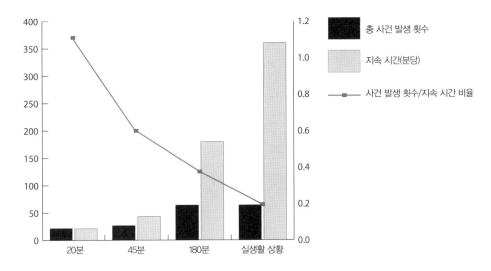

그림 3-1
총 사건 발생 횟수, 총 지속 시간(분당), 그리고 비례 비율 곡선

자로 인해 압박을 받고 있었기에, 프로젝트 담당자(국가 복권 사업)를 더욱 많이 참조했다. 경험은 또한 더 높은 수준의 세부 사항에 도달했다. 처음에는 "펜이 표식을 덜 남기고 사용자가 덜 더럽다고 느낄 수 있도록 얼룩지고 부드러운 커버로 태블릿을 씌워야만 한다"거나, "사용자들이 발판에 있는 먼지를 덜 인지하도록 발판은 회색으로 칠해야 한다"는 수준에서, 나중에는 "사람들이 복권을 채우는 데 영감을 주기 위해 숫자를 포함한 다채로운 장식으로 태블릿을 씌워야 한다"와 같이 말이다. 또한 예상 사용자들이 처할 수도 있는 더욱 위험한 상황을 고려했다. 처음에는 "사람들이 자상을 입지 않도록 탁자의 끝부분을 너무 날카롭지 않게 만들어야 한다"는 수준에서, 나중엔 "누군가가 발판에서 넘어지면 어떻게 되겠는가? 구조물 전체가 넘어지지는 않겠는가?"와 같이 말이다

흥미롭게도, 실생활 상황에서 디자이너들은 사용자 참조 사항을 전혀 작성하지 않았다. 이 디자이너들은 그저 최종 사용자에게 구두로 참조 사항을 전달했으며 심지어 게임 공간의 각 부분이 인체공학적으로 잘 맞는지를 확인하기 위해 자신의 신체를 측정하기

도 했다(하지만 그것들을 그리지는 않았다).

〈그림 3-2〉는 사건 발생 횟수의 절댓값에서 시나리오와 경험의 측면에서 사용자들이 어떻게 언급되는지를 보여주며, 〈그림 3-3〉은 변수가 같은 상황에서 분당 사건 발생 횟수를 보여준다(총 기간 동안 통찰력을 만들어내는 강도가 발달하는지를 보기 위해서 말이다). 사용자들을 묘사하거나 그들의 특성을 묻는 질문을 하기 위해 사용자들을 나열할 때, 두 그림들은 모두 두 설정(20분과 40분)에서 모두 유사한 발생 빈도를 보인다는 것을 보여준다. '행동 중인 사용자들'은 180분 참여자들보다 더 높은 관심을 불러일으키는 것처럼 보이지만〈그림 3-2〉), 실제로 우리는 이 방법론이 빈도의 측면에서 보았을 때 (실생활 상황을 제외한)첫 세 가지 설정과 유사하게 중요한 관심을 만들어내는 것을 확인했다.

사용자 경험을 더 자세히 들여다보면, 다음의 사항을 관찰할 수 있다.

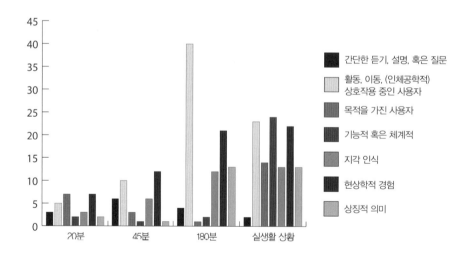

그림 3-2
각 참조 유형 및 각 설정에 대한 절대적 사건 발생 횟수

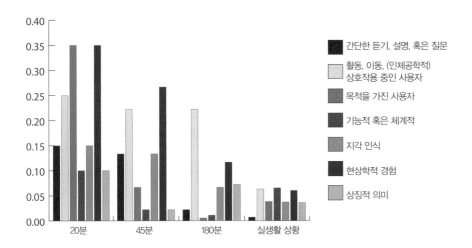

그림 3–3
각 참조 유형 및 각 설정에 대한 분당 사건 발생 횟수

- 20분과 실생활 설정에서 기능적 단계와 구조적 단계는 특히나 더 중요하다. 첫 사례는, 제한된 시간 내에서 가장 접근하기 쉽고 생각하기 쉬운 경험의 본질로 분명하게 설명할 수 있다. 두 번째 사례의 경우엔, 우리는 경쟁적이고, 현실적이며, 건설적인 맥락이 (형태, 재료, 그리고 구조에 대한 인간 경험의 측면에서) 유형 솔루션을 생각할 여지를 더 많이 만들어낸다고 제안한다.
- 지각 인식은 20분과 45분 설정 도중에 특히나 더 정기적으로 언급된다.
- 흥미롭게도, 현상학적 경험과 같은 '높은 수준'의 경험들이나 상징적인 의미에 대한 언급은 절차가 길어질수록 빈도가 감소했다. 그럼에도 180분 참여자는 수많은 상징을 언급했는데(실생활 설정에서처럼 절대적 발생에서도 그만큼 이루어졌다), 이는 아이디어 생성 방법으로서 비유에 광범위하게 의존하는 경향으로 설명할 수 있다.

결과적으로, 하나의 상황을 볼 때 '경험 단계'의 수를 비교해보면, 실생활 설정은 단일한 사건 발생 속에서 네 가지의 결합 단계가 더욱 풍부하고도 복잡한 이야기를 만들어낸다. 어느 지점에 다다르면, 디자이너들은 게임 공간을 반기는 매점의 모든 유형들(도서관, 주유소 등)에 대해 논의했으며, 이러한 공간들이 대부분 매우 지저분하며 판매를 위한 제품들(담배, 잡지, 과자 등)로 가득하다는 사실을 관찰했다. 디자이너들은 이러한 판매 지점들을 한 제품에 집중하는 작고 단순한 매점(예를 들어, 애플 스토어 혹은 휴대폰 매장)에 비교했으며, "우리는 그러한 수준의 매력과 공식적인 단순함에 다다르지 못할 거예요. ...... 일종의 고요함으로 사람들을 끌어들이기에는 너무나도 지저분해요"라고 깨닫게 되었다. 어느 정도 시간이 지난 후에, 디자이너들은 기능적 지각(여러 물건을 나란히 바라보는 사용자들), 지각 인식(지저분함을 지각하는 사용자들), 현상학적 경험(편안함을 덜 느끼며, 덜 환영받는다는 느낌을 받는 것), 그리고 상징적인 의미(구매에 대한 환기, 소비자 욕구의 발현)을 언급했다.

180분 참여자도 마찬가지로 다양한 단계(3단계까지 다다르는)의 경험에 대한 간략하지만 풍부한 참조 사항을 만들어낼 수 있었다. 예를 들어, 걸어놓는 기기를 디자인할 때 이 참여자는 다음과 같이 말했다. "이것은 시트처럼 될 거예요. 유령처럼 천장에 걸려 있는 것이지요. 그리고 당신은 저 안에 들어갈 것입니다."

20분과 40분 참여자들은 최대 두 개의 일치된 수준의 경험에 도달했지만, 종종 다른 디자이너들이 간과하는 측면을 생각했다. 예를 들어, 브레인스토밍 참여자는 "사람들이 더 놀고 싶은 생각이 들게끔 업데이트된 잭팟 정보를 찾아낼 수 있게 하는 방법"(기능적 인식 ; 상징적 의미)에 대해 말했다. 반면 45분 참여자의 주요 관심사는 어떻게 하면 외부 사용자들(게임 공간을 사용하지 않은 사람들)이 매점 안에서 무슨 일이 일어나고 있는지는 너무 많이 지각하지 않으면서(분별에 대한 감각) 누군가가 이미 매점 시설을 사용하고 있다고 느끼게 할 수 있는지에 대한 것이었다.

방법론적으로 말을 해보자면, 180분 참여자는 생각을 소리를 내서 표현하는 방법에 익숙했지만 디자인 절차 이후에 진이 빠졌음을 인정해야만 했다. 그는 두 번간 잠시 쉬자고 요청했으며 시간이 지남에 따라 꽤나 자주 휴식을 요청했다.

논의

이러한 결과에 대한 간략한 설명으로, 몇 가지 주의점을 요약할 수 있다. 우선, 그럴듯한 디자인 지침에 따라 특히 최종 사용자들에게 초점을 맞춘 짧은 브레인스토밍 절차는 사용자의 경험과 행동양식에 대한 통찰을 얻는 데 유용한 방법으로 보인다. 한편 과도하게 시간이 제약된 설정들과 스케치를 하는 것(빠르게 하는 것도 포함해서)을 막는 것은 사용자의 가변성을 완전히 지각하지 못하도록 방해할 수 있음에 주목해야 한다. 예를 들어, 이동성이 제한된 사람들은 20분 참여자들이 완전히 놓쳤으며, 실생활 디자이너들도 놓쳤다. 그럼에도 벽에 메모를 붙이고 몇 발자국 뒤로 떨어져서 곰곰이 생각한 참여자는 더 다양하고, 구조화되고, 반복적이지 않은 통찰에 도달할 수 있었다.

다른 한편으로, 더 긴 디자인 절차(180분과 그 이상)에서는 숙고, 관념화, 그리고 표현 사이를 오가며 길들여진 최종 사용자들에 대한 더 풍부하고 폭넓은 관점을 얻을 수 있었다. 만일 180분 참여자가 더 짧은 시간 안에 실생활 디자이너와 동일한 수준의 사건 발생 빈도에 도달했다고 하더라도, 실생활 디자이너가 더 세밀하고 현실에 초점을 맞춘 경험에 대한 비전을 가졌다는 것을 인지해야 한다. 잠재적인 최종 사용자들은 다채로운 상황(일부는 위험한 상황)에 놓였으며, 이들은 디자인된 가공물과의 관계에서 덜 중심에 놓일 수 있었다(예를 들어, 진열창을 바라보며 지나가다가 게임 공간을 발견하는 몇몇 행인과 같이 말이다). 더 많은 시간은 이렇게 하여 더 많은 '경험 단계'를 포함한 더 복잡한 시나리오를 만들어내는 것처럼 보인다. 따라서 더 많은 시간이 필요할수록 더욱 복잡한 일련의 시나리오가 생성됩니다.

더욱 '별나거나' '독창적인' 최종 사용자 모형으로 나아가기 위한 다른 가능한 전략들과 마찬가지로, 강제 연결법(forced connection method, 서로 무관해 보이는 단어나 사물을 강제로 연결시킴으로써 새로운 아이디어를 창출하는 기법-옮긴이) 등 더욱 상징적인 의미에 도달하기 위한 비유와 유사한 전략들을 180분 참여자가 직접 보여주었다.

'훈련된 창의성'을 위한 브레인스토밍과 다른 도구들을 사용하는 디자이너들은 각 전략이 다른 유형의 통찰력을 제공한다는 것을 인지하고 있어야 하며, 이러한 기법들과 접근법들을 조합하는 것이 단일 방식으로 과제를 처리하는 것보다 더욱 바람직하다는 것을 인지해야만 한다.

결론

설령 이러한 결과를 주의하여 다루어야 하더라도(이 결과들은 제한된 사례를 토대로 한 것이며, 전문적인 기술 수준, '개인적인' 디자인 스타일, 혹은 도박과 관련한 디자이너들의 개인적인 경험에 의해 영향을 받았기에), 우리는 브레인스토밍, 비유, 혹은 '강제 연결'('잘 통제된 창의성'을 위한 매개체라고 여겨지는 것들)과 같은 기법들이 어떻게 최종 사용자들에 대한 더욱 다양하고 구조화된 통찰력(최종 사용자의 유형, 행동양식, 목표, 그리고 경험)에 도달하는 데 도움이 되는 강력한 도구가 될 수 있는지 조사해야 한다고 제안한다. 경험을 디자인하기 위해 더욱 사색적인(당신이 어느 지점에 다다르면 확인해야 하는 일종의 추가적인 제약이라기보다는 전반적인 사고방식으로 여겨지는) 접근법을 선택하는 두 번째 실험은, 이 접근법을 더 장기적인 관점에서 적절히 적용한다면, 디자이너들에게 더욱 상세하고 풍부하며 질적인 통찰력을 제공할 수 있다.

(너무 장난스럽거나 애매모호한 방법이며, 충분히 예측할 수 없거나 분류된 R&D 부서와 양립할 수 없기에) 기업이나 기관 내에서 널리 인정되고 있지는 않지만, 최종 사용자에 대한 통찰은 전 디자인 과정과 디자인 결과물에 핵심적인 자산이 된다. 이제는 인간 중심 연구와 디자인을 지원하는 더욱 신속한 도구를 개발하는 방법에 초점을 기울일 필요가 있다.

감사의 말

실험에 기꺼이 참여해 우리에게 문을 열어주거나 카메라 앞에 서준 여섯 명의 디자이너들에게 감사의 말을 전한다.

주석

1. 알렉스 윌키(Alex Wilkie)에 따르면, '사용자'라는 용어는(혹은 더 나아가 '최종 사용자'라는 용어는) 인적 인자와 인체 공학적인 담론에서 종종 사용된 '오퍼레이터(operator)'라는 용어에서 수신인을 구분하기 위해 수사적인 대상으로서 사용한 인지과학에 뿌리를 두고 있다고 한다. 이 용어는 모더니즘의 시기 동안에 널리 사용되지 않았지만, 오늘날에는 필요와 니즈에 따라 다른 접근법을 해석하는 집합적 의미를 되찾고 있다. '사용자'라는 용어는 더 넓은 의미로서 '경험'을 향해 다시 열려나가고 있으며, 이 장에서는 의식적으로나 무의식적으로나 가공물과 접점을 갖추는 사람을 가리키는 의미로 사용할 것이다. 더 넓은 의미의 용어로서 사용자는 사용자, 거주자, 그리고 고객 등이 생각의 부분적인 모형의 집합(디자이너가 사람들에 대해 생각한 것, 디자이너들이 믿는 것, 사람들에 대한 그들의 미래 관심사, 그리고 이러한 관심사가 어떻게 발전해나가는지의 조합)일 뿐이라는 것을 보여줄 것이다.

2. 실험적 설정에 참여한 세 대상자들은 공학과 디자인 분야에서 유사한 배경지식을 갖추고 있었기에 선택되었다(세 명 모두 매사추세츠공과대학에서 전공을 이수함). 다른 사람들과 달리, 그들은 디자인 지침에 답할 수 있는 믿음직스러운 능력, 스케치를 하고자 하는 자발성, 그리고 실험에 참여하고자 하는 자발적인 관심을 갖추고 있었기에 선택되었다.

3. 하나의 사건은 디자이너들이 최종 사용자들을 직접 언급하거나, "바로 여기 탁자 위에 당신의 팔을 이처럼 올립니다"라고 간접적으로 언급할 때 각각 정의되었다. 때때로 여러 개의 후속 조치들이 제기되었다. 위와 같은 사례에선, 사건들은 각기 다른 유형의 과제들을 시행하는(혹은 가공물의 각기 다른 면을 경험하는) 사용자의 유형에 따라 정의 내려졌다.

4장

경험의 평등과 디지털 차별

*린다 렁*Linda Leung

이 장에서는 경험 디자인의 핵심을 탐구할 것이다. 즉 결과가 다양하고 주관적일 때 그 경험이 디자인될 수 있는지 살펴보고, 특히나 그러한 경험이 기술로 중재될 때 그 경험 내에서 일어날 수 있는 결과와 불평등 여부를 살필 것이다.

경험 디자인은 본질적으로 배타적이다. 업계 및 실무자 중심의 사용자 경험 문헌은 대부분 사용자 중심성과 이들이 누구를 위해 디자인하는지에 대한 디자이너의 인식과 관련된 것이다. 그렇기에 일부 경험은 구체적인 사용자 혹은 그룹이 경험하지 않도록 디자인될 것이다. 이는 패션과 같이 경험 디자인이 잘 시행되는 분야에서 드러난다. 여성의 패션은 남성을 위한 것이 아니다. 명품 패션은 모든 여성을 위한 것이 아니다.

경험의 중재는 이러한 경험을 가능하게 하는 기술의 가용성뿐 아니라 이들을 사용하기 위한 기술과 지식에 대한 접근을 필요로 한다. 기술은 이를 구현할 수는 있지만 동시에 불평등을 야기할 수도 있다. 게다가 이러한 특성은 다른 구체적인 기술에 내재된 것이 아닌 그러한 기술이 디자인된 방식의 산물이다. 이러한 사고방식은 경험 디자인 분야에도 적용할 수 있다.

첫째로, 지식 분야로서 경험 디자인은 문제를 해결하고 이상적인 시나리오를 제공할 해결책을 제시하는 것을 전제로 한다는 점에서 일종의 공상적 이상주의를 나타낸다. 둘째로 경험 디자인은 모든 사람들을 위해 디자인하는 것이 아니라는 특성에서 배타성을 분명히 나타낸다.

그렇다면 경험은 분명히 동등하지 않은 것이다. 경험 디자인이 모든 것을 포함하지 않을 때 어떤 의도하지 않은 결과가 생길까? 이것이 접근성의 원칙과 어떻게 타협될 수 있을까? 배제된 사용자 그룹을 위한 것이 아닌 경험에 참여하면 무슨 일이 일어날까?

최근에 내가 진행한 연구는 난민들과 그들이 사용하는 기술에 관한 것이었다. 그룹으로서 이들은 강요된 이주와 이동으로 치명적인 영향을 받는다. 이들은 이동성을 특징으로 하는 사용자 그룹을 형성하지만, 이들은 핸드폰 혹은 가족이나 친구와 연결을 유지하는 데 도움을 줄 그 어떤 기술의 대상 시장으로 간주되지 않는다. 그렇기에 그러한 기술에 대한 접근은 불공평하며 그들의 기술적 문맹률은 다를 수 있다. 이들은 자신들을 위해 디자인된 적이 없는 기술에 대한 경험이 적거나 아예 경험이 없기 때문에 차별을 겪는다.

이 장에서는 어떤 전제에 따라 사용 권한을 설정한 기술적 경험의 종류를 나타내기 위해 경험적 근거를 사용할 것이다. 이는 모든 사람들이 접근할 수 있도록 만들어진 중요한 서비스에서 소외되는 소수 그룹의 경험적 차이를 최소화하기 위한 것이다.

모든 경험이 동등한 것은 아니다

경험 디자인이라는 개념은 디자이너를 대신하여 최종 사용자를 위해 의도된 경험적 결과를 제시한다. 경험 디자인 혹은 사용자 경험(UX)을 다룬 문헌들 대다수가 이러한 의도와 변화를 야기하는 것에 집중한다.

셰드로프는 경험 디자인을 유혹과 개입, 그리고 결론으로 이어지는 유혹의 과정으로 본다. 유사하게도 폴리지와 카차 배트어비(Katja Battarbee)는 경험을 다음과 같이 정의한다.

경험에는 시작과 끝이 있으며 경험하는 사람에게서 행동상의 변화를 야기한다.

도널드 노먼(Donald Norman)은 디자이너들이 사용자들이 원하는 것과 필요로 하는 것을 감정을 통해 어필할 수 있으며, 감정적인 반응을 특정 반응을 야기하기 위해 디자인할 수 있다고 주장했다. 그에 따르면 긍정적인 효과는 특정 속성에 의해 발생할 수 있다. 게다가 경험과 대상은 '행동 유도성(affordance, 어포던스)'을 내장하도록 디자인할 수 있어서 사용자들이 다른 것보다 특정 경험적 결과에 끌리게 할 수 있다. 예를 들어, 문손잡이는 밀거나 당기는 것보다 비트는 것이 더 자연스럽게 행동을 유도한다. 이는 기술이 사용자들이 특정 행위를 하도록 설득하는 방법에 관한 것이다.

이러한 행동 유도성과 설득은 온라인 경험에서도 볼 수 있다. 예를 들어, 페이스북과 링크드인(LinkedIn)을 비교해보면 우리는 이들이 네트워킹 사이트와 유사한 방식으로 작동한다는 것을 알 수 있다. 그러나 링크드인은 전문 네트워킹 사이트이고, 페이스북은 비교적 비격식적인 소셜 네트워크 경험을 제공한다.

그렇기에 경험적 불평등은 디자이너들이 의도하지 않은 결과보다 의도한 결과에 더 권위를 부여하는 개입을 하고자 존재한다. 그러한 불평등은 또한 디자이너들이 대상으로 삼는 특정 사용자들에게도 확대된다.

사용자 차별

사용자 중심 디자인(UCD, user-centered design)은 대상 사용자들을 염두에 두되 대상이 아닌 다른 사용자들은 무시하며 디자인하는 것을 말한다. 마이크 쿠니아브스키(Mike Kuniavsky)가 주장하듯이 관객을 너무 넓게 정의해서는 안 된다. '모든 사람들을 위한 모든 것'에 반하는 이러한 이론은 디자이너로 하여금 나머지 사람들을 제외하고 대상 사용자들에게 집중하게 한다.

UCD는 다양한 디자인 및 다른 분야에 적용된다. 이는 전시 디자인에서 인정되고 있으며, 데이비드 더니(David Dernie)는 전시 디자인에서 UCD는 관객만을 대상으로 해야 한다고 주장한다. 사업에서 파레토 원칙은 매출의 80퍼센트가 20퍼센트의 고객에게서 나온다는 것을 의미한다. 두 사례 모두에서 UCD는 주요한 관객/고객을 알고 이들을 고려하여 디자인할 것을 지지한다.

사용자 프로필을 개발할 때는 일반적으로 대상 사용자를 의인화하고 이들의 이미지를 확고하게 굳힌다. 이 페르소나(persona)는 한 사람의 전형을 묘사한 것이다. 앨런 쿠퍼(Alan Cooper)는 '대상 타깃을 좁히는 것'을 바람직하게 여긴다.

더 넓은 대상을 목표로 한다면 핵심을 놓칠 확률이 더 높을 것이다. 만약 50퍼센트의 제품 만족도를 달성하고자 한다면 50퍼센트의 인구가 제품에 만족을 느끼게 해서는 달성할 수 없다. 50퍼센트의 사람들을 제외하고 이들을 100퍼센트 행복하게 하는 것으로만 달성할 수 있다. 후자가 전자보다 더 낫다. 시장의 10퍼센트를 대상으로 하여 이들을 100퍼센트 행복하게 한다면 더 큰 성공을 얻을 수 있다.

그렇기에 UCD는 그것을 실행하는 일환으로 사용자를 차별하는 것을 추진한다. 즉 청중 그룹을 구분한 다음 이들을 포함하거나 제외하는 것이다.

의도적 제외

제외는 경험 디자인에서 핵심적인 부분이다. 이는 비록 악의를 가지고 하는 것은 아니지만, 명백하게 포괄적이거나 보편적인 디자인을 의도하지 않는 한, 경험 디자인 과정에 불평등이 내재됨을 의미한다. 일부 경험은 특정 그룹의 사람들이 가지고 있지 않은 것이다. 예를 들면, 차를 디자인할 때 시각이 손상된 사람들은 대상 사용자 그룹에서 일반적으로 제외될 것이다. 이는 차를 모는 경험을 시력 손상을 겪지 않은 사람들에게만 주어진 것으로 만든다.

다른 사람들을 제외하고 특정 사용자를 대상으로 하는 과정은, 대상에서 제외된 사람들이 경험에 접근할 수 없게 만든다. 이러한 경험은 쉽게 얻을 수 있지만, 대상 그룹에

속하지 않는 사람들에게는 접근하기 어렵게 만든다. 차량은 쉽게 얻을 수 있는 것이지만, 차를 모는 경험은 시력이 손상된 사람들이 할 수 없는 일이다. 게다가 차량은 아이들이나 운전면허가 없는 사람들 같은 대상 사용자 그룹 밖의 사람들이 접근할 수 없는 것이다. 여기서 요점은 가용성이 접근성과 같은 것은 아니라는 것이다. 뭔가가 풍요롭게 제공될 수 있지만, 이것이 디자인된 방식과 디자인된 대상은 이에 대한 접근성을 낮출 수 있다.

웹페이지가 좋은 예시다. 인터넷은 웹페이지로 가득하다. 그러나 이를 잘 읽지 않는 사람들은 이러한 페이지에 접근하기 어렵다. 컴퓨터나 인터넷을 사용할 줄 모르는 사람들도 접근할 수 없다. 월드와이드웹 컨소시엄(World Wide Web Consortium, W3C)의 웹 접근성 계획(Web Accessibility Initiative, WAI)은 웹 콘텐츠 접근성 가이드라인(Web Content Accessibility Guidelines, WCAG)을 통해 접근성을 개선하고자 노력해왔다. 비평가들은 이 가이드라인이 신체장애가 있는 사람들, 즉 인터넷을 사용하기 위해 마우스 또는 키보드 이외의 도구가 필요한 사람들이 웹 경험을 더 쉽게 이용할 수 있도록 도움을 준다는 것을 인정한다. 하지만 안타깝게도 가이드라인은 잘 읽지 못하는 사람들(학습장애가 있는 사람들, 혹은 비영어권 사람들), 혹은 인터넷을 처음 사용하거나 이에 서툰 사람들에게는 그다지 도움이 되지 않는다. 접근성은 디자인의 포괄성에 좌우된다. 접근성을 높이려면 더 많은 대상 사용자 그룹을 고려해야 한다.

경험 디자인은 사용자의 일정 수준의 능력을 전제로 한다. 여기서 능력은 경험에 참여하는 방법에 대한 지식과 이해를 뜻한다. 포괄적인 디자인은 경험에 참여하는 데 필요한 능력 수준을 낮춤으로써 접근성을 높일 수 있다. 만약 웹 디자이너들이 대상 청중에 글을 잘 읽지 못하는 사람들을 포함한다면 첫째, 웹이 매우 다르게 보일 것이고, 둘째로 영어가 제2의 언어인 사람들이나 학습장애가 있는 사람들도 쉽게 접근할 수 있을 것이다. 그러나 아직도 사용자들이 페이지에 접근하려면 인터넷에 연결할 수 있는 기기를 사용해 그 페이지를 탐색해야 한다는 제약이 있다. 달리 말하자면 경험은 최대한 포괄적으로 디자인할 수 있지만, 그것을 실제로 경험할 수 있는지는 사용자의 능력(기술과 언어 같은)에 달렸다. 사용자의 기술과 지식의 변동은 이러한 경험을 불균일하게 만든다.

그렇기에 경험 디자인은 불가피하게 다음과 같이 불공평하다.

- 의도한 경험과 의도하지 않은 경험을 차별한다.
- 다른 사용자에 비해 대상 사용자에게 더 많은 권한을 준다.
- 사용할 수 있다고 해서 포괄적이거나 접근성을 높이지 않는다.
- 그러한 경험에 참여하는 사용자의 능력에 의존한다.

소외된 사용자로서 난민

나는 기술 디자이너들이 대체로 간과하는 사용자들이 겪는 기술 경험의 불평등을 탐구했다. 특히나 나는 내가 충돌, 박해, 그리고/혹은 자연재해 때문에 이주와 이동의 대상이 된 사람들이라고 정의한 난민들에게 집중했다. 여기에는 난민, 망명자, 국내 실향민, 국가를 잃은 사람 등이 포함되었는데, 유엔난민기구는 세계적으로 이러한 사람들이 4,300만 명쯤 있을 것이라고 추정한다.

난민들은 여러 가지 이유로 소수의 기술 사용자 혹은 제외된 사용자라고 할 수 있다. 첫째로 이들은 종종(하지만 항상은 아니다) 정보와 커뮤니케이션 기술(ICT)이 제한된 국가에서 오고, 이는 기술적인 인프라의 부족 때문이거나 현존하는 인프라가 전쟁과 정치적 불안정 때문에 훼손되거나 심하게 통제되기 때문이다. 둘째로 난민들이 본국을 떠나야 했을 때 이들이 ICT에 대한 경험이 부족했다는 것은 이들은 중간 또는 경유 국가에서 쉽게 이용할 수 있을 때조차 해당 기술에 접근하기 어려움을 뜻한다. 셋째로 난민들이 이주하는 동안에는 안정적인 수입 및 고용 기회를 얻기 힘들기에 ICT는 이들에게 그림의 떡이다. 이렇게 난민들은 가용성 부족, ICT 접근성을 높이는 기술적 한계, 그리고 그러한 기술을 감당할 수 있는 재정적 능력 부족 등으로 인해 ICT 사용에서 배제된다.

인터넷이나 핸드폰 사용과 같은 구체적인 기술을 연구할 때 가용성과 접근은 문제가 아닌 것으로 여겨진다. 달리 말하자면, 기술의 사용은 기술에 접근하기 유리한 사람들을 대상으로 연구되었다. 젊은 사람들의 핸드폰 사용과 관련한 문서는 무수히 많다. 하지만 난민들의 핸드폰 사용에 대한 효익은 탐구된 적이 없다.

모든 측면에서 난민들은 ICT의 의도하지 않은 사용자들이며, 이 기술에 대한 경험은 이들을 위해 디자인되지 않았다. 나는 난민들이 ICT를 접할 때 어떤 의도하지 않은 결과가 발생하는지 탐구했다. 디자이너들은 ICT와 '디자인되지 않은' 상호작용에서 소외된 난민들을 보며 무엇을 배울 수 있을까?

100건이 넘는 인터뷰와 난민 조사를 통해, 다음과 같은 경험론적 근거가 호주의 파일럿 연구와 그에 따른 연구 프로젝트에서 2007년도와 2010년도 사이에 수집되었다. 데이터는 익명 처리되었으며 난민들의 기술에 대한 경험을 다룬 연구에서 가장 포괄적이고 공개적으로 이용 가능한 사용자 연구 자료인 온라인 데이터베이스(http://trr.digimatter.com)로 통합되었다.

가용성 부족에 따른 소외

아프리카 국가의 참가자들은 통신 인프라의 부족으로 인해 원거리 커뮤니케이션이 다른 사람에게 직접 방문해서 대화하거나 더 기본적인 손으로 배달하는 편지와 같은 아날로그적 기술로 제한되었음을 강조했다.

나 같은 사람들은 그런 전자기기 없이 살았어요. …… 내가 수단에서 사람들과 소통한 방식은 사람들이 가는 곳을 따라가는 것이었어요. 왜냐하면 이 사람들과 소통하기 너무 어려웠거든요. …… 국가 인구의 90퍼센트가 기술을 사용하지 않고 살았어요. (A27, 수단).

살짝 어려웠어요. 왜냐하면 우리는 편지로 의사소통을 하기 때문에 가족과 소통하려면 누군가에게 이것을 건네야 했기 때문이에요. …… 받는 이나 가족에게 편지를 전달해줄 믿을 만한 사람이 있다면 편지를 쉽게 보낼 수 있지만, 누가 편지를 전달하느냐에 따라서 며칠이 걸릴 수도 있었어요. (A7, 수단).

그냥 편지요. 그 당시에는 핸드폰이 없었어요. 편지를 쓰고 싶으면 나는 글을 쓸 줄 아는 친구에게 전화를 걸었고, 그러면 그 친구가 대신 편지를 써줬어요. (A11, 토고)

글쎄요, 그 당시에는 핸드폰 같은 것이 없었어요. …… 편지, 우편을 통해서, 글을 쓰고 전달해줄 사람을 통해 보냈죠. (A10, 라이베리아)

서로 소통하고자 할 때는 가족이 있는 곳에 가는 사람에게 가족에게 할 말을 전했죠. 그냥 내가 당신에게 이야기하고 당신이 그들에게 가는 거죠. …… 전화는 없었어요, 우리는 편지를 사용했어요. …… 나이가 많은 사람들에게는 편지도 쓰지 않았어요. 그들은 글을 쓰고 읽는 법을 모르니까요. 그래서 그들은 내가 거기 갈 때 나를 통해서 메시지를 보냈어요. 한 달에 한 번, 두 달에 한 번, 그렇게요. (A33, 에티오피아)

ICT의 광범위한 가용성의 부재는 두 가지로 이어졌다. 첫째는 참가자들이 ICT를 사용하지 않고 자신의 소통 경험을 구축해야 했다는 것이다. 둘째는 그 희소성 때문에 소통 기술을 둘러싼 특권이 생겨났다는 것이다.

하지만 1990년대 후반에서 2000년대 사이에 하르툼 지역에서 집전화를 사용할 수 있게 되어 더 쉬워졌어요. …… 하지만 집전화가 없는 남부 수단에서는 부모님이 사무실에 있을 때 사무실 전화로 소통을 했죠. 우리는 하르툼에서는 전화를 썼지만 남부 수단에서는 부모님이 근무 시간일 때만 소통할 수 있으니 근무 시간인지 확인해야 했어요. …… 2005년도에 핸드폰이 널리 퍼져나가서 모든 사람에게 핸드폰이 생긴 덕분에 소통하기 더 쉬웠어요. 수단의 모든 사람들이 그랬어요. (A7, 수단)

일반전화는 사무실에만 있었어요. 일부 사람들에게는 핸드폰이 있었죠. (A3, 수단)

그래요, 집전화가 있었어요. 하지만 핸드폰은 일반 직장에선 희귀했어요. 항공사나 통신
회사나 정부 기관에나 가야 핸드폰을 쓰는 사람을 볼 수 있었죠. (A34, 에티오피아)

ICT 가용성의 부족은 아프리카 국가 출신의 난민들뿐만 아니라 다른 국가의 난민
들에게도 흔한 일이었다. 하지만 가용성의 부족은 기술 인프라와 개발이 미흡한 결과일
뿐 아니라 정부가 의도적으로 디자인한 것임이 분명했다.

버마에선 연락하기 어려워요. (열린) 소통이 안 되니깐요. …… 우리가 편지를 쓸 때 우체
부가 일을 제대로 하지 못했어요. 우리는 몇 번이나 편지를 잃어버렸어요. (I2, 버마)

우리에게는 (핸드폰이) 없어요. 전화선도 없고요. 버마에서 온 사람들은 편지를 써요. 매
년 한 번 혹은 두 번요. …… 그래서 보고 싶고 만나고 싶다, 그런 이야기를 하죠. 우리가
정부를 두려워하기 때문이기도 해요. 그래요, 우리가 처한 상황을, 혹은 우리에게 일어난
일을 누구에게도 말할 수 없어요. 그냥 보고 싶다, 여기 있다, 뭐 그런 이야기를 하죠. (I6,
버마)

아시다시피 버마는 매우 가난한 국가예요. 정부의 일원이 아니면 전화나 인터넷을 사용
할 수 없죠. 부자가 아니라면 매우 비싸기 때문에 사용할 수 없어요. 정부를 위해 일하는
사람이고 정부 소속인 사람들이, 그리고 정부 관계자들이 사용할 수 있어요. (I12, 버마)

나는 안전하지 않다고 생각해서 편지도 쓰지 않았어요. (E씨, 버마, 시험 연구)
나는 부모님께 전화로 이야기할 때도 매우 두려워요. (D씨, 중국, 시험 연구)

핸드폰이 없어요. 사담이 대통령이었을 때에는 아무도 핸드폰을 가질 수 없었어요. (M8, 이라크)

아직 기억이 나네요. 사람들이 사용하는 유일한 소통 수단은 무전기였어요. 그래요, 군대 거요. 그래요, 기억이 나요. 경찰과 군인들이 무전기를 사용했어요. 그게 그 당시에는 유일한 의사소통 수단이었어요. (A18, 시에라리온)

가용성의 제한 또는 부족 때문에 많은 난민들에게 ICT 경험은 드물었으며, 이러한 와중에 기술은 권력 및 특권과 연관되었다. 통치 기관은 ICT를 공포와 결합시켜 난민들을 두렵게 만들었다.

접근성 부족에 따른 소외

난민들이 본국에서 겪은 최소한적이고 부정적인 ICT에 대한 경험은 이들이 본국을 떠날 때 같이 따라온다. 난민들은 자신들이 마음대로 사용할 수 있는 ICT가 더 많은 국가로 이동하는데, 그럼에도 이들이 ICT에 접근하고 그것을 사용하기에는 아직도 수많은 장애물이 있다. 그러한 기술을 사용하는 데 대한 두려움과는 별도로 난민 캠프에 있는 사람들은 종종 지리적으로 고립된 장소에 있었기 때문에 경험할 수 있는 기술의 범위가 제한되었다.

난민 캠프에 있었을 때, 우리는 라디오를 사용했어요. 손으로 들고 다니는 라디오요. 소말리아의 난민 캠프에 라디오가 있었어요. (A25, 소말리아)

가끔 편지를 써야 했어요. 왜냐하면 우리는 도시에서 살고 있었지만 시골에는 통신망이 없었거든요. (A41, 라이베리아)

내가 케냐의 캠프에 있었기 때문에 말씀드릴 수 있는 건데요, 캠프에는 아무도 없기 때문에 사람들과 연락할 수 없어요. 캠프에 전화기가 없기 때문에 캠프 안에 있다면 고립된 거나 마찬가지죠. …… 기술이 없는 것처럼 보였어요. 핸드폰도 없었어요. 해외 전화를 걸려면 도시 나이로비에 가서 돈을 내고 써야 해요. (A19, 케냐)

우리 마을에는 아무것도 없었어요. 달랑 카메라 한 대만 있었죠. 제 것도 아니고 친구 거였어요. 전기도 아예 없었어요. (I5, 태국)

난민들은 더 넓은 범위의 ICT에 접근하기 위해 때로는 캠프에서 도심 지역으로 이동해야 했다. 그러나 이는 접근을 가로막는 물리적 장벽만을 넘는 것에 불과했다.

경제력 부족에 따른 소외

금전 또한 기술에 접근하는 것을 가로막는 장애물이 된다. 난민들이 안정적인 고용 및 소득을 얻을 기회는 거의 없다는 점을 감안할 때, ICT를 사용하는 데 드는 비용이 핵심적인 문제가 된다.

그래요, 핸드폰이 있었어요. 하지만 요금이 좀 비싸서 대부분 직접 만나곤 했죠. (A30, 수단)

위성 전화도 있었지만 비싸서 쓸 수 없었어요. 위성 전화는 너무 비쌌죠. (A7, 수단)

할머니, 할아버지가 버마에 계신데, 전화를 받으려면 먼 길을 지나 도시에 가서 1분당 5AUD(호주 달러)를 내야 했어요. 전화를 받는 데만 말이죠. (I3, 버마)

글쎄요, 전화는 비쌌어요. 전화기를 살 수 있게 해외에서 누군가가 돈을 보내주지 않고서야 전화를 쓰기 힘들었죠. 전화기가 있어도 칩을 사야 해요. 칩도 돈이 들죠. 충전하고 싶으면 부스에 가서 10달러 크레디트를 사야 했죠. 돈을 내야 전화에 크레디트를 보내줬어요. …… 핸드폰이 있지만 많이 사용하지 않았죠. 돈이 있으면 크레디트를 샀어요. 전화를 사용할 때 그랬죠. (A10, 가나)

그들이 우리에게 연락했어요. 캠프에 있는 우리는 이들에게 연락할 돈이 충분하지 않았으니까요. 다른 국가에 있는 사람에게 연락하기에는 너무 비쌌어요. (I4, 태국)

나는 난민이고 난민 캠프에서 힘들게 살고 있기 때문에, 딸의 음식과 교육에 신경 써야 해요. 하지만 당신은 돈이 있다면 핸드폰을 살 수 있겠죠. (A37, 케냐)

ICT 접근을 가로막는 지리적인 장애물 외에도 난민들은 경제적 장애물도 겪는다. 이것들을 극복한다 하더라도 교육적인 장벽이 있다. ICT 친숙성과 기술적 능력의 부족 말이다.

능력 부족에 따른 소외

난민이 ICT를 사용 및 접근할 수 있는 지역에 있고, 이를 지불할 돈이 있다고 가정해보자. 그렇더라도 만약 이들이 ICT를 사용해본 적이 없다면 이걸 어떻게 사용할 수 있을까? 조사 결과에 따르면, 이들은 전화를 하기 위해 다른 사람들에게 돈을 내거나, 일부 사람들은 문맹이어서 컴퓨터를 쓸 수 없기 때문에 이메일을 쓰고 보내기 위해 돈을 지불했다.

이메일을 사용할 수 있었지만 당시에는 컴퓨터를 사기 힘들어서 이메일을 보내고 받는 것도 쉽지 않았어요. 인터넷 카페가 1990년대 중반에 생겨서 거기에 가서 돈을 내고 이메일을 쓸 수 있었지만 말이에요. 영국에 이메일을 보낸 일이 떠오르네요. 나는 이메일을 쓴 후 우체국에 가서 이메일을 보낼 수 있었어요. 나는 메시지를 우체국 직원들에게 전해주고 그들이 이메일을 타이핑해서 보내곤 하던 일을 좋아했어요. (A7, 수단)

내가 콩고에 있었을 때 친척들 중 일부는 캐나다에 갔어요. 그들은 내게 이메일 주소와 핸드폰 번호를 알려줬어요. 그리고 받은 핸드폰 번호로 이들에게 연락할 수 있었죠. 우리는 인터넷 카페에 갔어요. 비쌌죠. 그리고 교육을 받은 사람만이 이메일을 쓸 수 있었어요. (A38, 콩고)

태국에서 우리는 난민 캠프에 살기 때문에 전화를 사용할 줄 몰라요. (I4, 태국)

사용할 때 우리는 번호를 보여주고 주인이 번호를 눌러주었죠. 모든 것을 대신 해줬어요. (I6, 태국)

나는 돈을 좀 쓰는 편이라 전화기가 없어요. 나는 다른 사람들이 전화할 수 있게 돈을 내죠. (A37, 케냐)

먼저 회사에 전화해야 이들이 영어로 PIN 번호를 알려줬어요. 영어를 이해할 수 없었어요. 먼저 우물 정자를 누른 다음 전화번호를 눌렀죠. 그때는 전화 카드를 쓰는 법을 알았어요. 이전에는 전화 카드를 쓰는 법을 몰랐죠. 이란에서는 전화 카드를 몰랐지만 공공전화를 사용했어요. 당시에는 영어를 잘 알아듣지 못했기 때문에 조심스럽게 들어야 했어요. (Y씨, 국제전화 카드를 사용하는 것에 대해서, 이란, 시험 연구)

난민들은 ICT에 대한 접근을 가로막는 언어 및 기술 장벽을 넘어서기 위해 제3자의 도움을 받아야 했다고 보고했다.

핸드폰을 파는 사람들이 제게 어떻게 사용하는지 가르쳐주었고 그렇게 배웠어요. 무료로 가르쳐주었죠. 잘 아는 친구도 어떻게 쓰는 건지 알려줬어요. 어떻게 여는지, 어떻게 SIM 카드를 넣는지…… 친구들한테 배웠죠. (A30, 케냐)

이는 ICT에 참여하기 위해 넘어야 하는 언어 및 기술 장벽이 난민들이 혼자 넘어서기에는 너무 높으며 가족과 친구의 도움이 필요하다는 것을 의미한다. 그리고 이러한 기술적 경험의 디자인이 난민과 유사하게 소외된 집단의 필요를 고려할 때 포괄적이지 않았음을 뜻한다.

결론

디자이너들은 경험의 불평등을 감소시키는 중요한 역할을 할 수 있다. 하지만 디자이너들이 그러한 역할을 하려면, 잠재적으로 그들에게 엄청난 이익을 제공할 수 있음에도 ICT 서비스의 디자인에서 종종 무시되는 난민들과 같은 집단을 인식하고 이해해야 한다.

경험 디자인에서 사용자를 차별하는 것은 흔한 일이지만, 이 방법은 사용자 그룹을 무시하기보다는 포함하고자 하는 관점에서 경험적 차이를 이해하기 위해 적용해야 한다. 소외의 과정에서 불평등이 발생하지만, 포괄적인 경험 디자인은 접근을 가로막는 장벽을 다루고 참여를 방해하는 문지방을 낮추려고 시도한다.

난민이 ICT의 대상 사용자가 되려면 접근 가능한, 충분한, 의존할 수 있는 저비용 혹은 무료 기술 제품 혹은 서비스가 필요하다. 물리적/경제적 장애물뿐 아니라 교육적인 장애물도 극복해야 한다. 달리 말하자면, 기술 경험은 ICT에 대한 친숙함 부족과 기술 이해력 부족을 수용하기 위해 최대한 포괄적이고 보편적으로 디자인해야 한다.

제2부

사물과 환경

5장
사물 상호작용 경험의 서사성: 서사적 경험으로서의 제품을 디자인하기 위한 체계

실비아 그리말디|Silvia Grimaldi

대부분 사람들은 주전자, 토스터, 탁자, 소파와 같은 물리적인 형태가 있는 가정 내 사물을 딱히 신경 쓰지 않으며 매일매일 사용한다. 우리는 이러한 사물들이 주위에 있는 것을 당연시한다. 이 사물들을 교체할 시기가 되면 그 사물에 대해 생각을 할지도 모른다. 하지만 우리는 보통 이러한 사물들과 우리 사이에서 일어나는 상호작용을 세세히 들여다보지 않는다. 이 사물들은 그저 배경의 일부일 뿐이다. 하지만 이 사물들은 우리와 매일매일 상호작용을 하고, 빵 굽기나 물 끓이기와 같은 실용적인 일들을 할 수 있게 해줄 뿐만 아니라, 선택을 통해 우리 자신에 관한 무언가를 말할 수 있도록 해준다. 이러한 사물들은 부분적으로는 그 사물들의 편재성으로 인하여 우리의 정체성의 일부를 형성하기 시작하며, 우리의 개인적인 서사를 구성하기 시작한다.

우리는 각자의 인생 이야기를 가지고 있다. 지속성과 감각이 있는 내면의 서사가 곧 우리의 삶이다. 각자가 '서사'를 구성하며 살아간다고 말할 수 있으며, 서사는 우리 자신이자 우리의 정체성이라고 말할 수 있을 것이다.

나는 이러한 일상적인 사물과 우리의 첫 상호작용을 분석하는 일에 관심이 있다. 바로 상호작용이 무의식적으로 변하기 이전의 단계 말이다. 그리고 나선 사물 주위에서 개인적인 서사가 형성되는 방식에 어떻게 영향을 줄 수 있는지를 보며, 사물이 서사를 구성하는 데 어떠한 역할을 할 수 있는지 보는 것이다. 이러한 작업에서는 두 가지 측면을 동시에 분석한다. 사물과의 상호작용과 공상과학영화에 등장하는 사례의 서사 구조를 분석한다. 분석 목표는 서사적 제품 경험을 '지도하는' 디자인된 사물을 생성하기 위해 이 비교에서 나온 연구 결과물들을 적용할 방법을 만들어내는 것이다.

'이야기'를 하지 않고서 경험이나 상호작용에 대해 말하는 것은 거의 불가능하므로, 경험이 이야기로서 묘사되고, 기억되며, 말해진다는 생각은 심리학과 디자인 문헌에서 꾸준히 탐구해온 주제다.

서사 이론은 텍스트를 분석하는 것에서부터 서사 해석의 더 넓은 범주까지 영역을 넓혀왔다. 서사라는 용어는 비디오게임에서 몰입형 인터랙티브 환경에 이르는 다양한 매체에서 사용해왔다. 실생활 경험, 혹은 이러한 경험들에 대해 이야기하는 것이나 기억하는 것 또한 서사적 특성을 가진다고 묘사되어왔다.

서사성이라는 개념은 경험이 서사적인지 아닌지를 묻는 질문을 경험이 서사성을 지니고 있는지를 묻는 질문으로 전환시키므로, 경험이 서사적 반응을 고취시킬 수 있다는 전제가 깔려 있다. 사건 혹은 경험은 많고 적음의 차이는 있겠지만 서사성을 지니며, 원형적으로 이야기의 특성을 보유하고 있는 것이다.

서사성

서사성의 개념은 적용성으로 인하여 디자이너들이 사용한다. 만일 우리가 서사적인 측면에서 대상과의 상호작용을 바라본다면, 흥미롭고, 매력적이며, 기억에 남는 이야기로 다가갈 기회를 선사하는 일련의 사건을 바라보는 것이다.

전기 주전자와의 단일 상호작용은 미시적 관점에서 분석할 수 있다. 사용자는 우선 주전자를 볼 수 있고, 그다음 주전자를 들고, 뚜껑을 열고, 주전자를 물로 채우고, 뚜껑을

닫고, 다시 주전자를 제자리에 놓고, 전원을 켜고, 끓기를 기다리고, 물이 끓는 소리를 듣거나, 스위치를 누르거나, 뚜껑에서 김이 올라오는 것을 보고, 주전자의 전원을 끄고, 물을 빼낸 다음에, 다시 제자리에 놓는다(〈그림 5-1〉).

각각의 사건들은 대상과의 상호작용에서 일어나는 미시 사건으로 볼 수 있으며, 이 미시 사건들은 디자이너가 이야기와 같은 방식으로 조작하거나 지시할 수 있다. 영화감독이 하는 것과 유사한 방식으로, 디자이너는 다음에 열거되는 내용을 다룰 수 있다.

- 미시 사건들의 정확한 특성. 예를 들어, 삑삑거리는 경고음은 물이 끓는다는 사실을 우리에게 알리는가? 어떠한 음의 높이에서 말인가?
- 이 미시 사건들이 차례대로 배열되는 방식. 예를 들어, 물이 더 가열됨에 따라 불빛이 지속적으로 더욱 빨갛게 변할 수 있다. 혹은 물이 끓기 시작할 때 붉은빛이 켜질 수 있다.
- 이러한 사건들을 해석함으로써 형성될 수 있는 의미들. 예를 들어, 주목을 끄는 효율적인 수단으로서 삑삑거리는 소리와는 대조적으로 괴로운 비명 소리로서 삑삑거리는 소리.

이러한 방식으로 디자이너들은 사용자가 상호작용의 이야기에서 기인한 것이라 생각하는 의미에 영향을 미칠 수 있다.

이 미시 사건들은 데스멧과 헤커트의 '제품 경험의 프레임워크(Framework of Product Experience)'로 검토할 수 있으며, 미시 사건들은 다음과 같이 변형될 수 있다.

- 미적 경험의 수준에서, 예를 들어, 물체의 색이나 질감에서 얻을 수 있는 인상.
- 의미에 대한 경험의 수준에서, 예를 들어, 문화적으로 관련이 있는 세부적인 측면에서의 해석.
- 감성적인 경험의 수준에서, 예를 들어, 미시 사건들이 우리가 어떻게 느끼게 하는지를 보는 것.

그림 5-1
주전자와 상호작용을 하며 발생하는 미시 사건들

- 이러한 세 가지 수준들은 제품 경험 내내 명백히 서로 연결되어 있으며 상호 영향을
  미친다. 미적인 요소들은 물체 주위에 의미를 만들어내는 데 기여할 것이며, 우리가 형
  성해내는 의미는 우리의 감성적인 경험을 알려준다.

이 연구는 물체의 서사적 경험이라는 경험의 추가적인 수준을 제안한다. 이 서사적
경험은 데스멧과 헤커트가 묘사한 세 가지 수준 모두에 영향을 받으며, 이 세 가지 수준

모두와 관련된 우리의 인지 과정을 구조화하고 정리하는 데 도움을 준다. 서사를 프레임워크로 사용하면 디자이너가 시간 기반 방식으로 제품 경험의 서로 다른 측면을 적용하여 대상과의 상호작용에서 일어나는 미시 사건들을 통해 사용자 경험을 디자인할 수 있다는 장점이 있다. 이것은 탁월한 상호작용을 만들어낼 수 있으며, 이렇게 고도의 서사성을 지닌 논리 정연한 사용의 이야기로 이어진다.

작용 주체

우리는 어떤 사물과의 상호작용에 대한 이야기를 할 때 종종 사물에 인간적 특성을 부여한다. 예를 들어, 슈퍼마켓에 있는 '바보 같은 금전 등록기'나 당신을 사무실로 들여보내지 않는 '말을 안 듣는 출입문 자물쇠' 같은 것 말이다. 이야기에서 이러한 인간 같은 특성을 분리시키는 것은 어려운 일이다. 이러한 특성들은 우리의 경험 내에서 일어나는 사건이나 우발적인 사건을 해석하는 방식의 일부다. 그리고 우리가 사물과의 상호작용을 이해하고 기억하는 방식의 일부이기도 하다.

서사적 측면에서, 객체의 의지는 작용 주체를 따를 것이다. 작용 주체는 '비가 내리기 시작'한 것과 같은 '우발적인 사건'을 '우산을 펴기로 결정'한 '사건'과 구별한다. 이 사례에서, '비가 내리기 시작한' 사건은 이 일을 발생시키기로 결정한 작용 주체나 의지가 없었기에 우발적인 사건으로 분류된다. 반면 '우산을 편' 사건은 명백히 의도적인 결정에 따른 결과다. 알프레드 겔(Alfred Gell)은 작용 주체의 아이디어를 문화인류학적 관점에서 인공물과 관련하여 분석했으며, 인공물은 사건을 '인공물의 주변부'에서 발생하도록 허용할 때 작용 주체를 보유한다고 결론 내렸다. 겔의 분석에서, 인공물은 사건의 진행에 영향을 미치는 것으로 인지될 때 인간과 같은 특성을 취득한다. 그러므로 우리는 특정한 인공물과의 상호작용을 두 가지 존재 간의 상호작용으로 해석하고, 회고하고, 말한다. 이 서사에서 두 존재(사용자와 인공물)는 일종의 작용 주체를 보유하기 때문이다.

미에케 발(Mieke Bal)은 저서《인문학 개념들을 되짚어보기(Travelling Concepts in the

Humanities)》(2002)에서, 언어학 지식을 활용하여 해석의 서사적 이론을 한 단계 더 끌어올린다. 그녀는 예술 작품을 해석할 때 예술가의 의도에 초점을 맞추는 전형적인 예술-역사학적인 질문으로 시작한다. 그리고 나서 그녀는 객체의 작용 주체를 바라보며 객체 자체가 예술가가 예측하지 못한 방식으로 관람자와 어떻게 소통을 하는지를 바라본다. 이것은 우리의 해석의 초점을 예술 작품의 창조자에서 실제 예술 작품과 예술 작품의 작용 주체로 이동시킨다.

하지만 여기서 미에케는 서사성이라는 개념을 통해 창조자에서 객체로, 그리고 관람자로 논의를 한 단계 더 진전시킨다. 미에케는 관람자와 객체 사이의 관계에 초점을 두었으며, 객체를 보고 해석하는 '이야기'가 어떻게 관람자의 마음속에서 만들어지는지에 초점을 두었다. 이것은 예술 작품의 비평에 초점을 맞춘 것이며, 나는 예술가의 의도에서 벗어나서, 객체의 작용 주체를 통해, 그리고 관람자와 객체 간의 관계를 통해 이것을 디자인으로 확장시키고 있다. 이러한 관계는 미리 결정된 것이 아니라 창조자의 의도에 의해서만 조성될 수 있다(〈그림 5-2〉).

관람자나 사용자의 인지 활동에 초점을 맞추는 것은 서사를 시사한다. 이러한 활동은 반드시 시간을 통해, 보는 경험을 통해 발생하기 때문이다.

여기서 서사성은 필수 불가결한 것으로 인정받고 있다. 왜냐하면 모든 그림은 일반적인 의미에서 이야기를 말해주기 때문이 아니라, 그림을 보는 경험 자체가 이야기로 가득 차 있기 때문이다.

이것은 이 프로젝트의 핵심 가설을 이끌어낸다. 작용 주체를 보유한다고 받아들여지는 객체가 더 많은 서사 가능성을 지닌다는 것이다. 게다가, 이 모델은 서사가 객체와 상호작용을 할 시에 항상 사용자의 마음속에서 만들어지며, 이 서사는 사용자가 객체를 해석하고, 기억하며, 접근하는 방식의 핵심임을 시사한다.

그림 5-2
미에케 발의 상호작용 해석 다이어그램

스키마

이야기의 해석 과정이 관람자나 사용자의 활동에서 필수적인 부분이라는 생각은 서사에 대한 구성주의적 개념의 핵심이다. 특히 데이비드 보드웰(David Bordwell)은 (서사적 허구인) 영화 관객의 활동에 대해 이야기하면서 영화 관객의 주요 활동은 이야기가 전개되는 방식에 대해 가설을 세우고, 이야기가 예상대로 전개되었을 시에 가설을 검증하고, 예상에서 벗어났을 때에 이 가설들이 틀렸음을 입증하는 것이라고 주장한다.

보드웰은 우리가 일상에서 사건들이 발달하는 방식에 대해 어느 정도 기대하는 바가 있기 때문에 이 이야기 구성 과정이 가능하다고 설명한다. 하지만 우리는 일반적인 이야기의 형태, 특정한 영화 장르 내의 일반적인 이야기, 등장인물, 소품 등과 같이 작용 주체가 맡을 수 있는 일반적인 역할들에 대해서도 기대치를 지니고 있다. 이것은 스키마(schemata) 이론으로 설명할 수 있다.

영화에서, 스키마는 관객이 화면 위에 나타난 정보를 토대로 이야기를 재구성할 수 있도록 도우며, 가설을 형성하는 데 도움을 주기 때문에, 스키마 개념을 디자인에 적용하는 것은 흥미로울 것이다. 보드웰이 묘사하는 두 가지 스키마는 객체와의 상호작용 주위에 서사를 구성하는 방법으로서 특히 가치가 있을 것이다.

원형 스키마(Prototype schemata)는 등장인물, 소품, 그리고 무대와 같은 작용 주체를 이야기에 기여하는 무언가로 확인할 수 있도록 한다. 예를 들어, 총을 들고 있는 등장인물은 악당으로서, 아니면 악한 행동을 수행할 수도 있는 사람으로서 인식될 수 있다. 이러한 작용 주체들은 우리로 하여금 등장인물들이 행동할 방식에 대한 가설을 세울 수 있게끔 하며, 사물이나 무대는 등장인물들이 그들의 행동반경 내에서 어떻게 행동할 것인지에 대한 가설을 세울 수 있게끔 한다. 그리고 이 가설을 검증할지 말지는 영화감독에게 달려 있다.

영화에서 원형 스키마는 관객의 기호학적 이해를 이용하여 이야기의 단서를 제공한다. 이것은 관객을 올바른 방향으로 이끌 수도, 그러지 못할 수도 있지만, 그렇더라도 '일반적인(그리고 문화적으로 특정한)' 관객들은 단서를 이해할 것이다. 동시에, 기호학적 이해는 종종 물건의 사용 적합성과 해석에 대한 단서를 사용자들에게 제공하기 위해 디자인에서 사용되기도 한다. 하지만 디자이너들이 가설 검증 혹은 비검증 개념을 '적용할' 가능성이 있으며, 이것은 시간이 지나면 깜짝 놀랄 만한 디자인으로 이어질 수 있다.

주형 스키마(Template schemata)는 사용자가 이야기를 재구성할 때 정보를 알맞은 순서에 채워 넣을 수 있게 하는 추상화된 서술 구조를 나타낸다. 그래서 연대순과 다른 이야기를 알맞은 연대순으로 이해할 수 있다. 왜냐하면 우리에겐 알맞은 장소에 정보를 '채우는' 것을 돕는 주형 스키마가 있기 때문이다. 예를 들어, 영화에서 어떤 순서로 보여주든 상관없이, 원인과 결과는 관객이 어떠한 사건이 원인이며 어떠한 것이 결과인지 이해할 수 있도록 시간 순서에 따라 관객의 마음속에서 전개되어야만 한다. 덧붙여 말하자면, 이러한 주형 스키마에 가까운 방식으로 전달된 이야기는 기억하기 더 쉽고, 원작에서 어떤 순서로 이야기를 전달했는지에 상관 없이, 관객들은 이야기를 좀 더 잘 이해할 것이다.

주형 스키마는 영화에서 시간이 구성되는 방식을 이해하는 것과 관련이 있으며, 유사한 방식으로 상호작용 경험 속 시간을 이해하는 데 도움이 될 수 있다. 예를 들어, 경험 내에서 예측 가능한 패턴 또는 놀라운 패턴을 만들거나, 경험에 각기 다른 리듬과 '극적 구조'를 만들어낸다.

게다가, 주형 스키마는 인과의 성립을 도울 수 있다. 그래서 만일 대상이 특정한 방식으로 행동한다면, 우리는 주형 스키마를 통해 원인을 특정 행동의 탓으로 돌릴 수도 있다. 일상적인 사례를 들자면, 우리는 TV가 제대로 작동하지 않을 때 TV를 손바닥으로 툭툭 치곤 한다. 그렇게 해서 TV가 제대로 작동하게 된다면, 우리는 나중에 TV가 작동하지 않을 때 또 손바닥으로 치려고 할 것이다.

디자이너들은 일반적인 이야기 구조와 유사한 방식으로 시간에 따라 발생하는 상호작용 내의 미시적 사건들을 정리하기 위해 주형 스키마를 사용할 수 있다. 이것은 경험의 서사성과 객체의 서술 가치성뿐만 아니라 객체와의 상호작용의 기억 용이성을 돕거나 촉진할 수 있다.

사물을 디자인하는 데 스키마를 적용하면 누군가가 자신이 경험한 그 사물과의 상호작용에 대해 말하도록 촉진할 수 있으며, 그럼으로써 구전과 회상의 빈도가 증가할 것이다.

영화 사례의 분석

이 프로젝트는 제품 경험 내에서 디자이너들이 서사성을 높이는 방법을 요약하기 위해 수행한 것이다. 그렇기에 이 프로젝트는 선택된 사물들이 중요한 역할을 하는 영화의 서사적 요소들을 분석하고, 이 서사적 요소들을 물건 자체의 디자인에 적용하는 것을 목적으로 한다.

본 과정의 첫 단계는 사물과 영화의 견본을 선택한 다음 어떠한 요소가 사물 리디자인(redesign)에 통합될 수 있는지를 파악하는 것이다. 사물을 선택하기 위해, 전자 게시판을 통해 현재 온라인상에 접속 중인 사람들에게 설문지를 유포했다. 그 덕분에 사람들이 이후 시험 단계에 손쉽게 참여할 수 있었으며, 선택한 사물에 다소 흥미를 보였다. 70명이 넘는 사람들이 그들의 머릿속에 가장 먼저 떠오르는 다섯 가지 가정용 사물과 가장 즐겨 사용하는 세 가지 가정용 사물이 무엇인지, 그리고 그 이유는 무엇인지 묻는 설문지에 응답했다. 텔레비전 세트와 같이 리디자인이 가능하지 않은 사물들과, 침대와 같이 실험을 하기에는 문제가 있는 사물들은 제외되었다. 최종적으로 선택된 사물은 주전자, 토스터, 소파, 그리고 테이블이었다.

전체 프로젝트는 여전히 진행 중이었기에, 주전자를 대상으로 시험 삼아 테스트를 진행했다. 주전자가 이야기를 서술하는 역할로 등장하는 영화를 찾아내기 위해 IMDb(Internet Movie Database, 인터넷 영화 데이터베이스)에 설문지를 올렸다. 주전자가 등장하고 중요한 역할을 담당하는 영화 장면을 찾아내기 위해 영화광인 포럼 참여자들에게 질문을 했다. 우리는 주전자가 나오는 장면을 찾기 위해 대본 데이터베이스를 조사하는 것보다 이 방법을 선호했다. 단순히 사물이 등장하는 장면을 확인하려는 것이 아니라, 서사적인 구성이나 의미 형성 같은 측면에서 사물이 기억에 남을 만한 영향을 미치고 관객에게 반향을 불러일으킨 장면을 확인하는 것이 목적이었기 때문이다.

각 사물마다 4~5편의 영화를 선택했는데, 장르와 사물이 수행한 서사적 역할이 다소 다른 영화를 선택하기 위해 신경을 썼다.

주전자 실험을 위해 선택한 영화들은 다음과 같다.

- 〈베라 드레이크(Vera Drake)〉: 배려하는 성격을 지닌 베라라는 등장인물을 설정하고, 불법 낙태를 하는 그녀의 활동을 배려심 있는 행동으로 표현하는 데 주전자가 도움을 주는 역사 드라마.
- 〈리스트커터스: 러브 스토리(Wristcutters: A Love Story)〉: 한 장면에서 다음 장면으로 넘어갈 때 주전자의 삑삑거리는 소리가 나오는 코미디 영화.
- 〈장화, 홍련〉: 물이 끓는 주전자가 무기로 사용되는 심리적 공포 영화.
- 〈세크리터리(Secretary)〉: 주전자가 차분한 가정 배경을 드러내는 도구로 사용되지만, 동시에 마조히스트의 도구로 사용되는 코미디/드라마/로맨스 영화.

영화 장면들은 각기 다른 시각으로 분석했다. 분석의 첫 단계에서는 로버트 맥키(Robert McKee)의 가이드라인에 따라, 장면을 박자나 행동으로 나누고 이러한 박자의 타이밍을 적어둔 것을 살펴보았다. 그러고 나서 각 장면을 등장인물의 갈등과 목표, 가치의 변화와 박자의 전환점 측면에서 분석했다. 맥키의 체계에 기반한 분석에 더하여, 특정한 장면에서 물건의 역할을 분석했으며, 물건의 의미가 변하는 시점이나 물건의 의미가 우리가 장면을 이해하는 데 영향을 미치는 시점과, 물건의 지각된 작용 주체에 주목했다.

〈그림 5-3〉은 영화 〈세크리터리〉에 나온 '주전자 장면'이다. 이 장면은 오프닝 크레디트가 끝나고 정신병원에서 나온 주인공이 가정으로 돌아온 이후에 자해를 그만두려고 노력하고 있다는 사실이 밝혀지는 대목에서 나온다.

'주전자 장면'은 저녁, 차분한 가정에서 가운 차림으로 차를 타고 있는 주인공이 등장하면서 시작된다. 차분한 분위기는 주인공의 어머니와 술주정뱅이 아버지 사이의 격렬한 다툼으로 인해 방해를 받는다. 주인공은 물이 끓어오르는 주전자를 들고선, 그녀의 방으로 차분히 가지고 올라간다. 그러곤 허벅지 안쪽에 뜨거운 물을 부어 화상을 입히기 시작한다. 이것은 그녀의 불안감을 해소시키는 것처럼 보이며, 이 장면은 차분한 분위기

그림 5-3
〈세크리터리〉의 한 장면

주인공은 태연히 차를 끓이고 있다.

주인공은 부모님이 싸우는 것을 듣고 괴로워한다.

주인공은 무슨 일이 일어나고 있는지 보려고 다른 방을 엿본다.

아버지는 화가 나서 어머니를 바닥으로 밀친다.

주인공은 충격을 받고 주전자를 가지러 간다.

아버지가 고함을 치며 떠나고 어머니가 일어나는 동안 주인공은 주전자를 들고 천천히 위층으로 올라간다.

주인공은 주전자로 몸을 덥히며 안도감을 느낀다.

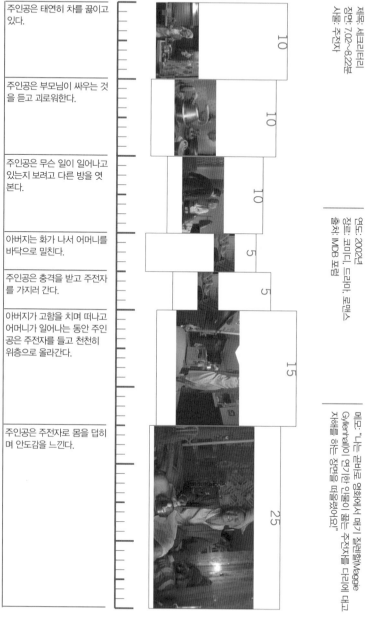

제목: 세크리터리
장면: 7:02~8:22분
사물: 주전자

연도: 2002년
장르: 코미디, 드라마, 로맨스
출처: IMDB 포럼

메모: "나는 곧바로 영화에서 매기 질렌할(Maggie Gyllenhaal)이 연기한 인물이 품는 주전자를 다리에 대고 지혜를 하는 장면을 떠올렸어요."

그림 5-4
〈세크리터리〉 '주전자 장면'에서의 박자

로 끝난다. 하지만 관객인 우리는 그녀의 목표가 자해를 자제하는 것임을 알고 있다. 앞서 나온 무척 차분한 분위기가 매우 부정적인 장면으로 전환되기에, 이는 매우 애매모호한 장면이다.

주전자는 이 장면에서 두 가지 역할을 담당한다. 차분한 가정 분위기를 조성하며, 주인공의 행동을 촉발하는 기폭제가 된다. 주전자는 내용물이 꽉 채워진 뜨거운 무기로 사용될 준비가 되어 있는 것이다. 장면의 속도 또한 매우 흥미롭다. 긴 박자에서 시작하여, 장면 중간 부분은 날카로운 편집과 컷, 짧은 박자로 진행되며, 그 후 다시 회복된 애매모호한 균형의 특성이 명백해지는 긴 박자로 마무리된다.

영화 사례들은 새로운 디자인을 위한 아이디어 생성 과정을 통해 각기 다른 방식으로 물건을 리디자인하기 위한 시작점으로 사용되었다. 영화의 몇몇 서사적 장치는 아이디어 생성 과정에 통합되었다. 물건의 역할 혹은 의미는디자인을 위한 시작점으로 사용되었다. 예를 들면, 평온한 가정의 상징으로서 주전자와 이용 가능한 무기로서 주전자 간의 역할 전환을 관찰함으로써 말이다. 그리고 장면 내의 박자의 타이밍과 구조는 상호작용 경험 내의 미시 사건들을 위한 구성 원리로 사용되었다〈그림 5-4〉). 이 접근법들은 분석된 네 가지 영화에 기반을 둔 각기 다른 디자인 결과물을 도출한 것이다.

제품 경험의 분석

영화 분석과 비교해보며 최종 디자인을 테스트하는 첫 단계를 수행하기 위해, 주전자를 사용하는 상호작용 경험을 분석하는 데 참여자 연구를 이용했다.

참여자들은 집에 있는 주전자를 사용하는 자신을 영상으로 촬영하라는 요청을 받았다. 인터뷰를 수행하는 연구자가 영상에 친숙해질 수 있도록, 참여자들은 영상을 예정된 인터뷰 이전에 연구자에게 이메일로 보냈다. 인터뷰는 세 단계에 걸쳐 진행되었다. 첫 단계는 참여자들이 주전자를 어떻게 사용했는지를 간략하게 인터뷰하는 것으로 구성되어 있었다. 두 번째 단계는 참여자와 연구자가 주전자를 사용하는 영상을 보는 와중에 실시되었으며, 참여자는 영상을 통해 연구자와 대화를 하도록 요청을 받았다.

흥미롭게도 두 번째 단계에서 얻은 답변들은 첫 번째 단계에서 얻은 답변들과는 달랐는데, 이는 다각화와 영상 사용의 필요성을 입증한다. 우선, 모든 참여자들은 영상 속 자신의 모습을 보고 자극을 받아 자신이 주전자를 어떻게 사용했는지 더 구체적이고 깊이 있게 답했다. 참여자들은 더욱 개방적인 모습을 보였고, 주전자를 채우기 이전에 "석회 자국 조사"를 한다거나 "나는 뜨거운 물을 가만히 내버려두는 걸 좋아하지 않습니다. 제 의견의 요점을 헛되게 하거든요"라고 주장하며 물이 끓는 즉시 주전자로 달려가는 것과 같이 주전자를 사용하는 기이한 습관이 있음을 인정했다. 심지어 한 참여자는 값비싼 물건들을 전면에 내놓고 값싼 찻잎을 그 뒤에 놓느라 주방 물건들을 다시 정리한다고 시인했다. 이러면 애초에 옮겨놓은 물건들의 위치가 완전히 흐트러지는데도 말이다.

인터뷰의 세 번째 단계에서는 참여자들에게 그림과 콜라주 자료를 제공하고, 그들이 주전자를 사용하는 방식을 스토리보드로 만들어보도록 요청했다(〈그림 5-5〉와 〈그림 5-6〉을 참조). 그리고 나서 이 스토리보드 활동에 대해 마지막 질문 몇 가지를 하는 것으로 끝냈다. 직접 주전자를 그린 한 참여자는 전원 스위치가 어디에 있는지, 어떠한 색인지조차 여태 몰랐음을 깨달았다. 그녀는 물이 끓을 때 불빛의 색이 변한다는 사실은 기억했지만 색이 어떻게 변하는지는 확신하지 못했다.

스토리보드 작성 활동은 참여자가 그들의 상호작용 경험을 미시 사건으로 나누도록 강제했으며, 이 정보는 어떠한 미시 사건이 시행되었거나 수정되었는지를 보기 위해 이 상호작용 내의 미시 사건들을 정리할 때 유용했다. '현시점'에 대한 인터뷰 자료를 시각화하는 대니얼 스턴(Daniel Stern)의 작업은, 데이터를 시각적으로 손쉽게 비교하기 위해 앞서 수행한 영화 분석과 유사한 방식으로 제품 상호작용 경험 내의 미시 사건들의 순서를 매기는 데 사용되었다.

참여자들에게서 수집한 주전자를 사용하는 미시 사건들과 주전자를 기이하게 사용하는 미시 사건들에 대한 정보는, 인식할 수 있는 함축된 의미를 추가로 제공하기 위해 주전자를 리디자인할 때 유용했다.

그림 5-5

스토리보드 1

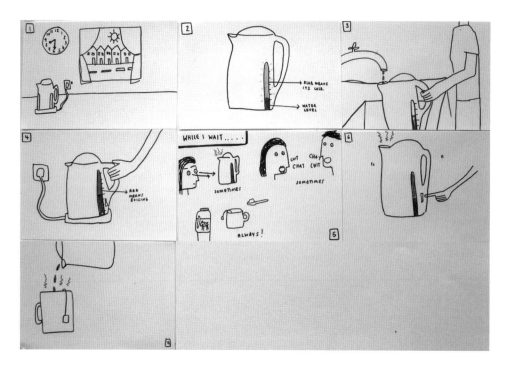

그림 5–6
스토리보드 2

디자인 응용

여기서는 디자인을 위한 시작점으로 사용되는 방법들을 서술할 것이다. 이론적인 체계의 요점은 최소한 주관적인 방식으로 리디자인된 사물의 서술 가치성을 측정하는 데 있다. 사물과의 상호작용에서 서사성이 증가했는지를 측정하기 위해 최종 디자인은 최초의 사물과 비교하여 시험을 할 것이다.

영화 분석은 디자인에 맞춰 차용할 수 있는 가공되지 않은 서사 자료를 제공한다. 이 자료는 서사(담론)의 형태나 그 서사(이야기) 내용에 관한 아이디어에서 나온다. 그러므로 예를 들어, 특정한 장면에서 주전자의 의미는, 영화에서 발견되는 특정한 주형 스키마에 따라 물건이 상호작용(형태)에서 어떻게 경험되는지에 따라 달라질 수 있는 디자인 아이디어와 콘셉트(내용)로 이어질 수 있다.

현재까지 나타난 개요 중 일부는 다음 내용과 관계가 있다.

- 역할 전환: 주전자는 일반적으로 불안감을 없애주는 물건으로 해석되지만, 무기로 사용할 수 있는 가능성도 보유하고 있다. 이러한 역할의 반전은 대조적인 함축과 시간 순서 변경을 통해 디자인에서 사용된다. 한 가지 샘플 디자인은 사용자의 손에 흉터로 볼 수도 있고 긍정적인 것으로 볼 수도 있는 무늬를 남기는 손잡이가 달린 주전자다.

- 미시 사건 구조: 영화 속 박자와 장면의 특정한 구조와 타이밍이 주전자 경험에서 사용되었다. 특정한 사건에는 더 많은 시간을 할당하고 다른 사건들은 더 빠르게 진행시킴으로써, 혹은 장면의 설정, 장면의 절정, 그리고 일부 영화 장면에서 발견되는 것과 유사한 종료 타이밍을 설정함으로써 주전자 경험의 미시 사건들을 재편성하거나 그 타이밍을 조절한다. 샘플 디자인으로는 물이 끓을 때 신호를 보내는 것이 아니라 물이 뜨거워지는 것에 맞추어 점진적으로 불이 빛나기 시작하는 주전자가 있다.

- 서사적 장치 혹은 비유: 주전자는 영화에서 자주 등장한다. 특히 프로젝트에서 분석한 영화에선 삑삑거리는 소리, 증기, 물이 끓는 소리를 사용하여 한 장면을 컷하고 다른 장면으로 넘어가게끔 한다. 이 시간 표시들은 상태의 변화나 의미의 변화를 나타내는 도구로 리디자인된 제품 경험 내에서 사용된다. 샘플 디자인으로는 때로는 아이의 비명 소리와 유사한 소리를 내서 긴장감을 주고, 때로는 기분 좋은 휘파람 소리를 내는 소리가 변화하는 주전자가 있다.

- 주전자의 상징적인 의미: 사람을 배려하는 성질이나 차분하고 가정적인 장면 등을 주전자로 설정할 수 있다는 생각이 리디자인에서 사용되었다. 이러한 믿음을 뒤엎음으로써, 그리고 애매모호한 방식으로 강제하거나 다룸으로써 말이다. 이에 대한 샘플 디자인으로는 당신의 손을 따뜻하게 해주는 주머니가 달린 니트 스웨터에 '감싸인' 주전자가 있다.

참여자 인터뷰 분석은 물건과의 상호작용 경험을 매핑하는 측면에서 가공되지 않은 자료를 제공하며, 최종 디자인을 시험할 장을 제공한다. 최종 디자인은 다시 한 번 최초 실험 방법과 동일한 방법으로 참여자들에게 시험될 것이며, 인터뷰는 원본과 동일한 방식으로 분석되고 시각화될 것이다. 이것은 상호작용 경험의 서사성이 증가했는지를 실험할 수 있는 좋은 장을 제공할 것이다.

프로젝트의 최종 목표는 서사적 경험을 더욱 발전시키는 디자인을 생성하는 과정에서 실험할 수 있는 방법들을 디자이너에게 제공하는 것이다. 이것은 다른 디자인 방법이나 초점과 대조되는 것도 아니며, 사용자를 공감하기 위한 시나리오와 같이 디자인 과정에서 서사를 사용하는 다른 방법들에 반하는 것도 아니다. 대신에, 이러한 방법들은 제품 경험 디자인에 대한 이해를 높이고자 각기 다른 방식에 이를 적용함으로써 디자이너들을 지도하기 위한 것이다.

6장
경험의 중심지: 현대 박물관의 사물과 상호작용

자비에 애커린*Xavier Acarin*
바버라 애덤스*Barbara Adams*

지난 20년 동안 예술적인 행위는 확장되어 참여적이고, 지역사회를 기반으로 하고, 사회참여적인 것들을 포함했다. 박물관 안팎에서 예술가들은 상황과 경험이 재연되고, 대중과 함께 살아 숨 쉬도록 감독, 기획, 디자인하는 역할을 발전시켜 왔다.

일부 프로젝트는 특정 집단의 사람들을 대상으로 한다. 어떤 프로젝트들은 기관에서 위험에 처한 사람들을 위해 계획된다. 이러한 관행을 강조하는 서사는 포스트미니멀리즘(post-minimalism)으로 이어지며, 상황주의, 지역주의, 그리고 제도 비판을 통해 '관계의 미학(Relational Aesthetics)'으로 이어질 수 있다. 참여, 상호작용, 관여, 그리고 지배는 종종 현대사회의 생활 조건에 대한 비판을 통해 이러한 작업을 성문화한다.

우리는 이를 2002년도 도쿠멘타(Documenta: 독일 카셀시에서 1955년에 시작된 국제 미술전. 1960년 제2회전을 열고 이후 4년마다 개최함-옮긴이)에서 토마스 허쉬호른(Thomas Hirschhorn)의 〈바타유 모뉴멘트(Bataille Monument)〉와 같은 프로젝트나 터키 지역사회에 관여하고자 한 카셀(Kassel)의 참여 프로젝트, 혹은 허리케인 카트리나가 휩쓸고 간 이후에 출간된 폴 챈(Paul Chan)의 《뉴올리언스에서 고도를 기다리기(Waiting for Godot in New Orleans)》같은 책에서 분명히 확인할 수 있다. 이러한 프로젝트에는 제도화된 구조를 넘어서는 지역사회에 대한 헌신이 존재한다.

박물관은 집단 정체성, 기억, 그리고 상상력의 구축에 기여하는 독특한 기관이다. 박물관은 현재의 비상사태, 불평등 및 사회적 갈등 상황에 대응하는 데 어려움을 겪고 있다. 이 장에서 우리는 우리 존재의 사회적인 영역을 나타내는 박물관 내에서의 행위를 관찰한다. 박물원의 기원에서 시작하여 박물관이 오늘날의 사회적으로 놀라운 보관소로 진화한 방식을 살펴볼 것이다. 이러한 노력은 교육학적, 정치적, 그리고 유희적 측면에서 타당성과 생존력을 확보하려는 박물관의 투쟁에 기여하는 경험의 상품화로 인해 계속되고 있다.

오늘날 박물관들이 보호한다고 주장하는 것은 역사적인 것이다. 그들은 더 이상 죽은 유물의 관리자가 아니라, 도덕적이고 문화적인 생산자로서, 자칭 사회 미학적 상상력의 공급자가 되고자 한다.

미술관이 18세기에 계몽적이고 혁명적인 절차를 거쳐 나타났고, 19세기 식민 지배와 산업화를 거치며 (재)형성되었기에, 미술관은 교육 프로그램과 연계되어왔다. 수집, 보존, 전시라는 기본적인 목적에 덧붙여 배움의 장소라는 미술관에 대한 일반적인 인식이 생겨났다. 르네상스에서 나타난 유토피아적인 충동과 함께, 더 나은 사회에 대한 탐구가 세계를 이해하고자 하는 백과사전적인 의도에 연결되었다. 프리드리히 실러(Friedrich Schiller)에서 듀이에 이르기까지, 예술(그리고 미)의 복원력은 사회적 차이를 연결하고, 문화적 다양성을 추구하고, 인간의 정신을 확장하고자 하는 도구가 되었다. 그럼에도 박물관은 또한 현대적인 서사 내에서 국가 정체성을 강화하기 위해 경제와 예술을 연결하는 선전 기계로 활용되어왔다. 이러한 관점에서 예술 기관의 확장은 1990년대 이후로는 빌바오에서 아부다비에 이르는 지역적/국제적 고급화를 달성했다. 이러한 맥락에서 이 장에서는 예술과의 경험적인 만남을 표현하는 독특한 장소로서 박물관의 형성을 살펴볼 것이다.

박물관 공간의 현대적인 사용은 바이마르공화국에서 시작되었으며, 여기서 예술가,

디자이너, 건축가, 그리고 박물관 전문가들이 박물관 방문가의 경험에 영향을 미치는 전시 디자인을 혁신했다. 이 문제를 연구한 샬럿 클롱크(Charlotte Klonk)는 박물관 전시의 근원은 상업적인 전시와 직접적으로 관련이 있어, 19세기 시장에서 20세기 박람회까지 영향을 미친다고 했다. 그러나 이러한 현대적인 공간 사용으로 박물관을 새로운 모델로 밀어 넣은 것은 바우하우스(Bauhaus) 구성원들의 혁신적인 디자인이다. 이는 하얀 벽, 유동적인 공간, 천장 조명, 그리고 외부로 열린 창문의 도입과 더불어 색다른 서사를 제시한다. 이는 관람객을 공간 생성에 참여자로 포함시키려는 의도로 오래된 전시 모델을 다시 시행한다.

하노버 주립박물관(Landesmuseum)과 로드아일랜드디자인스쿨(RISD) 미술관에서 알렉산더 도너(Alexander Dorner)는 맥락적인 재료를 수집품 전시에 포함시키는 총체적인 접근법을 개발했다. 그는 이 맥락적인 재료를 전시하는 공간을 '분위기의 방(atmosphere rooms)'이라고 불렀다. 도너는 분리된 예술과 과학을 인간 창의성의 장소인 박물관에서 다시 화해시킬 수 있다고 믿었다.

새로운 미술 기관은 여태까지처럼 단순한 미술관일 수 없으며, 아예 미술관이 아닐 수도 있다. 새로운 미술관은 새로운 에너지를 생산하는 발전소와 더 비슷하다.

도너는 과거와 현재를 함께 묶어 현재가 어떻게 과거의 결과인지를 보여주고, '인류의 정신적인 역사'를 보여줄 수 있는 새로운 종류의 기관으로서 '살아 있는 박물관(Living Museum)'을 상상했다. 기관을 보고자 하는 이런 방식은 그가 하노버 주립박물관 관장으로 있던 시절(1927~1937)에 두드러지게 나타났다. 여기서 그는 '인간의 사고와 감정을 확장시키는 역사'를 보여주는 박물관의 시퀀스(sequence)의 일부로 맥락화하기 위해 수집품을 재구성했다. 도너는 박물관이 전시하는 각 기간 동안 적용할 건축 및 설치 방법을 제안했다. 이러한 '분위기 방'은 박물관을 매개체로 보고, 의미가 생성되는 해석적인 장소로 배치한다. 참여 모델에 대한 그의 믿음은, 대중을 포함시킴으로써 박물관이 사회

현실 변화에 기여하는 광장이 될 수 있다는 생각에 기반한 것이었다.

도너는 엘 리시츠키(El Lissitzky)와 라슬로 모호이너지(László Moholy-Nagy)에게 박물관의 현대적인 전시 공간을 디자인해달라고 부탁했는데, 리시츠키만이 그가 부탁한 '추상적 캐비닛(Abstract Cabinet)'을 완성할 수 있었다. 이러한 전시 공간은 참가적인 전시품 배열의 한 예였다.

움직이는 프레임이 있어서 특정 그림을 움직일 수 있었다. 조각은 구석에 있는 감싸는 거울 앞에 놓였으며 블라인드 창 아래에 진열장이 있어서 관중들이 전시품의 전체 모습을 보고자 하면 이를 돌려야 했다. …… 누구도 전시된 작품을 똑같이 보지 않았으며, 개개인의 인지는 전시에 참여한 다른 사람의 행동에 영향을 받지 않았다.

클롱크는 "상호작용적 관여가 개성과 내면성보다 더 중요한 후기 자본주의사회에서 집단적인 주제로 작용하는 것"과 비교할 수 있는, 경험의 변화에 참여시키는 초대의 중요성을 강조한다.

전체적으로, 도너의 아이디어는 작품의 본래 맥락을 떠올리도록 하는 전시 공간의 활성화를 통해 방문객이 예술품에 관여하게 하는 것이었다.

인간 지식을 위한 유토피아 공간을 개발하고자 하는 도너의 의도는 박물관 공간을 미셸 푸코(Michel Foucault)가 정의한 바와 같이 헤테로토피아(Heterotopia: 푸코가 제안한 유토피아의 상대적 개념으로, 현실에 존재하는 장소이면서도 모든 장소들의 바깥에 있는 반反공간을 의미함―옮긴이)로 이해하는 것에 반한다.

사물에 대한 맥락화를 통한 활성화가 도너에게는 미래를 끌어안고 그 진화를 이해하는 방법이었다. 푸코에게 박물관이 "모든 시대, 모든 사건, 모든 형태, 모든 취향을 포함해야 한다는 것은, 그 자체로 시간 바깥에 있는 접근할 수 없는 아이디어였다." 이는 현대 프로젝트의 일부로, 제2차 세계대전이 끝난 후 완료되었다.

뉴욕현대미술관(MoMA)의 앨프리드 H. 바(Alfred H. Barr)의 작업을 통해 '하얀 큐브'와 개별적인 예술 경험이 현대 미술관의 지배적인 모델이 되었다. 바는 여행하면서 1920년대 독일의 박물관 전시 실험을 알게 되었으며, 유럽의 전위예술 작품 전시회를 여러 차례 열었고, 미국의 20세기 예술에서 당연한 것으로 받아들여진 서사를 만들어냈다. 1936년도 전시인 〈큐비즘과 추상 예술(Cubism and Abstract Art)〉을 통해 바는 자신의 아이디어를 마침내 실현했다. 이 전시회는 "분위기를 생성하기보다는 교훈적이었다". 그리고 바의 프로그램의 목적은 실제 순간과 상호관계를 구축하는 예술의 시각을 생성하는 것이었다. 바의 프로그램은 도너의 것과 완전히 달랐고, 이들은 예술을 극단적으로 다르게 생성했다. 도너가 관람객을 참여 행위에 참여시킨 것과 달리, 바의 개인적인 경험은 예술을 이해하고 자체적인 논리에 함축된 가치를 이해할 수 있게 했다. 이러한 모델들은 1938년에 허버트 바이어(Herbert Bayer)가 기획한 바우하우스 1919~1928 전시에 MoMA의 관객들이 입장했을 때 충돌했다. 바의 모델에 익숙한 관객들은 그들의 관람 습관을 방해하는 전시를 마주했다. 40년이 지난 이후에 브라이언 오도허티(Brian O'Doherty)는 흰색 큐브가 전시의 시장 모델(market model)임을 인지했으며, "벽이 미적/상업적 가치가 삼투압을 통해 교환되는 막이 됨"을 인지했다. 흰색 큐브는 외부로부터 분리된 경험을 창조하는 분리된 캡슐로 구성되어 있으며, 성역이나 영묘(靈廟)라는 박물관의 정형에 명확하게 연결되었다. 흰색 큐브는 바와 MoMA의 성공으로 확장된 현대미술의 특정 이념에 대응하는 우수한 예술 전시 공간이다.

흰색 큐브 이데올로기가 MoMA에서 발전하는 동안, 전시를 예술가의 의도와 직접적인 관계가 있는 환경으로 이해하는 또 다른 종류의 경험이 다른 곳에서 생성되었다. 1938년도 파리의 예술 갤러리에서 열린 〈초현실주의 국제 전람회(Exposition Internationale du Surréalisme)〉와 1942년도 뉴욕의 화이트로 레이드 맨션(Whitelaw Reid Mansion)에서 열린 전시 〈초현실주의의 첫 번째 논문(First Papers of Surrealism)〉은 마르셀 뒤샹(Marcel Duchamp)이 조직하여 방문객들을 초현실주의 공간에 들어오게 했다. 유사한 방식으로, 세드릭 프라이스(Cedric Price)와 조앤 리틀우드(Joan Littlewood)가 1960년도에 진행한 프로젝트인 〈재미있는 왕궁(Fun Palace)〉은 사람들과 그들의 행동이 효과적으로 박물관 공간을 만들어내는, 침투성 기관으로 박물관을 제시했다. 프라이스는 끊임없이 움직이는 실험실을 상상했는데, 열린 건축은 공간을 변동할 수 있게 하고 방문객들에게 무언가를 창조할 기회를 주었다.

이 장소를 위해 디자인된 활동은 실험적이어야 하며, 장소 자체가 확장과 변동이 가능해야 한다. 반면에 공간과 사물의 조직은 참가자들의 정신과 육체적인 특성을 바꿔야 하며, 시간과 공간을 몰입 가능하게 해 능동적/활동적인 쾌락을 자극한다.

한스 벨팅(Hans Belting)은 박물관을 '시간의 섬', '진보를 위해 남겨진 것들을 위한 장소'라고 정의했다. 벨팅의 말에 따르면 박물관은 사물, 장소, 그리고 사람들과의 만남이다. 우리 사회에서 점점 더 증가하고 있는 가상의 삶은 종종 다른 형태(예를 들면, 일시적, 중화된 혹은 분리된)의 경험을 제시한다. 그리고 박물관은 벨팅이 주장하듯이 직접적이고 형체가 있는 만남과 상호작용을 촉진하고 가치 있게 여기는 마지막 장소 중 하나다.

벨팅은 시간을 경험하는 박물관이, 푸코가 시간을 만들어내는 공간이라고 정의한 헤테로토피아가 아니라고 이해한다. 오히려 벨팅에게 박물관은 "오늘날 세계의 장소에 대한 정체성과 인지를 구성하고 촉진하는 오토피아(autotopia)"이다. 이 모델에서, 가상의 세계에서도 우리는 현실에 묶여 있다. 게다가 박물관은 세계에서의 활동과 존재를 위한 도구로 여겨진다. 사물, 공간, 그리고 사람들을 경험함으로써 인간으로서 우리의 역량이 드러남에 따라, 박물관은 "오늘날의 전자 네트워크로 인해 실제 장소 또는 시간에 저항하는 장소가 입는 손실"에 대한 보상이라 표현된다.

이 모델은 박물관을 활발한 참여가 특징인 민주적인 공간의 의미 있는 중심지로 이해한다. 세계적이고 지역적인 문제들이 논의되고 토론되는 토론장으로서 박물관이라는 개념은 우리에게 현재 상황을 재고할 가능성을 부여한다. 상탈 무페(Chantal Mouffe)가 다음과 같이 주장하듯이 말이다.

박물관과 미술 기관들은 신자유주의에 대한 급진적인 민주적 대안을 다시 한 번 상상하고 촉진할 수 있는, 참여에 개방된 새로운 공공장소의 확산에 결정적인 기여를 할 수 있다.

샌포드 퀸터(Sanford Kwinter)는 디자인의 관점에서 무페의 통찰을 나타낸다.

주요한 새 박물관이 건축될 뿐만 아니라 새롭게 생각될 때, 그리고 의식적으로 철학적인 관점에서 미래에 사람들이 그들이 만드는 것에 대해 스스로 다룬다면, 중대한 정치적 기회가 왔다는 것을 깨달아야 한다. …… 중요한 것은 한 사회가 그 사회의 배우들이 예술을 계속하도록 허용하는 관계이다.

방문객들의 경험을 디자인하고 평가하는 기법은 진화하여 미리 디자인된 플로우 맵(flow map, 흐름도)과 설문조사 결과에 따라 피드백을 통합하고 적응하는 데이터 수집 형태로 바뀌었다. 예를 들어, 이모션(eMotion)은 센서가 달린 장갑을 사용하는 계획인데, 이 센서는 개인이 예술 작품 앞에서 보내는 시간, 심장박동 수, 그리고 피부의 변화를 감지할 수 있다. 이모션은 방문객들이 별다른 지식이 없어도 예술 작품에 매료되는 방식을 보여주는 것을 목표로 한다. 여태까지 이모션 연구는 조각과 그림만을 대상으로 했다. 이를 설치 및 공연으로 확장하면 관객이 참여하는 작품에 응답하는 방식에 대해 더 많은 것들을 알 수 있을 것이다.

박물관에서의 경험을 이해하는 것은 박물관을 찾아오는 사람들의 수를 늘리고 박물관의 매력을 끌어올리고 싶어 하는 박물관 관계자들뿐만 아니라, 생리적인 반응을 이해하는 것에 관심이 있는 사람들과 사회 연구자들의 관심도 끌었다. 이러한 연구에서는 "증가된 지식과 변화된 태도 혹은 향상된 사회기술과 같은 다양한 결과를 초래하는 상호작용적인 경험"을 고려한다. 개인적, 물리적, 그리고 사회적인 맥락은 존 팔크(John Falk)의 '상호작용적 경험 모델'에서 합쳐져 다음과 같은 박물관 방문객들의 유형을 결정한다. 호기심에 이끌려 자신의 지식을 더하고자 하는 사람들, 다른 사람들이 학습하고 경험하도록 하기 위해 방문하는 사람들, 박물관 콘텐츠와 관련된 취미를 가진 사람들, 분위기에 몰입하기 위해 방문하는 사람들, 사색적이거나 정신적인 경험을 통해 재충전하고자 하는 사람들. 박물관 관계자들은 점점 더 다양한 방문객들을 끌어들이고자 하며, 그 과정에서 박물관이 문화적으로 실행 가능한 상태를 유지할 수 있도록 소비자들에게 자극적이고 참신한 경험을 제공하는 경험경제의 통찰력을 이용한다.

방문객들은 옷을 벗고 체온 온도의 식염수 풀장에서 떠다닌다. 예술가는 방문객의 앞에 앉아 사색적인 만남을 나누며 조용히 쳐다본다. 방문객들은 박물관 내부를 돌아다니며 진행 주제에 대해 '해석자'와 대화를 나눈다. 방문객들이 성관계를 가질 수 있는 박물관에서 예술가가 클럽을 구성한다. 이들은 참가자와 상호작용하는 박물관을 통해 예술을 받아들이는 조건을 확장한 최근 예시이다. 지난 10년 동안 예술의 비물질화는 예술 행위의 경험적 본질을 증가시켜 왔다. 사물은 더 이상 예술 생산의 중심이 아니며 도구 혹은 가구 같은 경험을 촉진하는 의식의 대상이 되었다. 사물의 중요성이 감소함에 따라, 갤러리는 매료되고, 활성화되고, 현실화되는 신체를 위한 공간이 된다. 예술 작품의 대상, 가시적인 조건, 그리고 상품으로서 그 상태를 변화시킴으로써, 경험을 기반으로 한 작품은 사물을 대상으로 변경시켜 왔다.

개인은 예술가들이 생각하는 작품의 조건을 재정의한 행위와 작업 기법의 계보를 추적할 수 있으며, 작가로서 이들의 위치, 그리고 예술과 청중의 관계를 보고자 한다. 예술적인 행위가 갤러리와 박물관의 한도를 넘으면 박물관은 더 큰 움직임을 수용하고 촉진하는 방식을 찾는다. 박물관 갤러리는 조작하고, 변경하고, 섬기는 공간이 된다.

우리는 이 계보와 관련하여 다음의 사례를 제시한다. 마리나 아브라모비치, 티노 세갈, 카르스텐 휠러, 그리고 크리스토프 뷔첼의 작업은 우리가 예술 작품을 어떻게 받아들이고, 연관 짓고, 인지하는지를 보여준다. 이들 작품에서는 방문객이 공연을 하고 방문객의 참여 없이는 어떤 예술 작품도 없다. 이러한 예술을 '하는' 방식의 변화는, 현대 예술 행위와 담론의 특정 궤적을 이끌어낼 뿐 아니라, 박물관 공간의 사용과 조작을 포함한다.

박물관들은 역사적으로 공통 유산을 대표하는 물건들을 제시함으로써 지역사회의 정체성 형성에 영향을 끼쳐왔다. 박물관 내 물건은 그 성질이 변해가고 원래 맥락을 상실해가는데, 도너가 우려한 바와 같이 비물질적 예술에서 일어나는 것과 비슷한 과정을 따른다. 이러한 작품의 보존과 전시는 원래 맥락의 상실로 인해 영향을 받을 것이고 각각의 개조물은 새로운 작품이 될 것이며, 완전히 새로운 반응을 야기해 다른 관계의 가능성을 확장시킬 것이다. 솔 르윗(Sol LeWitt)이 말했듯이, "성공적인 예술은 우리의 인지를 변형시켜 전통의 이해를 변경시킨다". 작품을 받아들이는 것에서 비물질화는 경험의 공간에 우리를 놓으며, 여기서 모든 방문객들은 예술 작품과 다른 관계를 맺는다. 만약 아브라모비치 앞에서 우는 사람들이 있다면, 그녀는 본인이 이 의식 여행에서 참가자들을 안내하는 무당인 거울 역할을 했기 때문이라고 말할 것이다. 아브라모비치의 행위 예술 〈예술가가 여기 있다(The Artist is Present)〉(2010)는 벌거벗은 사람부터 토하는 사람, 그리고 아브라모비치를 흉내 내는 사람들에 이르기까지 수많은 반응을 이끌어냈다.

세갈의 〈이 진보(This Process)〉(2010)는 뉴욕의 구겐하임미술관의 프랭크 로이드 라이트(Frank Lloyd Wright)가 디자인한 경사로(ramp)를 훈련된 공연가들과 전시에 방문한 사람들 사이의 대화로 활성화되는 유기적인 움직임을 구성하는 데 이용했다. 세갈은 참가자들이 기억하는 것이 아닌 다른 형태로 작품을 기록하는 것을 금지했지만, 수많은 방문객들은 몰래 기록을 해서 이러한 지시 사항을 어겼다. 도로테아 폰 한텔만(Dorothea von Hantelmann)은 "이러한 표현(모방, 따라 하기, 그리고 제한)은 재료 물체의 영구성과 이미지를 통한 기록과는 대조적으로 세갈에게 관심을 갖게 한다"고 주장한다. 세갈이 언론 배포, 카탈로그, 어떤 종류의 계약이나 보존 가이드를 허가하지 않기 때문에 그것들은 '기록된 사건'에서 '기록한 사건'으로 이동한다. 이는 참여를 통한 기록의 민주화로 비칠 수 있다.

휠러와 뷔첼의 설치 작품은 이들이 경험을 위한 공간 또는 맥락을 구축한 측면에서 이전의 연구 사례와 차별화될 수 있다. 그렇지만 이들은 그 작품이 의도한 바를 얼마나 잘 수행했는지에 대해서는 책임을 지지 않는다. 휠러의 작품 〈자이언트 사이코 탱크

(Giant Psycho Tank)〉(1999)에서는 방문객들의 몸이 식염수 수영장 안에서 함께 회전한다. 참가자들은 이러한 경험을 공유하길 원했다. 2011년에 뉴뮤지엄(New Museum)에서 2주 동안 전시회가 열린 후, 뉴욕 보건부는 수영장에 한 번에 한 명씩만 접근할 수 있도록 제한했다. 이러한 결과는 계획한 것은 아니지만, 우리 시대의 특징인 더 큰 사회적인 공포와 관료주의적인 조직을 표현했다.

뷔첼의 작업인 〈요소 6(Element 6)〉(2010)은 사교 클럽의 일반적인 규정에 따라 클럽 내에서 방문객들이 성관계를 가질 수 있게 했다. 예술가는 이러한 측면에서는 복제품(물건)의 제작자일 뿐 아니라 비물질화된(비물질) 경험의 제작자다. 다시 말하지만, 결과는 신체에서 나타나는 상호작용으로 결정된다. 이 작품은 관음증부터 여러 가지 다른 효과를 내는 유혹 행위에 이르기까지 다양한 경험이 벌어지는 플랫폼을 형성한다.

이러한 전시를 통해 생성된 경험은 박물관 방문자가 차지하는 전통적인 역할과 다른 역할을 표현한다. 이 작업은 방문객들을 활성화하고 작품 생산에 이들을 포함하고자 한다. 이러한 맥락에서 박물관은 행위, 중재, 그리고 사회적 상호작용을 위한 장소가 된다. 질 들뢰즈(Gilles Deleuze)는 에세이 〈중재자(Mediator)〉에서 창작 과정에는 중재자가 필요하다고 강조한다.

나는 나 자신을 표현하기 위해 중재자가 필요하고, 이들은 나 없이는 자기 자신을 표현하지 않는다. 개인은 항상 혼자 행동하는 것처럼 보여도 그룹으로 작업하고 있다.

여기서 제시한 작품들은 예술가가 제시한 경험을 완성하기 위한 중재자로서 청중의 참여를 필요로 한다. 이러한 경험을 통해 방문객은 참여를 통해 예술품을 생성하는 과정에서 박물관을 다시 형성한다. 게다가 경험을 구분하기 위해 시간을 사용하는 것은 우리의 빠른 삶의 리듬과 대비된다. 박물관은 실험실로서 소비자 행동이 아니라 실험적인 행위를 촉진할 때 성공한다. 산업화 이전의 형성적 기관으로서 박물관의 의례에서부터 산업화 기관의 소비주의에 이르기까지, 무형 경제의 박물관은 경험을 생성하기 위한 실험실로 다시 구성된다.

　지금은 박물관들이 디자이너, 예술 생산자, 그리고 다양한 대중과 협력하여 박물관의 경험적인 특성을 재고하기에 좋은 시기다. 오늘날의 박물관은 상품 문화가 제공하는 경험을 뛰어넘는 유의미한 방식으로 공공 서비스를 제공하고자 노력한다. 디자인 분야에서도 디자이너가 '상품보다는 능력'을 검토함에 따라 유사한 우려가 제기되고 있다. 행위와 전문성을 공유하는 협력적인 잠재력이 있기 때문에 박물관은 경험의 중심지가 될 수 있는 것이다.

7장
공간, 경험, 정체성, 그리고 의미

피터 벤츠 *Peter Benz*

독일의 건축 이론가인 에두아르트 퓌러는 마가레테 슈테리호츠키(Margarete Schütte-Lihotzky)가 디자인한 〈프랑크프루트 부엌(Frankfurter Küche)〉의 '경험적 품질'(비록 저자가 이 용어를 사용한 것은 아니지만)에 대한 에세이인 《프랑크푸르트 부엌과 스파게티 카르보나라(Frankfurter Küche' und Spaghetti Carbonara)》(2006)를 쓴 바 있다. 이 에세이의 주된 논지로 이끄는 〈편견(Prejudices)〉이라는 글에서, 퓌러는 건축물에 대한 건축가의 디자인 의도와 대중에 의한 공간 경험 간의 주된 갈등을 묘사한다.

건축(담론)에서는 제작과 사용, 그리고 생활과 건축을 흔히 구분한다. 먼저 (건축물을) 짓고, 그런 다음 (그 건축물에) 거주한다. 건축물은 예술가임이 분명한 건축가가 짓는다. 창조적인 행위를 통해 그는 무언가를 현실로 가져오며, 과거에는 존재하지 않았던 작품을 동일한 형태로 구성한다. 주민들은 건축물이 완공된 이후에 그 건축물에 거주한다. 주민들은 예술가와는 정반대다. 이들은 창의적이지 않다. 주민들은 그 무엇도 만들어내지 못하며, 그저 받아들일 뿐이다. 주민들은 심지어 '반(反)예술가'들이며, 그 무엇도 현실에 가져오지 못하며, 그저 사용함으로써 소비할 뿐이다. …… 예술 이론의 관점에서, 건축된 예술품을 사용하는 것, 달리 말해 거주하는 것은, 작품을 수용하고 분석하는 부적절한 방법일 뿐만 아니라, 수용과 분석을 가로막는다. 이 건축물에 거주함으로써, 건축은 더 이상 건축된 예술품으로 인식되지 않으며, 그저 건축물로서, 일상적인 구조와 구현의 도구로서 받아들여진다. 이런저런 우려는 주민들이 진정 예술적으로 받아들이는 여가 혹은 적절한 (필연적으로 감정을 드러내지 않고, 거리를 두는) 태도를 가질 수 없도록 한다. 일상은 예술적일 수 없고, 이것이 바로 예술이 일상에서 벗어난 이후에야, 삶의 외부에서부터 지각될 수 있는 이유다.

퓌러는 예상치 못한 익살스러운 비유로 글을 마무리 짓는다.

축구 경기가 경기장과 관련 있는 것과 마찬가지로 건축물의 사용은 건축과 관련 있다.
　건축은 항상 오직 한 판뿐인 경기다. 특정한 경기는 반복될 수 없다. 동일한 장소에서 동일한 선수들과 심판을 거느리고 똑같은 상대방들에 맞서서 경기를 치를 수는 있다. 동일한 팀이 똑같은 팀원들로 이전과 같은 방식으로 경기를 치를 수는 있지만, 사실상 모든 경기는 새로운 경기다. 각 게임은 구체적이며 단일적이다. 모든 경기는 시간이 지나면서 발전하고, 경기장의 공간 내에서 이루어진다. 경기는 신체의 참여에 대한 것이며, 구체적인 서술의 배치에 대한 것이다. 축구 경기에서, 선수들은 경기장에서 상호작용하고, 협력하며, 경쟁한다.

이렇게 퓌러는 일상에서 있는 그대로의 사실을 받아들임으로써 문제를 해결한다. 건축가나 다른 공간 디자이너들은 공간 구성을 결정할 수 있으며, 이 공간 구성을 통해 사용을 위한 특정한 규칙이나 가이드라인을 제시할 수도 있다. 하지만 공간에 목적을 부여하고, 목적을 통해 (계속해서 변화하는) 정체성을 부여하는 작업은 입주자의 몫이다.
　일반적인 경험으로 봤을 때, 퓌러의 주장이 완전히 틀린 것은 아님을 알 수 있다. 하지만 퓌러의 주장을 그대로 받아들인다면, 건축된 환경에 입주하는 사람들을 위해 특정한 공간 경험을 결정하려는 모든 시도는 실패할 수밖에 없는 운명이기에, 공간적 상황과 건물을 디자인하는 사람들에게 중대한 문제를 남긴다. 심지어 목표 대상이 특정한 사람 한 명으로 국한되더라도, 그 사람은 공간을 사용할 때마다 예측할 수 없는 결과물로 '새로운 경기'를 시작하게 만들 것이다.

이것은 새로운 깨달음이 아니다. 예를 들어, 비슷한 문제가 1900년에 나온 아돌프 루스(Adolf Loos)의 비판적 에세이 〈불쌍하고 작은 부자(The Poor Little Rich Man)〉에서 기술되었다. 이 에세이는 당대 최고의 건축가가 완벽에 가깝게 예술적인 균형을 맞추어 건축한 주택을 보유한 부유한 남자에 대한 이야기를 담고 있다.

부유한 남성은 매우 기뻐했다. 매우 기뻐하며 그는 새로운 방들을 통과해 걸어갔다. 그가 눈길을 주는 모든 것이 예술이었다. 모든 곳에 예술이 깃들어 있었다. 그가 문손잡이를 잡았을 때 바로 예술을 잡았다. 그가 안락의자에 몸을 기대었을 때, 그는 바로 예술에 몸을 기대었다. 그가 베개에 얼굴을 파묻었을 때, 그는 예술에 얼굴을 파묻었다. 그가 카펫을 발로 밟았을 때, 그는 예술에 발을 담는 것이었다. ……

건축가는 아무것도 잊지 않았다. 아무것도. 재떨이, 날붙이, 조명 스위치—모든 것은 그가 만들었다. ……

하지만, 그(부유한 남자)가 가능한 한 집에서 적게 머무르기를 선호한다는 것은 비밀이 되어서는 안 되었다. 결국엔, 조금 휴식을 취하고 싶어 하며, 막대한 양의 예술에서 휴식을 취하고 싶어 할 것이다.

결국, 이 모든 경험은 이 부유한 남성이 생일을 맞이하고, 그의 가족들에게 막대한 양의 선물을 받았을 때 악화되어버린다.

건축가의 얼굴은 불쾌함으로 가득하게 되었다. 그리고 그는 폭발했다, "어떻게 선물을 받을 수 있습니까? 그 무엇도 더 필요하지 않다고요. 당신은 완벽해요! ……."

그리고 이 부유한 남성에게 변화가 일어났다. 이 행복한 남자는 불행만을 느끼기 시작했다.

이 이야기에서, 주택에 대한 건축가의 (경험상의) 디자인 의도는 주택 주민의 일상적인 삶과 갈등을 빚기 시작한다. 건축가는 풍부한 감각적 경험을 제공하지만, 위에서 나온 부유한 남성의 단순한 개인적인 징표조차 부정하며, 공간 디자인 전체를 무의미하게 만들어버린다. 주민이 건축된 경험의 (우수한) 예술적인 특성을 누릴 수 없게끔 할 뿐만 아니라, 주민이 일상적인 삶을 추구하는 것을 방해하기까지 한다.

물론, 앞에서 나온 두 예시 모두 공간의 특정한 사용(그 공간 안에서 거주하는 것)만을 언급한다. "즉 두 예시들은 모두 거주용 공간과 연관되어 있다. 특정한 사람/가족의 거주지가 항상 주민의 정체성을 드러낼 것이며, 눈에 띄게 '그들의 집'이 된다는 것에는 선뜻 동의할 수 있을 것이다. 단지 '누군가가 사는 공간'과 건축가가 디자인한 의도는 차이가 있겠지만 말이다. 이러한 차이는 단지 루스의 이야기에서 부유한 남자가 하고 싶어 했던 것처럼 선물을 놓거나 가족사진을 걸거나 개인적인 장식품을 전시해놓는다고 생기는 것이 아니며, 더욱 추상적인 용어로 요약할 수 있다. 거주 공간은 우아할 수도 있고, 편안할 수도 있고, 어수선할 수도 있고, 지저분할 수도 있으며, 느긋할 수도 있다.

이 공간 적응 과정은 일반적으로 거주자(들)을 위해 의미를 발달시키는 적절한 '주택'으로 보통 귀결된다. 즉 주민들은 공간과 감정적인 관계를 발달시키며, 공간에 대한 감정을 공간 자체와 동일시하기 시작한다. 이것이 바로 브랜드 정체성(아이덴티티)을 만들려는 수많은 시도의 핵심 목적이다.

예를 들어, 인터콘티넨털 호텔 그룹(IHG)은 대략 100여 개국에서 다양한 브랜드(그중 가장 중요한 브랜드는 인터콘티넨털, 크라운플라자, 홀리데이인, 그리고 홀리데이인익스프레스다)아래 4,500개 이상의 호텔을 운영하는 영국계 다국적기업이다. 대다수 IHG 호텔들은 프랜차이즈 계약하에 운영되며, IGH는 모든 'IGH'의 호텔들에게 '정체성'과 함께 명칭/브랜드, 가이드라인과 IHG의 정체성을 표현하고 실현하기 위한 경영 지원을 제공하지만, 호텔을 소유하는 것은 아니다.

전 세계적인 도시 중 하나인 홍콩엔 총 9개의 IHG 호텔이 있으며, 다음 주요 브랜드 호텔이 모두 들어서 있다. 인터콘티스 두 채, 크라운플라자 두 채, 홀리데이인 한 채, 그리고 홀리데이인익스프레스 세 채가 있다. 매우 협소하고 경계가 뚜렷하게 구분되는 지역에 같은 그룹에 속한 호텔들이 다수 위치해 있기에, 각 브랜드의 정체성을 명확하게 표현하는 것이 매우 중요해진다. 만일 IHG가 필요로 하지 않는다고 하더라도, IHG의 프랜차이즈 파트너들에게는 필요하다. 브랜드 정체성이 차이가 없다면, 그러니까 (거의 말 그대로) 길 건너편에 있는 홀리데이인골든마일이 더 낮은 가격에 유사한 경험을 제공한다면, 왜 방문객이 인터콘티넨털홍콩에서 머무르겠는가?

IGH는 이전(2007년)부터 이 사안을 인지하고 있었으며, 2년 동안 특정 브랜드의 정체성을 명시하고 현장에서 이 정체성을 시현/구현하기 위한 가이드라인을 개발하는 등 모든 브랜드를 전 세계적으로 통합하여 재출범했다. 이 가이드라인들은 기업 정체성을 나타내는 수많은 일반적인 사안(그래픽 표시 등)들을 정의했을 뿐만 아니라 시설, 장비, 서비스, 그리고 특정한 공간 경험과 같은 세부 사항에 깊이 접근하기도 했다.

모든 호텔의 핵심 사업은 방문객에게 개인적인 거주 공간을 일시적으로 대여하는 것이다. 이 공간(객실)이 방문객에게 제공하는 경험은 호텔 경영에서 최고의 관심사가 되어야만 한다. 요금이 다양한 여러 브랜드를 갖춘 IHG의 경우엔, 공간 경험에서 (브랜드/호텔) 정체성을 표현하는 것을 가장 많이 고려해야 했다. 다시 말해, 홀리데이인골든마일이 제공하는 객실이 더 저렴하거나 거의 동일한 조건일 때 왜 방문객이 인터콘티넨털홍콩이 제공하는 객실에서 숙박을 해야(그리고 돈을 지불해야) 하는지 고민해야 했다.

홍콩에 위치한 IHG 호텔들이 처한 일반적인 조건(지리적 근접성, 유사한 도시 맥락, 비슷한 소유 구조와 고객들)은 각각 2012년 9월 28일과 2012년 10월 26일 인접한 곳에 새로 개장한 크라운플라자호텔과 홀리데이인익스프레스가 위치한 청콴오 교외 지역에서 최대 고민거리가 되었다. 이 두 호텔은 말 그대로 동일한 진입로를 사용했다. 두 호텔 모두 같은 장소에 있고, 동일한 지주회사(선헝카이개발)가 소유하고 있으며, 동일한 건축 회사(리처즈 바스마지안)가 디자인했고, IHG에서 다소 이례적인 일로, 동일한 경영 팀을 보유하고 있었다. 이처럼 모든 요소들이 동일한데, 방문객이 크라운플라자에서 돈을 더 지불하게 만드는 차이점을 무엇이 만들어낼까?

IHG의 경영진은 차이점이 바로 객실에 대한 고객의 경험을 통해 표현되는 브랜드 정체성에 있다고 주장한다. "크라운플라자는 사업차 방문한 여행객들에게 높은 수준의 편안함, 서비스, 그리고 편의시설을 제공하는 …… 고급 브랜드입니다." 크라운플라자 방문객들은 그 호텔의 상징인 "한 발 빠른 서비스"를 통해 지지되는 "성공을 위한 여행"을 하는 것일 것이며, 이는 방문객이 "여행 도중 효율성을 느끼게 하며, 성취감과 원기를 다시 회복하는 느낌을 받도록" 한다.

대신, 홀리데이인익스프레스는 "겸손하고, 야망이 있으며, 독립적이며, 사교적인 사람들", 혹은 브랜드가 주장하듯이 "일상의 영웅"을 고객으로 보유한 "편안함, 편리함, 그리고 좋은 가치를 제공하는 상쾌하고, 깨끗하며, 복잡하지 않은 호텔"이다.

각 일반 브랜드 가이드라인은 각 객실의 공간 경험을 다른 사항들 사이에 간략하게 언급한다. 예를 들어, 홀리데이인익스프레스의 가이드라인은 "방문객들은 복잡하지 않은 상쾌한 공간에서 최대한 좋은 수면 경험을 즐긴다. …… 화장실은 밝고, 상쾌하며, 최신식"이어서 "끝내주는 샤워 느낌, 충분한 공간, 그리고 흡수력이 뛰어난 타월로 상쾌한 목욕 경험"을 제공한다고 언급한다. 대신 크라운플라자 객실은 "지정된 정적 구간, 호화롭고 부드러운 잠자리, 방향 요법 및 확실한 모닝콜"을 기반으로 "크라운플라자 수면 이점(Clown Plaza Sleep Advantage)"를 제공한다고 언급한다.

실제로 회사의 출판물을 통해 홍보한 이 "특별한 경험" 이외에, IHG는 객실의 경험적 디자인에 매우 '기계적인' 접근을 취했다. IHG는 특정한 브랜드와 연관하여 생각할 수 있는 거의 모든 특징들을 표준화한 '브랜드 책'을 개발했다. 예를 들어, IHG는 각 브랜드를 위해 객실의 적정 넓이, 가구와 비품의 기준 품목, 침대 크기, TV 스크린 배율, 카펫 바닥재의 실의 밀도, 소형 냉장고 안의 품목, 그리고 방의 향기나 음악 목록과 같이 특정한 '감각적인 경험'을 세세하게 규정한다.

이러한 특정한 브랜드 표준화에도 불구하고 두 호텔이 청콴오에 지어지고 나서 첫 반년 동안, 홀리데이인익스프레스는 홍콩의 다른 IHG 호텔들과 비슷한 평균 90퍼센트가 넘는 객실 이용률을 달성했으나, 크라운플라자는 평균 75퍼센트의 객실 이용률을 보였다. 크라운플라자의 '목표 방문객'들이 홀리데이인익스프레스에 예약하는 것을 방지하고자 제공한 경험들은 명확히 구별되지도, 충분히 구체적이지도 않았다. 오늘날 소비자들은 구매를 고려할 때 특정한 경험을 전통적인 상품보다 우선순위로 둘 수 있지만 뚜렷한 경험이 확인되지 않으면, 품질이나 (IHG의 사례처럼) 가격이 구매 결정을 여전히 망설이게 한다.

IHG 브랜드 책에서 내린 다양한 정의들은 IHG 소속 호텔들을 전부 '좋은 호텔'로 만드는 정량화할 수 있는 기준들을 수립했다. 하지만 이 정의들은 특정한 경험 디자인에 다다르지는 못했다. IHG의 객실 내 경험상의 특징에 대해 질문했을 때, 청콴오의 IHG 경영진은 '베개 선택' 프로그램과 '시그니처 샤워'만을 말할 수 있었다. 이 두 가지는 모두 감각적인 경험을 촉발하기는 하지만, '경험'을 얻으려면 넘어야 하는 문지방을 넘어서게 하지는 못한다. 여기서 경험이란 감각적 지각, 인식, 감정의 복잡한 통합을 의미한다.

호텔들은 '집에서 멀리 위치한 집'이 되기 위해 노력하고(반면에 세계 곳곳에 위치한 이케아의 쇼룸을 보면 알 수 있듯이, 가정집은 점점 더 호텔 객실처럼 변해가고 있다), 그 과정에서 호텔 객실의 공간 경험은 딜레마를 제기한다. 실제로 만들어질 수 있는 공간, 경험, 그리고 정체성과 대조적으로 호텔들이 전달하려고 의도한 공간, 경험, 그리고 정체성 주위에서 전개되는 불분명하고 얼기설기 얽힌 내용, 그리고 방문객을 위해 이 모든 것에서 만들어지는 의미 말이다.

우리의 사례로 돌아와서, IHG는 건축가의 역할을 하고 있으며 (루스의 이야기에서 '예술'로 표현된) 특정한 공간적 구성을 통해 특정한 브랜드 정체성을 전달할 필요가 있다. 반면 호텔 방문객들은 이 '인상적인' 환경에서 본인의 정체성을 유지하기 위해 고군분투하는 부유한 남성이다. 객실에서 거주함으로써 방문객들은 IHG가 미리 결정한 정체성과 갈등을 겪게 되며, 더 이상 본래의 의도를 지각하지 못할 수 있으며, 결국 IHG의 노력을 무의미하게 만든다.

이러한 딜레마는 특히 자신이 예술가일 뿐만 아니라 엔지니어라고도 여기는 건축가에게서만 나타나는 특정한 심미적 관념의 결과가 아니다. 이러한 딜레마는 시각예술 전문가들에게서 일반적으로 나타난다. 아름다움이 균형, 리듬, 대비 등과 같은 디자인 원칙의 마술과 같은 상관관계를 통해 수립된 조화로운 질서의 이상적이고, 보편적으로 인식 가능한 상태라는 생각 말이다. 이처럼 주로 고정된 완벽함의 상태는 일상생활의 역동성 및 혼란스러움과 양립할 수 없으며, 반드시 퓌러가 주목한 효과로 이어져야만 한다.

퓌러는 딜레마의 해결 방안으로 오늘날의 디자인 실례 대부분이 기반을 두고 있는, 명백한 기하학적 형태와 수적 비례를 선호하는 피타고라스식 사고방식에 대한 심미적인 관념을 재고할 것을 주장하며, 섀프츠베리(Shaftesbury) 3대 백작인 앤소니 A. 쿠퍼(Anthony A. Cooper)의 18세기 초 저술에서 시작된 '실용 미학'을 추론해낸다. 《도덕주의자들(The Moralists)》(1709)에서 섀프츠베리는 더 보편적인 '이론적 미학'과 대조되는 '실용 미학'의 개념을 요약하고 있다.

질서와 균형에 대한 생각이나 감각만큼 우리의 마음속에 강하게 각인된 것도 없고, 우리의 영혼과 밀접하게 관련된 것도 없다. 이런 이유로, 모든 힘이 숫자에 있고, 예술의 관리와 사용에 기반을 둔 저 강력한 예술. 조화와 불화 간엔 어떠한 차이가 있는가! 분가와 격변은 어떠한가! 차분하고 정돈된 움직임과 통제되지 않은 우연한 일 사이의 차이는 어떠한가! 그리고 어느 고결한 건축가의 규칙적이고 균일한 덩어리와 모래나 돌무더기 간의 차이는! 그리고 유기체와 바람에 이끌리는 안개나 구름 사이의 차이는!

이러한 차이는 있는 그대로 내부 감각을 통해 즉각적으로 지각된다. 모든 것에는 질서가 있고, 디자인의 통일성이 있고, 하나로 일치하며, 전체를 구성하는 부분이거나, 자체적으로 시스템 전체이기 때문이다. 그러한 것들엔 가지들이 달린 나무가 있고, 구성원을 모두 갖춘 동물이 있으며, 외부와 내부 장식품들을 갖춘 건물이 있다. 그 밖에 무엇이 협조나 조화겠는가? 혹은 대체 무엇이 균형 잡힌 음의 특정 시스템보다 더 뛰어난 음악 작품이겠는가?

섀프츠베리 백작은 질서 개념을 심미적인 고려를 위한 근거로 수용한다. 하지만 그는 이러한 질서가 '숫자의 힘, 그리고 저 강력한 예술'을 통해 수립된다는 개념을 일축했다. 대신에, 그는 이성적인 감식을 통해 추론되지 않은 "있는 그대로 내부 감각을 통해 즉각적으로 지각"되었을 가능성이 있는 '디자인의 통일성'의 원칙을 대비시킨다. 또한 사전 교육 없이도 모든 사람들이 이러한 통일성에 접근할 수 있어야 한다고 암시하기도 한다.

샤프츠베리 백작은 어떠한 것이 '전체 시스템'을 구성하는지, 그리고 전체 시스템이 어떻게 그들의 특정한 정체성을 설정하는지 계속하여 설명을 이어갔다.

당신은 이 방대한 숲속의 나무들이 서로 다르다는 것을 알고 있다. 그리고 이 고결한 오크 나무는 숲속의 다른 평범한 나무들과는 다르다. 사방으로 뻗쳐나가는 가지들로 인해 말이다. …… 여전히 똑같은 한 그루 나무겠지. 만일 밀랍 등으로 만든 조각이 이 나무와 똑같은 형상과 색을 지녔으며, 동일한 실체를 지녔다고 …… 해보자. 이 조각이 실제 나무가 될 수 있도록 말이다. [……] 무엇이 이 나무 혹은 다른 초목과의 일치 혹은 동일함을 구성했는지에 대해 본인이 생각하는 바를 말해야 할 것이다. 혹은 밀랍 조각이나, 구름 속이나 해안가의 모래로 인해 우연히 만들어진 다른 유사한 조각들과 어떠한 차이점을 보이는지에 대해서도 마찬가지다. 나는 당신에게 말을 해야겠다. 밀랍도, 모래도, 구름도 우리의 심신에 의해 종합되지 않았으며, 자체적으로 어떤 실제적인 관계도 없었다. 혹은 이들이 뿔뿔이 흩어졌을 때 근접한 부분에서 응답하는 특성을 보이지 않았다. 하지만 나는 다음과 같이 단언해야겠다. "부분 통합이 어디에서 있었건, 우리가 여기 있는 진짜 나무에서 본 것과 같이, 하나의 공통된 목적에서 일반적인 일치가 어디에서 있었든지 간에, 형태, 자양분, 그리고 증식에 대해, 우리는 이 형태에 특유의 특성이 있었으며, 동일한 유형의 것들에게 일반적이었다고 잘못 판단할 수 없다." 이러한 이유로 우리의 나무는 진짜 나무다. 생을 영위하고, 번창하는, 유일하면서도 여전히 똑같은 나무다. 심지어 성장하거나 내용물이 바뀌더라도, 내부의 어떤 입자도 같지 않더라도 말이다.

다시 말해, 샤프츠베리 백작에 따르면, 모든 사물의 특성/정체성은 (변화의 가능성이 있는) 내용물이나 형태로 정의되지 않고, '부분의 통합'을 통해 형성된다. 이에 따라 정체성은 모든 물질적인 표현에서 분리되며, 개념적인 관계의 결과물이 된다. 부분이 모여 사물을 구성하는 것이 아니라, 바로 '생각(아이디어)'이 그들을 사물로 구성하는 것이다.

그는 여기서 다음과 같이 설명한다. "아름다운 것, 공정한 것, 그리고 어여쁜 것들은 물질적인 것이 아니었으며, 예술과 디자인에 속한 것이었다. 한 번도 신체 그 자체가 아니었으며, 형태 혹은 형태를 구성하는 힘에 속했다." 아름다운 형태가 이 사실과 디자인의 아름다움을 당신에게 고백하지 않는가? 당신에게 강한 느낌을 줄 때 말이다. 어떠한 디자인이 당신에게 강한 느낌을 주는가? 당신이 심상 혹은 심상의 영향에 감탄하는 이유는 무엇인가? 이 심상은 그 자체적으로 형태를 구성한다. 심상이 텅 비어버린 것은 모두 혐오스럽다. 그리고 형태가 없는 물질은 그 자체적으로 기형이다.

섀프츠베리 백작은 이 핵심적인 관찰 내용이 인간에게도 해당한다고 본다.

그렇기에 당신은 '너'와 '나' 안에 이상한 단순성이 있음을 느낀다. 현실에서 너와 나는 여전히 하나, 같은 존재일 것이다. 몸속의 원자 하나, 열정 혹은 생각 한 줌도 전혀 동일하게 유지할 수 없을 때조차 말이다.

다른 모든 것들처럼, 한 사람의 본질은 그의 물질적 요소를 통해 수립되는 것이 아니며, 그 혹은 그녀의 감정적인 능력 혹은 지적인 활동 하나만으로 수립되는 것도 아니다. 이들 모두의 조합을 통해서만 자신의 정체성이 수립된다. 흥미롭게도, 섀프츠베리 백작이 열거한 것처럼 신체, 열정, 그리고 생각은(오늘날 디자인 실무에서 고려되는) 감각적 지각, 감성, 그리고 인식의 3인조를 정확히 나타낸다. 이는 '경험'의 구조적인 기반을 의미한다.
18세기 후반에 이르러서, 섀프츠베리 백작의 생각은 데이비드 흄(David Hume)의 인성론으로 이어졌다. 흄은 《인성론(A Treatise of Human Nature)》에서 '인상(=지각)'과 '생각(=인식)'을 복잡한 감각적 경험을 구성하는 두 가지 주요 요소로서 소개한다.

애호가들이 훌륭하거나 이상하거나 아름다운 모든 것을 기쁨으로 받아들이고 여전히 더 만족해하는 것처럼, 완벽함은 같은 대상에서 발견되기 때문에 다른 감각의 도움으로 새로운 만족을 얻을 수 있다. 그러므로 새의 노래나 폭포 같은 지속적인 소리는 듣고 있는 이에게 매순간 영감을 주고, 그 사람을 그 사람 앞에 놓인 장소의 여러 아름다움에 더 집중하게 만든다. 그러므로 만약 냄새나 향수가 섞여 있다면, 그것들은 상상하는 즐거움을 높여주고 심지어 조경의 색과 신선함을 더 기분 좋게 보이게 하고, 두 감각의 아이디어가 상호작용하기 때문에 각 감각이 분리되어 느껴지는 것보다 같이 느껴지는 것이 더 기분 좋게 한다. 그림에서 서로 다른 색상들이 어울리게 떨어져 배치되어 있을 때, 그 색들의 위치상 이점으로 인해 추가적인 아름다움을 얻는다. 이러한 현상에서 우리는 그들이 서로를 빌려주는 상호작용과 같은 생각과 인상의 연관성에 대해 언급할 수 있다.

머지않아 윌리엄 호가스(William Hogarth)는《미의 분석(Analysis of Beauty)》(1909 [1751]) 에서 미(그리고 미의 정체성)를 부분의 복잡한 관계로서 정의한다. 그리고 그는 관찰한 내용을 다음과 같이 요약한다.

조선술에서, 모든 부분의 크기는 얼마나 항해하기 적합하느냐에 따라 국한되고 제약된다. 배가 원활하게 항해할 땐 선원들은 배를 '미녀'라고 부른다. 두 가지 생각은 이러한 연결성을 보인다!

호가스는 아름다움을 각 부분의 현대적 '기능성'과 전체적 기능성에 대한 부분적 기여의 측면에서 정의한다.

필요성은 우리를 물질을 다양한 형태로 빗고, 병, 안경, 칼, 그릇 등과 같은 특정한 용도에 맞는 크기로 만들라고 가르쳐왔다. 공격적인 행위가 칼의 형태를 만들지 않았는가? 그리고 방어가 방패의 형태를 만들지 않았는가?

대체 부분의 적절한 조합이 아닌 어떠한 것이 총들의 다양한 크기를 정할 수 있겠는가? 이러한 것은 총의 각기 다른 특성이라고 불릴 수 있을 것이다. 사람들의 저마다 다른 형태가 인간의 특성이라고 불리는 것처럼 말이다.

19세기에, '실용 미학'에 대한 생각과 개념들은 독일 건축가인 고트프리트 젬퍼 (Gottfried Semper)와 1860년대 초에 쓴 그의 저서《기술 및 구성 예술의 스타일 또는 실용 미학(Style in Technical and Tectonic Arts or Practical Aesthetics)》을 통해 건축 실무로 전환되었다. 1848년 독일혁명에 가담하려다 실패한 이후 도망쳐 런던에서 생활하던 도중에, 이미 그는 그의 친구인 하인리히 휩슈(Heinrich Hübsch)에게 보내는 편지에서 호가스를 달리 표현했다.

나는 48세에 이 모든 것을 했음에도, 그것이 나를 평생토록 괴롭힌다. 내가 만들어낸 단 하나의 장애물 말이다. 실용적이었기에 끈질기게 견뎌낸다. 그리고 실용적이었기에 아름다웠다.

이 간략한 역사적인 여행으로부터 다음과 같은 내용을 이 사례의 목적으로 추출해낼 수 있다.

- 정체성은 특정하고 의도적인 부분들의 관계를 통해 구성된다.
- 경험은 지각적이고, 인지적이며, 감성적인 요소들의 구성물이다.
- 정체성은 (공간적) 디자인의 맥락에서 디자인의 실제적인 기능성을 통해 경험된다.
- 정체성은 경험될 때 실시간으로 해석되는 동적인 경험상의 '제품'으로 이해할 수 있다.

핀란드의 건축가이자 사상가인 유하니 팔라스마는 에세이 〈감정의 기하학(Geometry of Feeling)〉에서 현상학적인 '심상적 건축'의 이념을 발달시키면서 유사한 깨달음을 얻었다.

예술 작품의 예술적 차원은 실제로 존재하는 물리적 사물에 있지 않다. 오로지 그 사물을 경험하는 사람의 의식 속에서만 존재한다. 예술 작품을 분석하는 것은 예술 작품에 영향을 받은 의식을 통해 수행하는 자기 성찰이다. 예술 작품의 의미는 예술 작품의 형태에 있는 것이 아니라, 형태를 통해 전달되는 심상과 예술 작품이 지니는 감정적인 힘에 있다. 형태는 형태가 나타내는 것을 통해서만 우리의 감정에 영향을 미친다. ……

건축가로서, 우리는 건축물을 주로 물리적인 대상으로서 디자인하지 않는다. 우리는 건축물에 거주하는 사람들의 심상과 감정을 고려하며 디자인한다. …… 건축의 영향은 건축물과 연결된 공유된 심상과 기본적인 감정에서 기인한다.

팔라스마는 그의 영국계 전임자와 비슷한 생각을 하지만 그가 건축의 '영향' 혹은 건축의 '의미'라고 언급하는 새로운 '범주'를 도입하기도 한다. 섀프츠베리 백작은 '의미' 개념과 관련 있는 도덕성에 대한 연구 차원에서 미적 이론을 발달시켰지만, 그는 의미가 어떻게 획득되는지, 혹은 어떤 목적으로 디자인되는지는 탐구하지 않았다.

여기서는 이 주장에서 조금 '나아가' 케임브리지대학교에서 영문학을 가르치는 교수인 에이드리언 풀러(Adrian Poole)의 사상을 도입하는 것이 유용할 듯하다. 풀러 교수는 '의미의 정체성(The Identity of Meaning)'이란 강좌에서 언급한 정체성의 맥락에서 의미를 고려한다.

요약하자면 다음과 같다. 통용되고 있으며 한물간 의미에 대한 의미들의 전체 범주 내에서, 무언가를 뜻하거나, 전달하거나, 발생시키려는 의도, 목적, 혹은 의지의 감각은 양도할 수 없다. 화자와 청자, 예술가와 청중, 사랑하는 사람들과 전사들 사이에서 전달되는 무언가로서 의미의 효과와 영향, 그리고 결과에 대한 의식도 동일하다. 이는 시공간과 역사의 과정을 통해 전달되는 것이다. 이에 반해서, 영고성쇠와 의도, 최소한 인간의 의도에서 벗어난 곳에 위치하는 의미에 대한 욕망이 있다. 십자가와 초승달과 같이 널리 퍼진 믿음을 지배하는 위대한 종교적인 상징을 위해 바쳐진 욕망 말이다. 하지만 관조의 가장 성스러운 대상들조차 의미를 이해하기 위해선 그들 자신에 대한 이야기를 서술할 필요가 있다. 의미는 의미를 필요로 하고 수반한다는 측면에서 해석을 의미한다. "내가 무슨 말을 하는지 아는가?" 우리가 무해하면서 끔찍한 일상의 잉여 활동들에 호소하는 방식을 생각해보아라. 내용물이 전혀 없는 이들은 연결에 대한 욕구를 표시하며, 종종 극히 미미하게 이렇게 말할 것이다. "저기, 음, 내가, 그냥, 알지……?"

'의미'의 의미들에 대한 풀러의 추론들은 이야기/해석의 필요성, 의미를 펼치기 위한 서사, 그리고 소통을 위한 '의도, 목적, 혹은 의지의 감각'이라고 할 수 있는 일상적인 디자인 실례를 가지고 의미의 개념을 통합할 수 있는 지점들을 제공한다. 풀러는 심지어 이야기의 다양한 부분들을 연결하는 목적을 지니며, 이를 통해 관계를 설정하고 특정한 분위기를 설정하는 '일상적인 필터'의 중요성을 강조하기도 한다.

IHG 호텔들의 사례에서, 크라운플라자의 객실과 홀리데이인익스프레스의 객실 모두 뚜렷한 일체화를 가능하게 하는 경험을 유발하지 못했기에 유의미한 방문 관계를 만들려던 그들의 노력이 실패했다고 보는 것이 타당하다. 기본적으로 두 호텔의 객실들은 상당히 괜찮은 호텔들의 객실들처럼 자고, 샤워하고, 텔레비전을 보는 것 등의 기능을 제공했다. IGH의 브랜드 책에 규정된 품질 조건은 전반적인 디자인의 일부를 고려하기는 하지만, 이러한 부분들의 관계에 대한 일관성 있는 개념을 정립하지는 않는다. 비유하자면, 그것들은 원본의 본질인 '부분의 통합'이 부족한 완벽한 밀랍 복제품이라 할 수 있다.

IHG는 호텔마다 다른 목표 고객을 설정하지만, 이러한 정체성들이 객실 디자인에 반영되지도 표현되지도 않는다. 크라운플라자의 객실들은 홀리데이인익스프레스 객실보다 '더 급이 높아' 보이고, 더욱 널찍하고 더욱 정교하게 디자인되었지만, 이러한 추가적인 노력이, 홀리데이인익스프레스의 "겸손하고, 야망이 있으며, 독립적이며, 사교적인" 방문객과는 대조적으로, 대상으로 잡은 "사업차 들린 여행객"들을 반영하는지 여부는 여전히 불분명하다.

8장
현대 도시 공간을 (현상학적으로) 이해하기 위한 네 가지 주제

*라크스미 P. 라젠드란*Lakshmi P. Rajendran
*스티븐 워커*Stephen Walker
*로지 파넬*Rosie Parnell

우리의 존재는 항상 물리적인 세계의 사물들과 관계가 있으며, 공간적인 관계는 우리의 모든 경험의 기초다. 공간은 존재론적이다. 존재가 공간적이라 해도 맞을 것이다. 존재의 공간성은 이렇듯 너무나도 분명해, 이따금 우리 일상생활에서 거의 보이지 않게 된다. 미묘한 특성으로 개인의 인지로부터 떨어져 있는 경우가 많기에, 물리적 환경은 사건이 일어나는 '배경'으로 인지되곤 한다. 대체로 공간성은 반성, 용기, 무대, 환경, 혹은 인간 행동 및 사회적 행동의 외부적인 제약으로서 배경으로 흡수되는 경향이 있다. 그러나 공간적 차원을 무시하는 어떤 서사도 완벽하지 않으며 공간이 과도하게 단순화된 우리의 이해로 이어짐을 주목하는 것이 중요하다.

물리적 세계와 인간의 공간적 상호작용은 외부 세계에 대한 개개인의 궁극적인 욕구를 충족시킨다. 인간은 자신을 타인에게 투사하여 타인이 우리를 인지하거나 인지하지 못하도록 해야 한다. 이는 공간적인 관계와 그와 관련된 공간이며, 이는 우리들로 하여금 우리 자신을 외부 세계로 확장해 우리 자신을 인지할 수 있게 한다.

공간 경험의 우선순위는 사물이나 물건들을 연결시키는 힘에 있다. 그러나 기술은 공간 경험의 특성을 바꿀 뿐만 아니라 사물을 지각하는 능력을 조절함으로써 물리적 세계에 대한 경험적 이해를 규정하는 힘을 천천히 그리고 꾸준히 획득해왔다. 폴 비릴리오(Paul Virilio)는 사람들이 주로 '장소'에 있는 경향이 있으며, 거기서 사람들은 몸을 움직이는 것을 멈추고 대신에 '그 현장에서' 행동의 신속성에 대한 대상이 되는, 움직이지 않는 객체가 된다고 지적한다. 이러한 행동들이 가하는 '속도의 폭력'은 더 깊은 경험을 허락하지 않는데, 이는 '2차원의 역전', 즉 공간의 시간화와 시간의 공간화에 의해 더 고조된다.

따라서 우리 존재의 역동적인 변환 속에서 사람들의 도심 공간 경험을 이해하고, 새로운 복잡성을 이해하고 이들이 공간적 환경에서 정체성 형성에 어떤 영향을 미치는지 연구하는 것이 필수적이다. 이 장에서는 사례연구를 제시해 (현상론적인 접근법을 기반으로) 정체성 구성을 위한 도심 공간에서의 일상 공간 경험의 유의성을 연구하고자 한다. 공간 디자이너와 공간 경험에 관심을 있는 사람들을 대상으로 진행된 이 연구는 현대의 도심 경험에 영향을 미치는 다양한 요소들과, 공간 경험 및 도심 생활에서의 정체성 구성에 관한 새로운 주제를 다룬다.

일상의 공간 경험과 정체성

오늘날 장소들은 대부분 그곳을 매력적인 장소로 홍보할 수 있도록 디자인되며, 여기서 일상적인 공간 경험은 '초현실'로의 여행으로 전환된다. 여기에 '공연적인 구성물'을 통해 환경 내에서의 의미를 발견하고자 하는 공간적인 전술을 가능하게 하기 위한 일상적, 공간 경험과의 지속적인 협상 과정이 숨겨져 있다. 이러한 공간 경험은 자신의 정체성을 특정 장소로 확장시켜, 자신의 정체성을 그 장소에서 확신하고, 강화하거나 재구성할 수 있게 한다. 이 맥락에서는 "기능의 명확성보다 다중적이고 변화하는 의미"가 있는 '평범한' 일상 장소를 연구하는 것이 잠재적으로 유의미하다.

오늘날 디자이너들은 "형태의 생산자로서 사용하고자 하는 유의미한 아이디어를 탐구해, 필요 이상보다 예측성을 넘어서 목적이 있는 활동을 종종 추구한다". 그에 따라, 현대적인 장소는 자발성과 경험적 이해의 자유를 제공하는 경우가 드물기 때문에, 연결하는 수단을 제공하는 공간 전술을 수용하지 못하고, 다른 추상적이고 떨어진 장소에서 의미를 찾고자 한다. 이러한 요소들은 우리의 전반적인 공간 이해에 큰 영향을 미치며, 그 결과 공간에 자기 자신을 반영하려는 근본적인 욕구는 대체로 억눌려왔다.

주요 용어의 정의

심리학에서 정체성은 정신사회적 요소의 핵심이다. 자아와 타자, 내면과 외면, 존재와 행동에 관한 것이며, 분명 다른 사람들에 대한 반응이면서도 무언가를 위한 혹은 무언가에 반대하는 자아의 표현이기도 하다. 이러한 맥락에서, 정체성은 맥락을 이용하고 대응하기 위해 지속적으로 재정의된 능력에서 나온다. 사회 공간 영역을 포함한 물리적 맥락을 고려할 때, 이러한 설명은 정체성은 장소와의 상호관련성으로 이해할 수 있으며, 이는 사람들로 하여금 환경에 대해 '정체성의 감각'을 느낄 수 있게 해준다는 것을 의미한다.

이 연구에서 사용한 공간과 장소의 개념은 활동 광고물을 통해 서로 묶이는 경계가 모호한 두 용어로, 로버트 색(Robert Sack)이 정의했다.

장소는 공간을 암시하며, 각각의 집은 공간에 있는 장소다. 공간은 자연 세계의 소유물이며, 이는 경험될 수 있다. 경험의 관점에서 보면, 장소는 익숙함과 시간의 측면에서 공간과 다르다. 장소는 매개체로서 인간을 필요로 하며, 장소를 알려면 시간이 걸리며, 집은 특히나 그러하다. 우리는 세계를 따라 움직이며 한 장소에서 다른 장소로 움직인다. 하지만 우리가 빨리 움직이면 장소가 흐릿해진다. 우리는 장소의 질을 간과하게 되고 이들은 우리가 공간을 통해 움직인다는 감각으로 혼합될 수 있다.

연구의 이성

위에 논한 주제를 다루는 이 연구에서는 물리적인 환경에 대한 파악을 통해 자신을 반영할 필요가 있는 도심 공간 경험의 영향을 탐구한다. 국제화, 다문화, 그리고 도심에서의 소외 문제를 지목하는 맥락에서, 이 문제를 영국의 셰필드에서 수행된 사례연구를 통해 탐구하고자 한다. 이 연구에서는 선택된 집단의 일상적인 공간 경험과 이들과의 관계 구축 사이에 유의한 연관성을 확립하기 위해 현상론적인 기법을 차용한다. 연구 참가자들은 셰필드대학교 건축학부에서 공부하고 있는 15명의 국제 학생(P1에서 P15까지 코드를 부여받음)이었다. 문화적인 배경이 다른 학생들은 공간적 맥락을 다르게 인지하며, 이들의 공간적인 행위 역시 다르다. 이러한 다양성이 어떻게 종종 일상 공간 경험에 박힌 물리적 환경의 무수한 가능성을 통해 받아들여지고 차용되는지 이해하는 것이 중요하다.

연구에 대한 예시로서 도시 야외 공간을 다음 요소에 따라 선택했다.

가. 국제 학생들의 일상생활과의 관련성

학생들의 삶의 목적 달성과 관련된 공간을 파악하는 것은 공간이 일상생활 및 상호작용을 어떻게 차용하는지, 사람들이 어떻게 이러한 공간 경험에 응답하는지 이해할 수 있게 한다.

나. '디자인되지 않은' 공간의 특성

'느슨한 공간' 개념과 밀접한 관련이 있는 디자인되지 않은 도시 공간은 이들이 일상적이고 자발적인 사용을 수용하고 장려하기 때문에 선택되었다.

다. 사용의 익숙함/빈도

또한 공간은 국제 학생 지역사회의 사용 빈도 및 일반적인 익숙함 때문에 선택되었으며, 이러한 공간 경험에 대한 더 상세한 논의를 이끌었다.

데이터 수집

데이터 수집은 참가자들의 인지된 상대성에 따라 선정된 30개 환경 이미지의 순위를 매기는 작업을 포함하여 45분에서 1시간 정도 지속된 심층적이면서 질적인 반구조적

(semi-structured) 인터뷰를 통해 수행되었다.

참가자들은 또한 '편안함', '안전함', '쾌적함', '복잡함'과 같은 서술어를 선택된 이미지와 연결시키고 개인적으로 순위를 매긴 공간적인 측면을 묘사해 이러한 장소가 자신의 정체성과 어떻게 부합했는지 설명할 수 있었다.

정량적인 과학적 기법의 부족함을 극복하기 위해 건축학자 크리스티안 노베르크슐츠(Christian Norberg-Schulz)는 개인과 세계 사이의 복잡한 관계를 탐구하기 위한 적합한 접근법으로서 현상학을 제시한다. 이러한 생각에 따라 수집된 데이터는 해석적 현상론 분석(Interpretative Phenomenological Analysis)에 따라 분석했다. 해석적 현상론 분석은 사람들이 자기 경험을 어떻게 이해하는지 조사하고, 경험을 미리 정의하거나 지나치게 추상적으로 경험을 수정하려는 경향을 줄이기 위해 수행한 것이다.

발견 사항

데이터 분석과 해석을 통해 모든 인터뷰에서 다시 언급된 다음과 같은 네 가지 공통적인 '주제'를 식별할 수 있었다.

경계

경계의 중요성은 건축학에서 일반적으로 쉽게 받아들여지며, "건축학적으로, 공간을 정의하는 것은 경계를 파악하는 것이다". 분석은 참가자의 공간 경험에서 (암시적이거나 사실적인) 경계에 의해 수행된 흥미로운 궤적을 보여준다. 경계는 개인과 사건에 대한 영역을 정의하고, 내부/외부, 사적/공공 관계를 명확히 할 뿐만 아니라 적절한 행동/활동, 그리고/혹은 (개인적/사회적) 공간적 제한 조건을 제공한다.

참가자들 중 한 명은 자신이 특정 도시 공간에 감정적 애착을 느낀 방식을 회상했으며, 이는 자신이 맥락에 조화롭게 맞는다고 인지한 활동의 '수동적으로 활동적인' 감각에서 비롯됐다고 했다.

엄마는 여름이면 주말에 여길 왔어요. 햇빛이 비쳤고 여기 무대가 있었고 많은 젊은 사람들이 공연을 했어요. 하루 종일 음악이 들리고, 대단했어요. …… 내가 여기 속했다고 느꼈어요. 사람들과…… 활동과……. (P10)

예를 들면 학생회관 건물(〈그림 8-1〉) 밖의 격식 없는 상호작용을 하는 공간의 이미지를 본 참가자들은 그곳이 학생들의 생활에 필요하다고 인정했다. 그렇지만 사생활이 보호되지 않는 개방성 및 유동성과 관련된 일부 결함이 있다는 점을 넌지시 비쳤으며, 이것이 참가자에게 불편함을 끼친다고 했다.

그림 8-1
셰필드의 학생회관 건물: P11이 언급한 이미지

네, 여기는 학생 생활에 필수적인 공간이지만 이 공간이 움직임을 위한 것이기에 불편함도 있어요. 만약…… 흠…… 나는 활동 혹은 앉는 공간과 같은 요소가 더 있거나 닫힌 공간이 있어야 한다고 생각해요. (P11)

열린/공개 공간에서 사생활 보호의 필요성은 참가자 P1이 버스 정류장에서 겪는 불편함을 설명할 때도 표현했는데, 그는 앉을 자리가 없는 점과 사생활 보호 문제를 연관시켰다.

이 장소에는…… 벤치가 있지요. 하지만 항상 가득 차 있어요. 아니라면 흠…… 여기에는 프라이버시가 없어요. 나는 버스 정류장을 사용하지 않아요. 왜냐하면 앉을 자리도 없고 사람들이 항상 지켜보고 있는 것 같아서요. (P1)

하지만 또 다른 참가자는 강력한 특성을 지닌 공간을 선택해 스케치를 시작했다.

닫힌 공간인가요? (I)
네, 울타리요. (P3)

자신이 그린 울타리 밖의 공간을 손짓하며 말했다.

이것은 내 세계 밖에 있는 것이에요. (P3)

두 가지 주요한 사실을 이러한 서사로부터 얻을 수 있었다.

첫째로, 특정 활동(예를 들어 앉기, 쇼핑하기, 음악 활동)은 특정 영역을 지정함으로써 인지된다. 사회적인 활동과 다른 사람의 경험은 공간적 상호작용의 패턴을 만들어내는 풍부한 감각적 변화를 제공하며, 그 덕분에 개인은 맥락에 대한 다른 측면을 깊이 탐구할 수 있다. "만약 시간이 변화와 함께 나타난다면, 공간이 상호작용으로 펼쳐진다. 메를로 퐁티(Merleau-Ponty)는 공간을 "사물이나 물건이 존재하게 하는 힘"으로 정의했다. 팔라스마는 "공간 경험을 통해 이러한 존재감을 형성하면 우리 자신을 공간과 일치시킬 수 있다. 이 공간, 이 순간과 이 차원들이 우리 존재의 재료가 된다"고 설명한다. 공간 경험과 활동이 잘 통합되어 있으면 다양한 요소와 함께하는 현대 생활에서 강력한 존재감을 느낄 수 있다.

둘째로, 분명한 경계는 공간을 서로 구분할 수 있게 하고, 동시에 각각의 정체성을 명확하게(예를 들어 '나의 세계'와 '바깥세상'으로) 구분할 수 있도록 한다. 공간적인 경계는 특히나 경험자들이 편안하게 어울리고 자신에게 많은 관심이 쏠리지 않도록 하면서 '바깥' 세계를 '안전한' 지점에서 지켜볼 수 있게 한다.

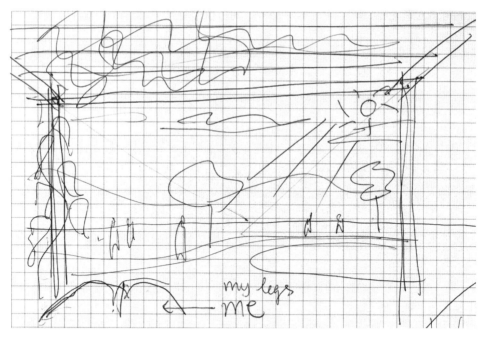

그림 8-2
안전한 관점에서 세상을 바라보는 P6이 그린 스케치

자신이 제일 좋아하는 공간을 설명할 때, P6은 자신이 그린 그림 주위에 테두리를 그리고 1인칭 관점(그림 하단에 "나의 다리"라고 썼음)에서 닫힌 공간을 칭했다(〈그림 8-2〉).

여기서는 주변에서 무슨 일이 일어나고 있는지 알 수 있고, 뒤에는 아무도 없습니다. (P6)

다른 참가자는 이를 더 분명하게 표현했다.

나는 누가 날 쳐다보는 것을 기분 나쁘게 여기지 않지만 관심의 중심이 되는 것은 별로예요. (P10)

킴 도비(Kim Dovey)는 "사람들은 특정 공간에서 '어떻게 행동할지'를 잘 모를 때 떨어졌다고 느낀다"고 말한다. 그러한 상황에서 경계는 사람들이 자기 자신을 '구축'하는 것을 특정 위치에서 허가하며, 이는 탐구할 수 있는 '안전한 베이스'이며 세계가 위험하다고 느낄 때 돌아올 수 있는 곳이다. 또한 이 관찰은 관점-도피 이론을 뒷받침한다. 관점-도피 이론에서는 사람들이 볼 수 있지만 자신이 보이지는 않는 공간에서 가장 편안함을 느낀다고 했다. 이러한 본능적인 요구는 모든 영토적 층위에서 다루어야 한다. 예를 들면, 풍부한 상징적 의미가 있으며 동시에 사람들이 '행동'할 수 있게 하는 암시적인 신호가 있는 경계를 통해서 말이다.

(재)연결
참가자들의 진술에서는 어린 시절의 추억을 회상할 수 있게 해주거나, 이전 경험과 관련되거나 고향과 닮은 도시 공간에 대한 공감적 애착이 드러났다.

여기가 내가 제일 좋아하는 곳이에요. 나는 바다 곁에 내 공간을 두고 싶어요. 어쩌면 바다에서 느낄 수 있는 완전한 평온함과, 평화가 내게 필요하고 복잡한 일에서 벗어나고 싶

기 때문에 여기를 좋다고 느끼나 봐요. (P2)

이야기를 더 들어보자.

어쩌면 내가 작은 섬에서 자라서…… 주변이 전부 바다였어요. 어린 시절의 기억과 관련이 있나 봐요. (P2)

이 건물이 좋아요. 나의 할머니 집과 비슷한 오래된 집이에요. (P4)

바다의 분위기는 아름다워요. 초록색 공간과 물……. 내 고향 집은 강과 가까웠고 그곳에서 23년간 살았어요. 내가 살던 마을에도 비슷한 다리가 있었어요. 그래서 집과 같은 이곳이 더 편안하고 평화롭게 느껴져요. (P4, 〈그림 8-3〉 참조)

여기 있으면 집에 있는 것만 같아요. 시장으로 걸어가던 길이 있었고, 오른쪽과 왼쪽에 가게가 있었어요. 이 가게와 달리 모국의 가게는 바깥에 있고 사람들이 호객해요. "가게에 오세요", "가게에 오세요",…… "이거 팔아요", "저거 팔아요". (P7, 〈그림 8-4〉 참조)

또 다른 참가자(P8)는 자신이 제일 좋아하는 장소(공원)를 스케치하면서 설명했다.

여기에 나무가 많은 공원이 있고, 나무 아래에 자리가 있고, 어떤 곳은 텐트 같아요. 내가 사는 마을과 비슷해서…… 좋고 편안해요. (P8)

첫 예시에서, 셰필드와 유사한 곳들은 (추상적일지라도) 기쁜 기억을 떠올리게 하는 유사한 장소이며 즉각적으로 관련을 맺게 된다. 두 번째 예시에서, 텐트는 (장소에서 영감을 받아) 쉰다는 느낌을 불러일으켰다. 그 사람이 서술한 공간에 텐트는 없는데도 말이다.

그림 8-3

셰필드의 웨스턴 파크: P4가 언급한 이미지

그림 8-4

P7이 언급한 이미지(셰필드)

그럼에도 환경은 그러한 구조에 적합했으며 장소에 대한 이해를 부추겼다. 이러한 응답은 참가자들이 새로운 셰필드 환경을 쉽게 파악하기 위해 자신들에게 친숙한 공간적 특성을 찾으려는 경향이 있음을 보여준다. 공간적 구성의 유사함뿐만 아니라 차이를 통해서도 장소들을 연결할 수 있다는 점이 흥미롭다.

개인적인 경험과는 별개로, 종교적인 배경 역시 유사한 종교적인 믿음을 가진 사람들을 만날 때 유의한 역할을 했으며, 그에 따른 사회생활은 사람들이 구체적인 도시 공간을 파악할 수 있게 했다. 자신이 제일 좋아하는 공간을 서술한 한 참가자는 이 장소가 자신의 종교적 필요성 때문에 중요하다고 강조했다.

어떤 공간이든 괜찮지만, 나는 무슬림이고 종교는 내게 매우 중요해요. 나는 모스크에 가야 합니다. 내가 사는 곳이 모스크와 가까운지가 매우 중요합니다. (P7)

당신은 모스크에 가까이 사는 것의 실용적인 측면을 말하는 것인가요? (I)

네, 하지만 요점은, 나는 기도를 해야 하고 그것이 내가 사람들과 섞일 수 있도록 도와준다는 거예요. 사회적인 측면을 말하자면…… 내가 기도하러 갈 때 주변 사람들이 편안해 합니다. 우리는 만날 때 "안녕, 살람"이라고 합니다. (P7)

복원

복원된 장소의 특징을 연구한 칼레비 코르펠라(Kalevi Korpela) 외 연구진은 장소의 일부 특성이 긍정적인 감정 상태를 만들고, 활동을 억제하고, 관심을 부추기며, 부정적인 감정과 생각을 차단한다고 설명했다. 그러한 특성은 사람들이 장소에 좀 더 쉽게 반응하도록 격려하고, 그에 따라 복원된 공간 경험에 대한 강한 애착이 (문화적 배경과 상관없이) 모든 참가자들의 이야기에서 관찰되었다.

참가자들은 종종 자연과 관련된 특성을 통해 한 장소의 복원력을 표현했고, 그러지 않으면 특정 공간 전술이 이 연구에서 집중할 스트레스와 복잡한 장소 조건을 극복하기 위해 채택되었다.

예를 들어, 참가자들은 공간을 이동하고 경험하는 가장 선호하는 방식의 하나로 걷기를 들었다.(〈그림 8-5〉)

내가 길을 걷는 방식은 달라요. …… 걸으면서 스트레스를 받지 않아요. 나는 사람들이 한 방향으로 걷는 것이 싫어요. 열린 공간이 있고 더 천천히 걷는 것이 좋아요. 그러면 주변에 무엇이 있는지 볼 수 있죠. (P5)

나는 경험을 하기 위해 걸어요. (P10)

상대적으로 느린 움직임은 환경과 유의미하게 관여하여, 도심에 있는 사람들의 스쳐 지나가는 현재와 유의미한 존재라는 역할에 대한 이해를 강화한다. 공간의 이동을 통해

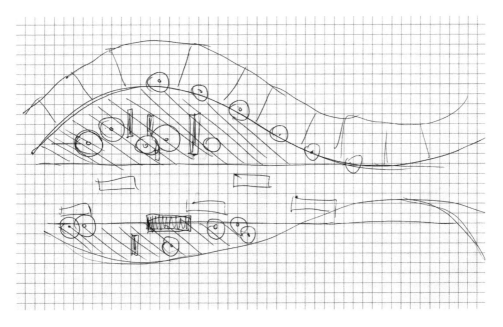

그림 8-5
P5가 그린 스케치는 그녀가 공간과 관련된 느낌을 받기 위해 자신이 선호하는 보행 공간을 보여준다.

자유로움을 얻고 싶은 욕구도 중요한 요인으로 대두되었는데, 이는 주로 속도의 선택과 보행자 안전을 보장하면서 이동의 경계를 명확히 하는 측면에서 설명되었다. 걷는 것 자체가 필요한 활동이긴 하지만, 이는 공간 차원에서 풍부한 경험에 대한 적합성을 정의하고 인간이 마주하는 충돌을 감내할 수 있는 정도를 규제한다.

참가자들 중 한 명은 일시적으로 멈추는 것을 수용하는 공간 경험 덕분에 공공장소에서 걸어 다닐 때 조심스러워야 할 필요성이 없어져서 편안하다고 말했다.

나에게 이 장소는 여기서 멈출 수 있어서 편안해요. 여기에 멈춰 있어도 불편한 느낌이 들지 않아요. (P3)

같은 참가자는 이 첫 번째 장소를 다른 장소와 비교했다.

예를 들면 이 장소에서, 내가 여기서 앉는다면 이상하겠지요. 내가 여기에 선다면…… 오리를 본다면 괜찮겠지요. 이 장소는 내가 하고자 하는 것을 수용하지 않아요. (P3)

이러한 경험은 도심 공간에서 이루어지는 행동에서 벗어나고자 하는 강한 욕망을 나타내며, 이는 강한 활동 패턴 특성을 지닌다. 참가자들이 걷는 경험과 관련하여 들려준 이야기가 의미하는 바는, 마이클 드 서튜(Michael de Certeau)가 한 다음과 같은 말로 해석할 수 있다.

모호한 신체 움직임, 몸짓, 걷기, 그 즐거움을 누리는 것은 막연하게 '이질성'에 대한 '익숙함'을 형성한다.

참가자들은 반성과 고민을 허락하는 장소에 높은 점수를 주었는데, 이러한 장소와 관련된 경험이 자기 자신과 상호작용을 가능하게 했기 때문이다. 예를 들어, 참가자들

중 한 명은, 특정 장소에 자주 방문하지 못했지만 이곳(〈그림 8-6〉)이 감정을 회복하도록 도움을 주었기 때문에 가장 친숙했다고 말했다.

> 나는 여기에 몇 번 왔을 뿐이에요. 도시를 걸어 다닌 후 피곤하고 쉬고 싶을 때였죠. 벤치에 앉아서 커피를 마시고, 박사 학위에 대해 생각하고, 다른 것들에 대해 생각하는 것이 이 장소를 편안하게 만들어요. (P5)

그림 8-6
셰필드의 공공 좌석 지역: P5가 언급한 이미지

바쁘고 거창한 건물이 많은 도시 중심부에서, 이러한 장소(이 예시에서는 흔한 길가의 앉는 곳)의 회복성은 개인의 특성이 반영되는 경험을 제공한다.

메리 매클라우드(Mary McLeod)는 고도로 복잡하고 역동적인 현대 도시 환경에서 인간의 정신이 처리해야 할 정보의 양은 상호 의존성과 경계의 부족의 조합으로 인식된다고 밝혔다. 일종의 반작용과 균형으로써, 참가자들은 공간 구조의 단순함을 추구하는 경향을 보였다. 이는 참가자들이 자신의 공간을 선택해 스케치하도록 요청받았을 때 분명해졌으며, 수많은 사람이 자신의 그림을 다음과 같은 말로 시작했다,

그림 8–7
세필드대학 도서관과 웨스턴 파크 사이의 전환: P3이 언급한 이미지

나는 이곳이 단순해서 좋아요. (P9)

나는 물리적인 세계가 더 분명했으면 해요. 정신이 혼란스러워요. 그래서 실제 생활이 더 깔끔하길 원해요. (P6)

나는 내 주변에 분명한 공간이 있고 그곳을 깔끔하게 유지하고 싶어요. 내 공간을 최대한 자유롭게 유지하고 싶어요. (P10)

장소는 편안하고 단순하고 복잡하지 않고 물건이 많지 않아야 해요. 상상력을 가로막으니까요. (P4)

참가자들 중 한 명은 공간적인 특성의 단순함이 장소를 더 깊이 경험하는 데 도움을 줄 수 있음을 관찰했다(〈그림 8-7〉).

네, 공간에 특별한 점은 없어요. 그 공간은 특징이 강한 두 장소 사이에 있을 뿐이에요. 완전히 다른 두 장소 사이에서 분위기를 전환시키는 공간인 셈이죠. (P3)

일상생활

앙리 르페브르(Henri Lefebvre)는 "사람은 일상을 살아야 하지, 그러지 않으면 자기 자신이 아니다"라는 말로 일상생활과 인간 존재의 유의성과 근본을 강조했으며, 너무나 당연하게도 참가자들은 일상생활이 공간 경험과 강력한 연관이 있음을 보여주었다.

참가자들 중 한 명은 자신이 어떤 장소를 찾아야 하는지 파악하고자 물리적인 맥락을 질문하며 스케치를 시작했다.

내가 고려해야 하는 공간이 어디죠? (P9)

어떤 장소, 어떤 맥락이든, 선택은 당신의 몫이에요. (I)

어쩌면…… 이곳은 내 집인 것 같아요. 그리고 이곳은 나의 사무실이니까 이 장소는 집과 사무실 사이의 공간이에요……. (P9)

아, 진짜요? (I)

예, 그래서 저와 더 관련이 있어요. (P9)

익숙함과 더 관련이 있나요? (I)

흠…… 네. 하지만 우리는 두 지점 사이의 삶을 살고 있어요. 목적…… 그렇기에 경계는 중요하고 우리는 이를 즐겨야 해요. (P9)

비록 '일상'이라는 용어가 활동이나 상황의 빈도를 나타내지만, 르페브르의 '일상' 개념은 내재적으로 무의식적이며, 단순한 '익숙함'보다 더 복잡하다. 이는 P9가 자신이 선택한 공간을 파악하는 방식에서 나타날 수 있다. 참가자는 자신이 무의식적으로 선택한 어떤 공간이 자신의 집과 사무실 사이여야 한다고 지목했다. 이는 이 공간을 자주 방문할 필요가 있다는 것을 나타낼 뿐만 아니라 일상생활에서 중요한 두 목적지 사이에 여정의 일부가 될 공간이 필요하다는 것을 나타낸다. 이는 일상생활의 본질이 사람들의 정체성 형성을 가능하게 하는 공간 경험에 연결되어 있다는 것을 나타낸다.

일상생활은 인터뷰를 하는 동안 다양한 아이디어를 통해 나타났지만, 많은 경우에 참가자들이 공간을 활발하게 경험할 필요는 없었다는 것이 주목할 만하다.

나는 이곳(공원)을 창문 밖으로 매일 봐요. 가끔 너무 피곤할 때면 여길 봐요. 다리를 보면 기분이 좋아요. (P2)

당신이 이곳에 방문한 적이 있어서인가요? (I)

아니요, 이 장소를 내가 일하는 곳에서, 시간을 많이 보내는 곳에서 매일 보기 때문이에요. (P2)

또 다른 참가자는 이렇게 언급했다.

해줄 말이 있어요. (사진 속의) 이 창문을 보세요. 내가 매일 보는 광경이에요. 나는 이 공간을 지나서 집에 들어와요. (P11)

각각의 장소는 일상생활에서 참가자들에게 일종의 도피처를 제공했기 때문에, 단순히 멀리서 보는 것만으로도 각 공간은 중요한 의미를 얻었다. 이는 특정 환경의 특성이 존재하지 않는 공간적 구성을 가리킨다면 관련된 기억을 불러일으킬 수 있다는 이전의 관측 결과와 비슷하다. 이는 또한 앞에서 언급한 치유하는 힘이 있는 공간과 공간의 일상적인 특성을 연결한다.

논의와 결론

지금까지 논한 다양한 측면들은 참가자들의 진술에 따라 파악한 다양한 네 층위가 겹쳐지는 특성을 나타낸다. 암묵적으로 서로와 연결되어 이들은 개인에게 자아 의식을 불어넣는 유의미한 공간 경험을 제공한다.

참가자들은 자신이 가장 동질감을 느끼는 공간 경험을 서술했다.

자리가 있는 커피숍이요. 셀프 서비스 커피숍이나 독특한 커피숍, 아니면 커피를 파는 작은 밴요……. 보행자들이 안전하게 지나다닐 수 있고 편안한 느낌이 드는 곳이어야 해요. (P11)

커피숍을 선택한 것은 휴식을 취한다는 말인가요? 아니면 잠깐 멈추기? (I)

흠…… 글쎄요, 커피는 내게 모든 것이에요. 이는 많은 것들을 상징해요. 커피와 개인적인 관계를 맺는 셈이죠.. (P11)

참가자의 커피 습관을 추가로 조사한 결과는 그녀의 습관이 사회 문화적 측면과 암묵적인 연관성이 있음을 보여주었다.

공공장소에서 커피를 마시면 기분이 좋아져요. 공공장소가 더 좋거든요. 어쩌면 사회적인 이유 때문일 수도 있고요. 어쩌면 나 자신이 아무것도 하지 않고 공공장소에 앉아 있다는 상상이 안 되나 봐요. 컵을 들고 있는 건 뭔가를 하는 것이죠. 공공장소에 있을 이유를 부여해요. (P11)

왜 아무것도 안 하면 안 된다고 생각하죠? (I)

아무것도 하지 않고 앉아 있는 건 나답지 않아요. 내가 뭔가를 하느라 바쁘다면 나는 나만의 일을 하고 있는 것이죠. (P11)

참가자들이 한 이야기들은 개인의 자아와 관련된 공간 경험에 영향을 미치는 다양한 요소들의 복잡성을 나타낸다. 또한 이 이야기들은 장소의 특성을 나타내는데, 그 특성은 장소와의 깊은 관계를 가능하게 하며 공간적 행위에 대한 신중한 연구를 통해서만 이해할 수 있다. 이 연구는 사람들이 공간 경험에서 자기 자신의 의미를 진화시키는 경향을 설명하고, 장소는 종종 '소비를 위해 미리 포장된' 경험을 위해 디자인된다는 것을 암시한다.

움직임의 사회에서, 공간 디자인 사고는 "영토는 새로운 형태로 재결합되는 탈영토화와 재영토화의 대상이 된다"는 사실을 고려하는 것이 중요하다. 이는 종종 사람들로 하여금 다양한 공간적인 전술로 공간적인 자유를 제공하여 자기 자신을 편하게 할 것을 요구한다. 오늘날 사회의 '세계적인 장소 감각'과 '다중 영역'에 대한 논의의 맥락 속에서 이 연구는 일상생활의 잠재력을 일상생활은 익숙함과 질서를 통해 공간과 관련되어 있다는 느낌을 줄 수 있다. 그러나 이러한 관련성은 '차이와의 연결'이라는 여행 없이는 아무런 의미도 없다.

"건축은 공간과 시간을 우리와 연관시키고, 이러한 차원을 인간적인 척도로 만들어주는 주요한 도구다." 건축은 또한 공간과 시간을 맥락과 유의미하게 연결할 수 있게 한다. 오늘날 사람들에게 가해지는 물리적 세계와의 피상적인 관계와 공허한 삶에 반하여, 디자인은—알도 반에이크(Aldo van Eyck)가 "미로와도 같은 분명함"이라고 부르는—질서와 사고가 혼합된 장소를 만드는 것을 목표로 해야 한다.

디자인은 살아 있는 경험의 숨겨진 측면을 탐구하고 발견하고 밝히고 드러내는 길을 열어주기 위해, 종종 선의의 디자인 솔루션 또는 자기 해체를 위한 조사를 의심해야 한다.

장소 디자인은 "축제, 회의, 교환, 레저, 기쁨, 섞임, 대조, '다른 사람들'과 섞이기, 편안함, 견고함, 차이"를 위한 공간을 제공해야 한다. 이러한 연구 결과는 공간 디자인이 "세계에 존재하는 경험을 표현하고 현실과 자기 자신에 대한 감각을 강화하는 방식"을 강조한다. 이는 우리가 단순히 만들어낸 허구로 세상을 지배하게 하지 않는다. 그러한 공간 경험을 촉진하는 장소는 "인간 존재의 근원적인 중심지"가 된다.

제3부

인터랙션과 퍼포먼스

9장
축제 경험의 공동 제작: 경험 디자인의 사회물질적 이해

사라 M. 스트랜드바드 *Sara M. Strandvad*
크리스틴 M. 피더슨 *Kristine M. Pedersen*

텐트 앞에서 사람들이 모여 술을 마시고, 떠들고, 지나가는 사람들을 쳐다본다. 행인들이 시끄럽게 지나가고, 그들은 맥주를 들고 웃고 노래하고 소리를 지른다. 근처 지역 록밴드가 방금 무대에 오른 곳에서 음악 소리가 크게 울려 퍼지고 있다. 사람들의 함성은 높아지고 힘 있는 드럼 소리가 저녁을 밝힌다. 한 커플이 잔디 위에서 자고 있는 남자 바로 옆에서 격렬하게 춤을 추기 시작한다. 그의 모습은 며칠 동안 심한 유흥을 지속해왔음을 보여준다.

축제 경험을 담아내는 것은, 방금 묘사한 덴마크 로스킬레 축제 현장에서 축제 모습을 짧은 시간에 노트에 적어내는 것과 같은 도전이다. 그러한 축제는 록 콘서트와 같은 연출된 공연과 수다, 춤, 음주와 같은 느긋한 사회적 상호작용으로 구성된다. 여기에는 강렬함의 시간과 휴식의 시간이 포함된다. 로스킬레 축제는 신중하게 설계된 강렬한 원근도법(scenographies)의 공간과 술 취한 테디 베어와 돌진하는 기병들을 주제로 인접한 캠프장에서 열리는 우스꽝스러운 테마파티가 특징이다.

이러한 느낌들을 함께 연결하기 위해, 축제 기획자는 축제 공연의 사회 미학적 경험과 그 축제의 브랜드 컬러를 합쳐서 로스킬레 축제 경험을 '오렌지 느낌'이라고 불러왔다. 다음으로 우리는 축제 경험의 본질을 다루는 토론에 참여할 것이고, 축제 디자인이 공동 제작한 경험 디자인의 전형적인 사례일 때 어느 정도까지 디자인할 수 있는지 이야기할 것이다. 로스킬레 축제와 같은 사례는 또한 일반적으로 우리가 제안한 부속물을 사용할 수 있게 하는 사회물질적 과정과 같은 접근법으로서, 공동 제작된 경험 디자인을 이해하는 방법에 대한 광범위한 이론적 토론을 위한 경험적 틀의 역할을 한다. 특히, 우리는 어떻게 사회적 연대와 참여가 물질들의 의미에 의해 설계될 수 있는지 알아볼 것이며, 축제 경험이 참가자들과 축제 기획자들 각각에 의해 만들어진 사회물질적 과정으로 어떻게 인지될 수 있는지 알아볼 것이다.

경험 디자인

조지프 파인과 제임스 길모어가 '경험경제'라는 개념을 제시했을 때, 그들은 경험을 사회의 경제성장을 위한 중요한 안건으로 설정했다. 다양한 목적을 위한 의미 있는 경험을 창조하는 것에 대한 관심이 사기업과 공공 기관에서 지속적으로 늘어나면서부터 성공적인 경험 디자인들이 모방과 영감을 얻기 위한 인기 있는 사례가 공언했다.

경험이 언제 발생하는지를 설명하기 위해 파인과 길모어는 다음과 같이 선언한다.

기업들은 개인적이고 인상적인 소통 방법으로 고객을 끌어들일 때마다 경험을 쌓는다.

기업은 우연히 성공할 수 있으며, 경험은 의도적으로 만들어질 수 있다. 그렇게 하기 위해 파인과 길모어는 경험 제작자들에게 다음과 같은 사항을 따를 것을 권한다. 잊을 수 없고 한정적으로 제공하는 이벤트를 만든다. 물건 자체를 파는 것이 아니라 물건의 이용을 판다. 고객을 관심의 중심에 둔다. 오감을 사용하게 한다. 경험을 공유할 수 있게 한다. 그들은 또한 엔터테인먼트, 교육, 미학, 현실도피와 같은 4가지 다른 경험의 종류를 제시한다. 이른바 경험 영역으로, 이는 고객이 다양한 차원에서 관여할 수 있는 방법을 설명하기 위해 참여와 연결이란 두 가지 기준으로 구별한 것이다.

파인과 길모어는 그들의 권고가 정말로 유효한 경험들을 만들 것이라고 믿지만, 그들이 하는 연구에 대해 자세한 설명은 하지 않았다. 그들은 경험이 실질적으로 어떻게 만들어지는지에 대해서도 설명하지 않고, 경험을 하는 동안 일어나는 일들에 대해서도 설명하지 않았다. 대신에, 그들이 쓴 글에 따르면 경험이 디자인에 대한 다소 자동적인 반응으로 일어나는 것처럼 보이는데, 이 부분에 대해 다양한 학자들이 의문을 제기했다.

제2세대 경험 디자인

경험에 대한 파인과 길모어의 접근법에 대한 비평은 경험경제에 관한 2세대 연구자들의 문헌에서 주요 쟁점이 되어왔다. 첫 번째 세대인 파인과 길모어뿐만 아니라 다른 이들도 기업들이 해야 하는 일에 초점을 맞추고 고객을 다소 소극적으로 묘사한 반면에, 두 번째 세대는 고객들의 감각 인식, 의미 부여, 공동 창작 과정에 초점을 맞추었다. 즉 경험경제에 관한 2세대 연구자들의 문헌에서는 경험을 고객들의 활동적인 참여로 일어나는 무언가로 묘사하고 있다.

하지만 2세대 연구자들의 문헌에서도 공동 창작을 가치 창출을 위한 수단으로 묘사할 때 고객의 참여는 여전히 기업의 관점에서 정의했다.

따라서 공동 창작은 경험 디자인의 근본적인 특징이 아닌, 기업을 위한 자산을 나타낸다. 대안으로, 우리는 공간, 물체, 그리고 이것들을 접하는 사람들에게 자연스럽게(자신도 모르는 사이에) 스며든 공동 창작물(공간)을 만든 작가들의 의도 또는 의미에 초점을 맞추는 사회물질적 접근법을 소개할 것이다. 이 접근법을 이용하면 경험이 (공동) 창작되는 방식을 이해하는 데 도움을 줄 실마리를 얻을 수 있을 것이다.

사회물질적 관점

축제 디자인과 축제 참가자들의 행위에 의해 만들어진 물질적 인공물들 사이의 관계를 고려하기 위해, 이 장에서는 과학기술 연구의 최근의 발전과 함께 문화사회학에서 피에르 부르디외 이후 사회물질적 입장을 개척한 프랑스의 문화 사회학자 앙트안 에니옹(Antoine Hennion)의 연구에서 영감을 얻었다. 브뤼노 라투르(Bruno Latour)와 마이클 캘런(Michel Callon)과 같은 패러다임의 작품으로 에니옹은 부속물의 사회학을 제안하면서 능동적인 열정을 불러일으키는 문화적 상품을 강조했다. 우리는 경험 디자인의 생산과 만남을 다루기 위해 부속물이란 개념을 사용하는데, 이는 (로스킬레 축제 사례가 보여주듯이) 경험은 경험하는 사람들과 그들이 경험하는 것의 공동 창작으로 이해할 수 있다는 의미를 함축한다.

부속물 만들기

사회물질적 접근법에서는 미국 철학자 듀이의 실용주의 전통에 따라 예술 작품을 그 작품이 일으킨 경험을 통해 연구한다. 듀이에 따르면, 예술 경험은 하고 있는 것과 겪고 있는 것의 혼합으로 구성되어 있고, 경험은 그 대상에 부과되거나 그 대상이 가져올 수 있는 그런 것이 아니다. 경험은 동시에 그 대상을 감동으로 사로잡고 그 대상이 사로잡히기를 원하는 것이다. 이러한 점에서 대상을 경험한다는 것은 능동적인 동시에 수동적이다.

경험은 하고 있고 겪고 있는 것의 혼합이라는 듀이의 서술은, 음악 애호가의 행위에서 활동성과 수동성을 동일시한 에니옹의 연구과 유사하다. 에니옹은 연구를 통해 음악 애호가들이 음악에 대해 매우 잘 알고 있고 그들이 음악적 경험을 시작할 때 신중히 준비한다는 사실을 확인한다.

에니옹에 따르면, 이런 개개인의 준비 행위는 음악 애호가들이 갖고 있는 좋은 경험을 이해하는 데 중요하다.

에니옹은 객체의 영향력을 설명하기 위해 부속물(attachments)이라는 개념을 사용한다. 부속물은 사람들이 객체와 상황을 대상으로 삼아 만드는 행위적 관계를 말한다. 즉 행위자들은 수동적으로 되고 그 객체들로부터 영향을 받기 위해서 객체(곡조와 같은 무형의 것 포함)를 적극적으로 사용한다. 에니옹은 부속물이라는 개념을 설명하기 위해 음악 애호가들과 마약중독자들을 예시로 들었다. 왜냐하면 애호가에게 음악은 객체이고, 그 애호가는 행위자로서 음악으로부터 영향을 받아 수동적으로 되기 위해 적극적으로 그 객체인 음악을 사용하기 때문이다. 마약중독자 또한 이와 같은 논리다.

공동 제작

부속물이라는 개념은 주체/객체의 구분을 배제한다. 이는 작용 주체(agency)가 오직 인간이나 사물 각각에 기인할 수 없는 것과 같다. 인간과 사물은 모두 의존적이며 결정적이게 되기 때문이다. 그러므로 에니옹은 사물이 같은 시간에 한 부분으로 속한 사회적 행위 안에서 해석되는 방법을 설명하기 위해 공동 제작이란 개념을 소개한다. 공동 제작 개념을 통해, 에니옹은 사회적 관계와 객체가 동시에 구성된다고 제시한다. 더 나아가, 그는 사물을 정의할 때 사용자가 적극적인 역할을 할 뿐만 아니라, 사회적 관계를 형성할 때 객체도 능동적인 역할을 한다고 강조한다. 경험 디자인에서는 디자인에 자동으로 반응하는 것과 같은 구상 체험 또는 개인의 작용에 의한 사건보다, 그 경험이 일어나는 동안에 사회물질적 접근법을 통해 디자인의 상호 구성과 이것의 경험 대상을 조사한다. 이러한 접근법의 결과로, 경험은 '사용자 개개인의 자질과 준비', 그리고 '디자인 속성'이 합쳐진 결과로서 나타난다.

이러한 사고방식의 연장선 상에서 사물은 특정 용도로 사용되는 객체의 속성을 설명하기 위한 스크립트 및 작업 프로그램을 필요로 한다고 말할 수 있다. 그러나 이러한 개념이 경험 디자이너에게 반드시 즉각적으로 유효한 것은 아니다. 어떻게 사물이 실제로 이러한 효과를 가지게 되었는지 이해해야 하기 때문이다. 따라서 경험 디자인이 사용자를 제어하고 특정 반응(의도하고 원하는 경험)을 일으킬 수 있다고 가정하기보다는, 사회물질적 접근법은 경험을 구성하는 데 있어 사용자가 행하는 역할에 주의를 돌린다. 부속물 개념을 바탕으로 에니옹은 대상이 창조적인 객체의 영향을 받아 경험을 얻으려 한다고 제안한다. 로스킬레 축제를 통해, 이러한 이론적 핵심들을 설명할 수 있는 몇 가지 예시들을 소개하고, 이 경우 경험이 어떻게 (참가자들의 활동과 축제 프로그램 활동들을 연결할 수 있는) 사회물질적 디자인의 공동 제작에서 재료가 될 수 있는지 살펴볼 것이다.

로스킬레 축제

로스킬레 축제는 덴마크의 가장 큰 음악 축제이고, 30년 이상 동안 순회한 유럽 음악 축제의 주요 현장이다. 매년 10만 명이 넘는 사람들이 로스킬레 지방 외곽에 모여 음악을 듣고 친구들과 어울리고 7일 동안 계속 파티를 한다. 축제의 역사, 규모 및 연례 행렬로 인해 덴마크와 유럽 청소년 문화의 상징이 되었고, 참여는 의식적인 특징을 나타낸다.

축제 규모와 인상적인 효과는 종종 관객들에게 마치 자연스러운 힘처럼 위협적이고 일관되며 거대한 이미지를 남긴다. 그러나 로스킬레 축제의 의도를 하나 된 문화적 기관으로 남겨두고 대신에 작은 결정들을 모아 하나의 큰 이벤트로 만들어내는 것에 초점을 맞춘다면, 견고한 이미지는 연결 및 다공성의 끊임없이 진화하는 지도를 연상시킨다.

이렇게 분석적 초점을 변화시키면 축제 경험이 정서적 충동의 결과라는 것뿐만 아니라 축제 경험이 전략, 기획 그리고 활발한 공동 창조의 결과로 '집합'되는 방식 역시 이해할 수 있다.

축제 디자인하기

축제 경험과 관련된 디자인에 대해 말하면 다소 불편할 것이다. 디자인이라는 개념은 계획적인 절차와 합리성을 암시하므로 자극적이고 충동적이며 사회적인 축제 문화와 전반적으로 어울리지 않기 때문이다. 우리가 일반적으로 축제를 다루는 문화적 패러다임은 뿌리 깊고 구조적이며 부분적으로는 무의식적인 문화적 현상을 기초로 한다. '디자인'이라는 개념은 그 반대의 방향으로 향하고 있으며, 엄격함과 전략적 합리성은 소란스러운 축제에서 인식하기 어려울 수 있다.

영화, 책, 극장 전시회, 박물관 전시회와 같이 대부분 다른 문화적 경험은 별개의 제작자가 있고 디자인 과정의 기본적인 주체로서 별개의 경험 주제 또는 관객이 있다.

이러한 문화 형태에서 공통점은 디자이너 또는 예술가가 활발하고 창조적인 부류이고 관객이 소비하는 부류라는 것이다. 이것은 축제에는 해당되지 않는다. 축제는 참여를 필요로 하는 문화 형태이고, 이 문화 형태를 실현하는 것은 창조적인 참여다. 관중들의 적극적인 참여가 없는 축제는 축제가 아니며, 생산과 소비의 전통적인 흐름을 흐리는 현상일 뿐이다. 하지만 '관중'이라고 불렸던 사람들이 부분적으로 소비자와 관객으로 남아 있고, 부분적으로는 축제 의식의 적극적인 공연자들이 되었을 때 그 의미가 만들어진 방법을 이해하는 것은 흥미로운 일이다.

사회적 경험

평균적으로 축제는 10만 명의 참여자들에게 각기 다른 경험의 범주를 제공한다. 음악, 예술, 프로젝트, DIY, 레스토랑, 음식점, 길거리 예술, 그라피티, 행위 예술 등이 바로 중심 요소들 중 일부다. 그러나 축제의 성공을 정의하는 주된 경험은 사회적 경험이며, 단란함의 경험이다. 인류학자 빅터 터너(Victor Turner)의 말을 빌리자면, 본 경험은 커뮤니타스(communitas)의 공유된 감정으로 묘사된다. 커뮤니타스는 주어진 의례(ritual)에 관여된 경계 집단을 연결하는 유대감을 나타내는 이론적인 개념이다. 여기서 참여자들은 변형되고 몰개성화된 동일한 감정을 공유하므로 다른 평범한 상황에서보다 더욱 강력하게 상호간 연결성을 경험한다.

경계 의례가 관련된 사람들에게 미치는 사회적인 영향에 대한 터너의 묘사는, 로스킬레와 같은 현대적인 축제에 잘 들어맞는다. 예를 들어, 터너는 경계 의례가 모든 축제에서 핵심적인 기준 중 하나인 전통적인 상태와 정체성을 최소화할 수 있는 힘이 있음을 강조한다. 그 힘이란 무대 앞에서는 모두 동등하다(그리고 무대 위에서도 모두 동등하다)는 공유된 감정이다. 의례와 축제의 다른 경계 특성들 간에 유사한 상관관계가 만들어질 수 있다. 두 사례에서 모두, 참여자들은 일반적인 삶에서 분리된다. 참여자들은 상황에 맞추어 특정한 옷을 입고, 더 극단적인 생활 조건을 공유하며, 종종 술이나 마약의 영향을 받는다.

또한 저항적인 청년 문화에서 발달한 '로큰롤 생활방식'과 다른 특정한 축제를 대하는 태도는 전반적인 축제 행위의 핵심 요소이며, 약물 복용, 극단적인 취중 태도, 극단적인 외향성, 공공 외설 등과 같은 범죄의 수행과 상연을 포함하고, 때로는 고무되어 순조롭게 허가하기도 하는 극단적인 유형의 커뮤니타스를 일으킨다. 하지만 터너의 문화인류학적 상징주의는 어떠한 문화적 사안들이 수행되는지에 대한 이해와 관계가 있는 데 반해, 로스킬레 축제에서 일어난 위태로운 참여와 관계의 메커니즘을 완전히 이해할 수 있게 해주지는 않는다. 터너의 커뮤니타스는 오로지 집단의 분위기만을 이해할 수 있게 하며, 개인들이 어떻게 이를 가능하게 만드는지를 이해하는 데는 도움이 되지 않는다. 또한 터너의 관점으로는 복장의 일상적인 변화, 티켓 구매, 맥주를 마시는 따분한 경험, 그리고 야영지를 차리는 것을 통해 축제 경험이 적극적으로 구현되는 방식을 명확하게 설명하기 힘들다.

'오렌지 느낌' 공동 제작하기

'오렌지 느낌(Orange Feeling)'은 로스킬레 축제의 사회 심미학적 경험을 포착하기 위한 슬로건이다. 이 표어는 전략적 브랜딩 목적으로 제정되었고, 이 특정한 단어 선택을 통해 틀이 잡히고 소통된다. 그렇지만 이러한 느낌을 전달하는 실제 경험은 전략과 단어보다 훨씬 더 다양하고 복잡한 환경에서 만들어지고 행해진다.

오렌지 느낌을 전달하려면 소통 그 이상이 필요하다. 이러한 느낌은 '여기에 무엇을 만들죠?' 같은 만들기 체험, 집단 드럼 연주 조각물, 유성우 쇼, 혹은 모호하게 원고가 쓰이고 모호하게 행해지는 행위 디자인 같은 직접 참여하는 프로젝트를 통해 구현되고 행해진다.

전념과 주고받음이 거대한 군중을 적극적인 참여자로 동원시키는 핵심 요소이며, 그래서 축제 설계에서는 공동 제작을 통해 이것을 활성화하려고 한다. 축제 전략 기획자이자 디자이너인 예스 방비(Jes Vagnby)에 따르면, 장소에 대한 그의 건축학적 디자인은 본래 중요하지 않지만 사회적 상호작용을 촉진하기 위한 요소로서 작용해야 한다. 축제 장소 주변에서 선보이는 수많은 다양한 활동과 프로젝트를 위해 유사한 전략이 선택되었다. 이 행사와 프로젝트는 모두 참여자 자신을 주연으로 선보이게 하는 경험을 만드는 것에 방문객들을 참여시키려고 애를 쓴다. 다시 말해서, 축제 제작은 참여자들의 자기 표출을 준비하고 동원하는 것이다.

위에서 언급한 동원은 축제 (공동)제작의 세부 과정에서 특히 알아볼 수 있다. 예를 들어, 몇 년 전(2010년) 축제가 시작되기 이전에 축제 웹사이트의 정중앙을 차지한 것은 "당신만의 축제 포스터를 만드세요"라는 홍보 문구였다. 주최 측에서는 이 페이지에 접속한 방문객들에게 축제 라인업 중에서 선호하는 밴드의 개인적인 목록을 만들고, 그다음에 이 입력 값을 미리 디자인된 템플릿을 통해 개인의 디지털 네트워크로 타인들과 공유할 맞춤화된 축제 포스터로 변환시키기 위해 '적합한' 로클롤 태도를 보이는 인물 사진을 올리라고 장려했다. 매우 단순한 아이디어이기는 하지만, 축제 준비 기간에 벌인 이 자그마한 활동은 익명의 방문객들에게 자신이 축제의 스타가 된 듯한 느낌을 받게 했다.

또 다른 축제 프로젝트는 캠프 만들기 대회인 '올해의 캠프(Camp of the Year)'로, 가장 끝내주는 콘셉트, 가장 강렬한 분위기, 최고의 디자인, 가장 기괴한 의상, 그리고 가장 맛이 간 파티를 구현한 캠프에게 상을 수여한다. 기괴한 의상과 맛이 간 캠프들은 항상 축제 문화에서 자연스러운 일부분이었지만, 대회 참가자들의 공동 제작과 참여가 공적으로 추천되자 축제 기획자들 또한 공연성, 자기표현, 공동체 및 포용을 보증함으로써 오렌지 느낌의 브랜드 콘셉트에 따라 사회적 심미에 영향을 미칠 수 있다.

공동 제작의 사례로서 포토 갤러리

축제 현장 주위의 다양한 활동은 모두 공동 제작 동원이라는 개념을 중심에 두고 있지만 이를 제외하면 매우 다양하다. 축제에서 가장 중점이 되는 형식은 단연코 흥미로운 콘서트이겠지만, 다른 프로젝트의 예로 DIY 음악 제작, 방문객이 브레이크댄스를 출 수 있는 작은 무대, 또는 공개적으로 머리를 잘라주는 미용사 등이 있을 수 있다.

이러한 무대를 연출할 때는 대부분 행사 측이 고용한 중재자가 활동을 선동하고 사람들의 참여를 유도하겠지만 그렇다고 이들이 항상 직원으로 구분되는 것은 아니다. 누가 돈을 받았고 누가 지불했는지의 경계가 흐릿해 양측 모두에게 최종 활동이 어떻게 전개될지에 대한 부인 가능성이 열려 있다.

이러한 동원은 연기자 등의 참여자가 애매하게 정의된 위반적 청년 문화의 흔한 대본을 따라하게끔 짜인 스케치된 프로그램을 따라 이루어진다. 하지만 로스킬레와 같은 축제는 여러 장소와 여러 콘서트, 여러 공연, 그리고 궁극적으로 끝없는 사회심미적 상호작용을 포함하고 있고, 이는 모두 동시다발적으로 발생한다. 축제 경험에 대해 단일 관점 상호작용으로 이야기하는 것은 고로 잘못되었다. 대신에 축제를 예술가와 참여자의 공연 및 태도를 가이드할 리좀(rhizom) 구조의 심미적 대본으로 받아들여야 한다.

에니옹이 애착의 콘셉트에 제시했듯이 축제 관람객은 경험을 쌓기 위해 스케치된 디자인을 행하고 여기에 애착을 가져야 한다. 이와 유사하게 주어진 역할이 예정되었는지의 문제가 아니라 이러한 역할이 어떻게 받아들여졌는지가 중요하다고 보는 견해도 있다.

이러한 역할 실행의 모호성과 흐릿함은 축제 참여자들의 사진들로만 장식되어 있는 공간인 포토 갤러리(Photo Gallery)에서 더욱 명확해진다. 이 갤러리의 사진들은 축제 관중들의 참여 유도를 목표로 하는 이어폰 회사가 고용한 젊은 파트타임 사진가가 촬영한 것이다. 축제 참여자들의 사진은 흥겨운 파티, 댄스, 게임 및 음주가 한창인 밤에 촬영되었다. 그러나 이 사진들은 수동적인 관찰 또는 단순한 동기 포착의 결과물이 아니다.

오히려 관중들이 연기하고 야유하고 도발적인 포즈를 취하며 자신들을 적극적으로 공연자로 만든다는 사실이 밝혀졌다(〈그림 9-1〉 참고). 다시 말해 축제 문화를 제대로 캡처하였으므로 동기가 진짜도 가짜도 아니라고 할 수 있지만 동시에 사진가와 대상 사이의 공동 작업에서 올바른 이미지가 조심스럽게 연출된, 양식화된 세계를 창조하였다. 카메라 기술은 축제의 경험을 담을 뿐만 아니라 동일한 축제 경험을 동시적으로 창조한다. 애니옹과 듀이의 사고에 따라 이는 참여자들이 자기 자신을 내려놓는 활동에 활발하게 참여하는 상황이라고 생각할 수 있다. 카메라 기술은 리좀 방식의 축제 대본과 참여자들의 현재 사이를 이어주는 부가 장치 역할을 한다. 모두 함께 작동해야만 특정 축제 경험이 공동으로 제작될 수 있다. 참여하지 않는다면(즉, 경험을 공동 제작하지 않는다면), 특별하고 의미와 궁극적으로 가치를 갖게 되는 경험의 일부였던 경험의 모든 면을 부정하는 셈이 된다.

결론

축제의 맥락상 경험 디자인에 중요한 것은 분위기를 창조하는 능력이다. 분위기는 보통 비물질적인 것으로 여겨지기 마련이지만 여기에서는 디자인된 공간, 수행적 대본 및 서

그림 9–1
사진작가와 참여자의 행동 동기: 두 사람 모두 '오렌지 느낌'에 걸맞은 이미지를 만들기 위해 열심이다.

로 연결되기 위해 손 내미는 사람들 사이의 물질적인 만남으로 형성되었다고 믿는다. 축제 경험의 수행적 반복은 그러므로 단지 활동적인 젊은이 집단의 "내적 상태"를 표현하는 것 또는 그저 전략적인 가이드라인의 결과에 그치지 않는다. 오히려 축제 운영진 및 그 관중 사이의 공동 제작 결과이며 이러한 집단 디자인의 소유권 및 집단 경험은 암시적으로 존재한다.

조금 더 일반적인 면에서 경험 디자인은 분명 그 자체로 경험을 창조하지는 않는다고 결론을 내리려 한다. 예를 들어 흥겨운 콘서트나 상관적인 예술 작품 또는 술 마시기 대회의 경험 디자인은 겨우 참여에 미적 형식을 불어넣을 뿐이다. 그러므로 경험 디자인은 수행적 상호작용의 플랫폼 기능을 한다. 여기에서 중요한 점은 이러한 상호작용이 모호한 사회적 대본과 구체적인 물질 디자인의 대본 양쪽 모두에 의해 촉진된다는 점이다.

대중을 이렇게 공동 제작된 디자인에 참여시키려 할 때는 그 문화적 맥락과 물질적 디자인을 동등하게 고려해야 한다. 능동적 수동성이라는 에니옹의 개념은 개념은 누군가에게 영향을 끼치도록 내버려두는 목적으로 디자인된 경험에 애착을 갖고 참여하는 구조를 묘사하기에 매우 적합한 듯 보인다. 그러므로 성공적인 경험 디자인은 참여자들이 영향을 받고 친밀감 및 공동체 의식 경험을 획득할 수 있도록 만들어진 플랫폼이다.

10장
CurioUs: 퍼포먼스의 논리

에이미 핀데이스^{Amy Findeiss}
유라니 라베이^{Eulani Labay}
켈리 티어니^{Kelly Tierney}

2011년도 12월 어느 날 오후에, 연말 쇼핑, 상업적인 과부하, 그리고 월가시위(Occupy Wall Street, '월가를 점령하라'는 슬로건의 시위로 2011년 빈부격차 심화와 금융기관의 부도덕성에 반발하여 미국 월스트리트에서 일어난 운동—옮긴이)가 일어나는 와중에, 유니폼을 입은 세 여성이 소망과 꿈을 나누는 사람들 사이를 지나 뉴욕의 가장 바쁜 지하철 플랫폼에 나타났다. 'CurioUs' 세 명(공연 훈련을 받은 적이 없는 세 여성)은 어떻게 세계의 가장 바쁜 도시 중 하나에서 사람들의 관심을 끌 수 있었을까?

맥락

모든 디자인에는 맥락과 영향을 미칠 장소가 필요하다. 'CurioUS'의 경우에는 사람들이 많은 뉴욕 지하철이었다. 뉴욕의 지하철은 개선될 여지가 있는 교통수단이었으며 서비스 수준은 매일 530만 명의 승객을 모시기에 충분하다. 이 경험은 쓰레기 버리기, 그라피티, 그리고 간혹 일어나는 폭력으로 얼룩진다. 동시에 지하철의 비공식적인 엔터테이너들이 대중교통을 이용하는 사람들의 수동적인 경험을 참여적으로 변경할 잠재력을 가진다. 참여적인 분위기를 통해 우리는 이러한 지하에서의 경험을 커뮤니티, 관리, 그리고 안전성을 갖출 수 있게 다시 디자인할 수 있다고 믿었다.

이 장에서는 공공장소에서의 공연에 대한 가설을 상세하게 것이며, 작은 프로토타입으로 어떻게 테스트했고, 무엇을 배웠는지, 그리고 발견사항을 CurioUs의 디자인에 어떻게 적용했는지를 밝힐 것이다. 체계적인 디자인 조사 과정을 통해 우리는 장소 맞춤형 환경의 자극, 공연 행위, 그리고 무대, 타이밍, 스크립트의 문제를 고려한 공연상의 개입을 디자인하기 위한 문화적 규칙과 규범, 또 의상과 소품 같은 미적 선택에 대해 연구했다. 이 장에서 설명하는 디자인 개발 과정은 뚜렷한 단계들을 거치며 낯선 맥락을 이해하는 것을 목표로 한 맥락 주도적 방법을 뒷받침한다. CurioUs는 디자인 조사 방법을 민족지학, 공연, 즉흥 공연, 커뮤니티 조직화 등 여러 다른 분야와 연결시킨 탄탄한 방법론적 체계를 활용했다.

연구와 가설

우리는 CurioUs를 메트로폴리탄 교통 당국(Metropolitan Transit Authority, MTA)의 틈을 메우는 장소 맞춤형 공연으로서 디자인했다. 목표는 맥락에 대한 가설을 시험하고, 지하철 플랫폼의 퍼포먼스 특성을 시험하며, 새로운 경험을 형성하기 위해 관련된 제약 조건을 발견하는 것이었다. 격식 없는 지하철 엔터테이너의 조건과 공연 패턴을 이해하는 것이 중요했다. 우리는 환경적인 조건, 필요한 기술, 그리고 문화적인 규범의 세 가지 영역을 연구했다.

장소 자체는 공연이 아니라 교통을 위한 것이었고 비격식적인 공연가들을 지원하는 공간의 유형과 이러한 맥락에서 그들의 미적 결정의 열쇠를 파악하고자 했다. 비록 능숙한 지하철 공연가인 매튜 니콜스(Matthew Nichols)의 인터뷰에서 도움을 받았지만, 이 영역에서 연구는 유니언 스퀘어(Union Square)역 플랫폼과 다른 공연가들을 직접 관찰하는 것을 기반으로 했다.

디자인 연구의 일반적인 함정은 잘못된 가설을 세우는 것이다. 힌트를 찾는 탐정처럼, 이들이 우리가 발견한 사항을 어떻게 편향되게 할지 예측할 수 있도록 가설을 분명히 밝혔다. 그렇기에 각 연구 분야에서 기본적인 가설을 파악했으며, 이들을 연구 가설 표로 정리했다(〈표 10-1〉 참고). 이는 맥락을 이해하기 위해 필요하다고 여기는 핵심 지식과 활동을 설명하는 틀이다.

우리는 이러한 가설들을 디자인적 제약으로 이해하였다. 제약은 프로젝트에 구조를 제시하여 디자인 영역을 제한한다. 예를 들면 이는 참가자(이 경우에는 공연가들과 지하철을 이용하는 사람들)의 활동을 제한하고, 고정되고, 묶고, 반복되고, 모든 참가자들에 의하여 공유되는 행위를 형성한다(예를 들면 열차 문이 열릴 때부터 열차 문이 닫히고 열차가 떠날 때까

환경 연구			
A. 동기 및 행동에 대한 이해를 돕기 위해 형식적 시스템과 연관된 실용적 지식을 충분히 얻을 수 있을 것이다.	B. 관찰은 도구에 대한 유의한 정의를 내리게 할 통찰력으로 이어질 것이다.	C. 지하철에서 공연하는 음악가들에게 충분한 접근 권한을 얻어 도구와 연관된 그들의 문화, 동기 및 행동을 이해할 것이다.	D. 도구의 디자인이 적절한지 확인하기 위해 관중에 대해 충분히 이해할 것이다.
기술 연구			
E. 지하철 음악가들은 숙련된 음악가들이다.	F. 지하철 음악가들은 숙련된 공연자들이다.	G. 지하철 음악가들은 사회성이 뛰어나다.	H. 지하철 음악가들 중 다수는 관찰력이 뛰어나다.
규칙 연구			
I. 지하철 음악가들은 자신들이 속한 문화(와 거기에 해당하는 규칙)를 잘 숙지하고 있다.	J. 지하철 음악가들은 금전 또는 사회적 통화의 영향을 받는다.	K. 지하철 음악가들은 청중의 참여를 높여 금전 또는 사회적 통화를 더 많이 받고 싶어 한다.	L. 지하철 음악가들은 (금전 또는 사회적 통화와 관련된) 목표 달성에 필요한 조건을 잘 알고 있다.

표 10-1
연구 가설

지 2분 간격으로 사람들이 지나가는 몰입의 리듬).

그리고 프로토타입 디자인 과정을 통해 이러한 제약을 시험하여, 환경적인 자극 시험, 기술적인 행위 시험, 문화적인 규칙과 규범이라는 세 가지 영역의 연구를 고려했다.

프로토타입을 통해 가설 시험하기

프로토타입 1: 환경적인 자극 시험

격식에 얽매이지 않는 공연가들은 지하 공공장소에서 어떻게 상호작용을 촉진하는가?

지하철을 지나는 사람들은 기차를 기다리며 잠시 멈추거나(2분 미만) 역을 떠나기 전에 도착한 지하철에 타면서 다른 분위기로 들어간다. 우리는 이러한 환경적인 조건으로 인해 지하철을 타는 사람들이 쾌활한 공연을 받아들일 것이며 참여할 수 있을 것이라고 믿었다. 우리의 환경적인 관찰에 따르면 이 장소에서 공연가들이 청중에게 대처하는 데 다른 접근법을 개발한 것이 분명했다. 일부 공연가들은 눈을 마주치거나 말을 거는 것으로 자유롭게 상호작용했으며, 다른 사람들은 예술에 집중했다.

첫째로 프로토타입인 스릴러 풋워크(Thriller Footwork)에서, 그리고 나중에는 브레이크댄싱 실루엣(Breakdancing Silhouette)에서 유니언 스퀘어 역의 공연가들이 사용한 공간적 특성을 고려했다. MTA의 뮤직 언더 뉴욕(Music Under New York, MUNy) 프로그램이 실제 특정 지하철역 구간을 공연가들이 사용할 수 있게 했지만 음악가 매튜 니콜스(Matthew Nichols)는 격식 없는 공연가들이 홀과 플랫폼과 같은 다양한 공간을 찾아내고 사용한다고 설명했다. 즉석으로 찾아낸 장소는 더 작고, 좁고, 가깝고, 잘 안 보이기도 한다. 그리고 이 공간들은 음향을 보호하는 역할을 하는 타일 벽으로 둘러싸여 있다. 니콜스와 같은 능숙한 공연가들은 이러한 공간을 의도적으로 선택했다고 전제했다. 그리고 공간이 내재적으로 '좋은 장소'이며, 기술과 경험을 기반으로, 공연가들이 선택한 장소가 효과적인지를 판단할 수 있다고 믿었다. 또한 이러한 공간에 대한 검토를 통해 통근자(러시아워에 지하철을 타고 내리는 수백 명의 사람들)들의 간헐적인 교통 흐름이 공연 참가자들의 움직임이나 연주의 용이성과 공간에서의 가시성에 미치는 영향을 밝혀냈다.

이 연구 단계는 우리가 상호작용을 촉진시킬 접근법을 파악함에 있어 특히 중요했다. 지하철에서 공연을 하려면 무엇이 필요한가? 우리는 공연자들이 공연을 하기 위해서 지하철에 적절하게 위치해야 한다는 기본적인 전제를 시험했다. CurioUs 공연의 특성(공공장소, 상호작용성의 수준이 있는 것, 그리고 기관의 허가가 없는 것)이 우리에게 공간과 타이밍 등의 실질적인 문제를 포함하여 경험 많은 지하철 공연자들이 획득한 것과 같은 통찰력을 얻도록 요구할 것이라고 생각했다.

그럼에도 지하철 공연가가 전혀 없을 경우에 무슨 일이 일어나는가? 만약 지하철로 통근하는 사람들이 공연을 하게 된다면? 스릴러 풋워크에서 우리는 대인적인 교류를 최소화하여 공연할 때 지나가는 사람들을 포함시킬 확률을 시험했다. 사람들이 혼잡한 홀을 사용해 지하철 플랫폼 공간을 시험했다. 사람들이 걸어 지나가는 과정에 프로토타입을 놓아서, 바닥과 고도의 대비를 보이는 발자국 도안으로 몇십 명의 사람들을 끌어들였다. 그리고 마이클 잭슨의 인기 있는 노래인 〈스릴러〉를 연주해 음악적인 분위기를 만들었다. 수많은 지하철 공연가들이 음악을 참여의 형태로 사용하기 때문이다. 또 참가자들이 자체적으로 탐구할 수 있는 활동에 매료시키기 위해 숫자가 붙은 댄스 스텝 모양을 사용했

그림 10–1
번호가 매겨진 풋워크(발놀림) 표시들(왼쪽), 실험 공간에 표시된 명령에 따라 동반된 풋워크(오른쪽)

다. 잠재적인 참가자들은 "좀비 팔을 사용하세요"와 같은 명령이 쓰인 큰 보드를 보고, 팔을 내밀 것이다. 이는 참여와 지시를 돕는 도구 역할을 했다.

이 모든 신호(음악, 작성된 명령, 팔 움직임의 시각화, 유익한 발자국 요소들)는 두 가지 방식으로 사람들의 관심을 끌었다. 첫째로 노래는 의도적으로 대중적이고 쾌활한 것을 선택했다. 신호와 함께 일부 참가자들은 춤을 추며 몇 분을 보냈다.

그림 10-2
명령과 풋워크에 따르고 있는 참가자

둘째로, 이 프로토타입에서 나타난 불합리함의 수준은 실험에 대한 개방을 촉진시키는 것으로 드러났다. 〈스릴러〉와의 직접적인 연결과 신호의 저수준(low-fidelity) 품질은 참여에 대한 장벽을 낮췄다. 신호는 막지 않고 참가자들이 즉각적으로 할 수 있게 했기 때문에 상호작용에 대한 압박이 없었다. 상호작용을 하고자 하는 사람들은 춤을 추는 지시 사항을 촉진시키는 어려움 때문에 몇 분간을 보냈다. 프로토타입은 적절한 수준의 복잡성을 나타냈다. 이는 인지하기가 간단하며 빠르게 배울 수 있었다.

이 프로토타입에서 우리는 환경과 관련하여 역동적인 디자인 요소들이 상호작용을 촉진한다는 점을 배웠다. 그러한 요소들의 배치가 중요했고, 우리의 성공은, 사람들이 지나가는 길에서 우리의 디자인 상황으로부터 도움을 받았으며 그것이 차지하는 공간을 협상할 수 있게 했다. 능숙한 연주가 없어도 성공을 거두었지만, 우리가 제공한 신호가 수많은 사람들이 참여하도록 이끌기에는 충분하지 않다는 것을 느꼈다. 음악, 연주가, 그리고 지나가는 사람들만으로는 충분하지 않다고 생각했다. 궁극적으로, 최종 디자인은 단순하고 분명한 지시 사항, 스크립트, 혹은 빠르게 소통되고 이해할 수 있는 신호를 필요로 할 것이며, '전문가'에 의하여 소통되고 강화되는 것이 필요할 것 같다. 이는 다음 연구 영역인 능숙한 행위로 이어졌다.

프로토타입 2: 능숙한 행위 시험하기
지하철 공연자들은 어떻게 움직이는 청중을 사로잡는가?

관찰과 인터뷰를 하면서 공연자들이 연습, 경험, 그리고 대중의 인정을 통해 자신이 하는 일을 다루고 있음을 알았다. 공연 기술은, 개인적인 공연 필요에 적합한 무대 공간을 선택하는 감각이나 능력과 함께 지하 플랫폼에서 경험을 쌓아간다. 공연가이자 댄서인 레이첼 레러(Rachel Lehrer)는 공연하는 사람들이 청중과 관여하는 능력은 청중과 사회화하는 과정에서 나타난다고 설명했다. 지하철 플랫폼 공간을 움직이며, 악기를 들고, 청중들과 눈을 마주치는 공연을 하는 사람들을 직접 관찰했다.

관객을 끌어들일 필요성을 인지하는 것은 두 번째 프로토타입인 브레이크댄싱 실루엣에서 주요 관심사였다. 우리는 빠르고 쉬운 상호작용을 통해 순간적인 청중의 관심을 끄는 것을 넘어서, 이들과 사회적, 개인적, 개별적으로 눈을 마주치거나 쳐다보는 것과 같은 인간적인 신호로 관여하는 것을 목표로 했다. 브레이크댄싱 실루엣은 브레이크댄싱 공연 그룹이 지하철 플랫폼에서 연습하고, 근처의 공간을 인지해 팔과 다리의 움직임을 조절하는 능력에서 영감을 얻었다.

스릴러 풋워크와 같이 브레이크댄싱 실루엣에서 지하철 플랫폼과 유사한 좁은 홀을 사용했다. 플랫폼에서 관찰한 역동적인 요소들을 통제된 방식으로 재현하여 지하철에서 공연하는 사람들의 능력에 접근했다. 지하철 계단의 하얀 타일 뒷부분에서, 브레이크댄스를 추는 사람들의 실루엣을 마른 마커로 8피트×20피트 화이트보드 벽에 그렸다. 그런 다음 짧은 신호 글을 남겼다.

"모양을 채워보세요."

그에 따른 참가자들은 브레이크댄스 형태를 따라 하기 위해서 제스처 마커를 찾아 모양을 '채우거나' 머리, 팔, 다리로 대략적인 모양을 묘사했다.

이러한 모양은 이따금 둘 이상의 사람들이 상호작용을 하게 했으며 참가자들이 트위

그림 10-3
자세와 모양을 제시하는 시각적 명령

스터(Twister)와 같은 파티 게임에서처럼 어색하고 바보 같은 자세를 취하도록 했다. 신호는, 그것이 글이든 그림이든, 자극과 함께 호기심과 신선함의 균형을 맞추어야 사람들을 참여하게 할 수 있음을 알게 되었다.

우리가 제공한 모양은 애매모호한 것으로 드러났으며, 참가자가 알아차릴 정도의 힌트를 충분히 제공하지 않았지만 참가자들은 종종 서로 퍼즐을 푸는 것을 도왔다. 이는 의도하지 않은 반응이었지만 이 행동이 매우 유용함을 발견했다. 실험의 마지막 순간에 한 참가자가 뒤에 서서 다른 두 참가자를 도우며, 마치 인간 거울처럼 움직임을 지시하고, 활동을 성공적으로 끝마치도록 하는 것을 보았다. 첫 참가자가 야기한 상호작용은 상호작용의 모범적 실천을 위한 힌트였다. 이는 무엇을 해야 하는지 아는 사람을 이용해 대중의 상호작용에 '씨를 뿌리는 일'이 관객의 참여를 유도하는 데 유용하다는 것을 뜻했다.

앞서 언급한 아코디언 연주가들과 같이, 참가자들이 반응을 야기하기 위해 서로 주고받는 표정 신호를 찾았다. 눈 마주침, 쳐다보는 방향, 말하는 단어들, 그리고 신체 위치와 같은 미묘한 신호를 읽으면 참가자들이 다음에는 무슨 일을 할지 빨리 알 수 있었다.

이러한 이해는 우리가 최종 디자인의 플랫폼에서 공연자로서 움직임과 행동의 예상 시나리오를 쓰는 방법에 직접적으로 영향을 미쳤다.

성공적인 신호는 중립적이고 순수한 반응을 이끌어내는 것으로 보였다. 지시적인 지도와 신호를 통해 기술을 늘리는 활동을 위해서는, 참가자들이 어떻게 참여하는지 가르치기 위해 공공의 상호작용에 '씨를 뿌리는 것'이 중요하다. 역동적인 퍼포먼스 요소로서, 플랫폼에서 어떻게 행동해야 하는지 보여주는 연기자 몇 명이 필요할 것이다.

프로토타입 3: 문화적 규칙과 규범

공공장소에서 자발적인 너그러운 감정을 야기하기 위해서는 무엇이 필요할까?

세 번째 연구는 격식 없는 공연가들의 동기와 행위를 위주로 한 가설로 시작했다. 지하철 플랫폼의 격식 없는 공연가들이 속한 문화와 그에 따른 규칙을 인지함을 전제로 했다. 달리 말하자면 공연가들이 목표를 공유하는 커뮤니티의 일부로서 서로를 인지함을 전제로 했다. 그렇기에 공연가들이 금전적/사회적 보상을 받아 시스템에 참여할 동기를 얻는다고 전제했다. 또한 공연가들이 목표를 달성하기 위해 조건과 관중을 어떻게 조절하는지 알고 있다고 전제했다. 공연가들과 지나가는 사람들은 환경(플랫폼)에 익숙하다. 하지만 이들은 생소함과 익명성에 근거하여 서로 상호작용할 이유가 없을 수 있다. 문화적인 규칙과 규범에 대한 가설을 시험하면서 우리는 스스로에게 이렇게 물었다. 이러한 맥락에서 너그러운 감정을 촉진하는 성공적인 상호작용을 어떻게 구축할 수 있을까?

세 번째 프로토타입인 '기억 교환(The Memory Exchange)'에서는 지역사회의 아이디어와 관련된 행동과 반응, 모르는 사람과의 상호작용, 선물, 이타주의, 상상의 가치, 그리고 이상적인 미래 국가를 정의하는 가치를 어떻게 야기하는지 스크립트로 구성된 대상을 시험했다. 기억을 회상하고 미래를 내다보는 데 참가자들을 관련시키는 어려움을 더 잘 이해하고자 한 것이다. 더불어 이는 참가자들의 구체적이고 비현실적이며 잠재적인 아이디어를 시험했다. 최종적으로, 불편함과 애착의 감정을 예측하기 위해 그러한 아이디어를 '제거'하는 행위를 유도했다.

참가자들에게 버려진 상자에 붙어 있는, 손으로 쓴 지시사항을 받아 '이들이 한때 갖고자 한 기억'을 적어서 제출하도록 했다. 참가자가 기억을 제출하면 최종 지시사항이 나타났다(자신의 것을 제외하고 상자를 열어 하나의 기억을 가져가기).

이것이 마지막 지시사항이었다. 자신이 뺀 기억을 읽은 사람들은 이따금 관리자에게 묻곤 했다. "이제 무엇을 하나요?". 여기서 중립적이지만 분명한 답이 주어졌다. "하고픈 대로 하세요."

우리는 가시적이지 않은 개념에 대한 놀랄 만한 감정과 애착을 관찰했다. 참가자들은 자신의 미래를 고려하기를 즐겼으며 기여에 대한 애착을 보였다. 대부분의 참가자들은 자기 기억을 누군가가 가져갈 것에 놀랐지만, 기억에 기여하기를 좋아했다. 다른 사람들은 더 낫게 고쳐 써서 상자에 넣거나 덜 개인적인 기억을 적고 싶어 했다. 기억에 애착이 있는 일부 참가자들은 다른 사람이 자신의 기억을 버릴 수 있다는 생각에 주저함과 스트레스를 표현했다.

참가자들의 조심성은 자신이 따른 문화 규칙을 다른 사람들은 따르지 않을 수도 있다는 두려움을 보여준다. 더불어 그 가치는 기억의 가치뿐 아니라 참여를 통해 사회적으로 교환되는 가치가 되었다.

일부 참가자들은 이들의 아이디어가 더 큰 것으로 나아가지 않을 수 있다는 사실에 실망했지만, 수많은 사람들은 일부를 교환함으로써 기뻐했으며 다른 사람들의 기억을 읽게 되어서 기뻐했다. 일부 참가자들은 상자에서 '제거'한 기억에 만족하지 않고 또 다른 기억을 선택하고 싶어 했다. 이들은 자신이 더 가치가 큰 기억을 얻어야 한다는 기대를 나타냈으며, 받은 기억에서 자신이 나타낸 만큼 성의가 느껴지지 않으면 실망감을 드러냈다. 대부분의 참가자들은 상자에서 제거한 기억에 유의한 가치를 부여했으며, 원하

그림 10-4
기억 하나를 제출하는 참가자

는 것을 할 수 있다는 지시를 받았지만 선택한 기억을 가져가도 되냐고 물었다.

이 실험은 추상적인 개념을 지목하고, 참여를 유도하고, 익명 사회 사이의 의미 있는 교환을 창조하는 청사진이다. 우리는 더 일찍 완전한 교환 과정을 드러내면(참가자들이 이 실험에 참여하여 한 기여가 다른 사람에게 선물로 주어지고, 참여에 대한 대가로 선물을 받는다는 것을 안다면) 참가자들이 참여에 더 집중할 수 있을 것이라고 예측했다. 이는 상호작용과 참가가 지하철을 타고 다니는 CurioUs의 관객에게 가치가 있는 것으로 비칠 것이라는 확신을 주었다. 또한 우리에게 지하철을 타고 다니는 사람들 사이에 상호작용과 관리를 형성하는 일차적인 목표에 대한 입장을 제공했다. 그 시점까지 환경적인 조건에서 표정과 몸짓에 대한 단서에 이르기까지 역동적인 공연 요소들을 이해하고 시험하는 데 집중했으며, 모르는 사람들 사이를 잇는 활동을 통해 이러한 지식을 얻을 수 있었다.

조사의 통찰로부터 역동적인 공연 요소들을 개발하기

격식 없는 지하철 음악가들에 대한 연구는 지하철을 타고 다니는 사람들의 경험을 진입점으로 시작했으며, 이는 동시에 관객을 경험을 받는 사람들로 고려한 것이었다. 우리는 이러한 엔터테이너들이 지하철 플랫폼에서 개발 및 연구되지 않은 자원이라는 생각을 했지만, 우리의 목표는 엔터테이너들의 역동적인 퍼포먼스를 사용해 지하철을 타고 다니는 사람들에게 영향을 미치는 것이었다.

원하는 반응을 유도하기 위해 디자인은 사회적인 시스템을 발견하고, 이해하고, 조정한다. 이러한 문화적인 규칙과 규범, 기술과 환경적인 신호가 행동을 지도하고 주변의 체계에 개입하기 위해 영감과 기회를 부여하는 것이다. 행동에 따른 연구와 기법적인 전제를 통해, 우리는 디자이너로서 지하철 공연가들이 참가자들에게 능숙하게 신호를 준다고 알리는 문서적인 통찰을 얻을 수 있었다. 분명히 쓰이고, 말하거나, 공연되는 지시사항을 통해, 공연가는 경험을 구축할 능력을 얻는다.

상호작용은, 신선하고 호기심 많은 톤으로 지도되어 다양한 관객의 참여를 이끌어낸다. 짧은 상호작용은 열악한 공연을 제한하고, 재미를 주며 더 큰 성과를 이루게 할수 있다. 참가자가 관여했다고 느낀다면, 이들은 자리에 더 오래 남을 것이다. 이러한 사람들에 대한 자극은 퍼포먼스에 대한 탄력을 야기하는 것으로 보인다. 다음 단계는 퍼포먼스의 요소들과 상호작용을 함께 가져와 유의미하고 관련 있는 맥락을 구축하는 것이었다.

적용된 제한: CurioUS의 최종적인 참여 경험

뉴욕의 지하철을 사용하는 사람들이 호의를 교환하도록 참여를 요청받는다면 어떻게 될까?

CurioUS의 세 사람들이 지하철에 들어가자마자, 지나가는 사람들은 우리가 공연가임을 알아차렸다. 프로토타입 과정을 통해, 역동적인 공연 요소(디자인된 움직임, 제스처, 표정, 그리고 참여 신호)가 시간과 공간의 맥락에 관련된 미적 고려사항들과 함께 최종 경험에 적용되었다.

우리는 최적화된 지하철 플랫폼인 14번가의 L 플랫폼을 이미 연구했었다. 2분마다 도착하고 떠나는 지하철이 양측에 있는 플랫폼이다. 어쿠스틱 음악당(acoustic bandshell) 역할을 하는 계단 아래를 주된 자리로 정했다. 첫 신호인 우리의 시각적 모습은 '월가를 점령하라' 운동이 일어나던 당시의 정치/경제적인 상황 중에 연말연시 선물을 교환하는 분위기를 통해 밝은 빨간 립스틱과 노랑/베이지 유니폼(뉴딜의 시대에서 영감을 받아)은 사람들이 관심을 가지게 했다.

지하철이 도착한다는 자동화된 신호와 함께, 한 공연가가 소원과 꿈을 교환하게 하는 '스튜어디스' 역할의 다른 두 사람들을 소개했다. 다음에, 두 스튜어디스들은 오래된 담배 걸(cigarette girl)처럼 판매 쟁반을 들고 플랫폼을 걸어 다니며 "소원!", "꿈!"을 외치게 해 무대를 확장시켰다. 궁금해하는 사람들과 눈이 마주치면 우리는 "궁금하세요?"라는 단순한 질문을 했다. 스튜어디스들은 교환을 설명하고 질문에 답해 짧은 말들("괜찮아요, 미남")과 격려의 말들("물지 않아요")로 캐릭터를 유지했다.

　　참가하고자 하는 사람들은 "소원을 소원과 교환하고, 꿈과 꿈을 교환하지 않을래요?" 하는 질문을 받았다. 각자 작은 카드와 골프 연필이 든 열린 봉투를 받았다. 이 카드에는 "나는 당신이 내 ＿＿＿＿를 가졌으면 해요"라고 쓰인 단순한 말을 문구가 적혀 있었다. 카드의 빈곳을 채우는 데 2분을 주었지만, 많은 사람들이 더 많은 시간을 들여 주고 싶은 선물을 생각해 카드에 적었다. 완성한 답안을 봉해 다른 사람이 플랫폼에서 적은 다른 봉투와 교환했다. 참가자들은 교환할 때 너무 기뻐서 종종 "눈을 받았어요!" "누가 내게 수염을 주었어요. 나는 수염을 기르려 하는데!"라고 이야기했다. 참가자들은 이 상호작용의 가치를 보고 우리에게 감사했다(심지어 어떤 사람은 돈을 주려고 했다).

　　이 활동은 두 가지 이유로 사람들을 끌어들였다. 첫째로, 훈련을 받은 '씨를 뿌리는'

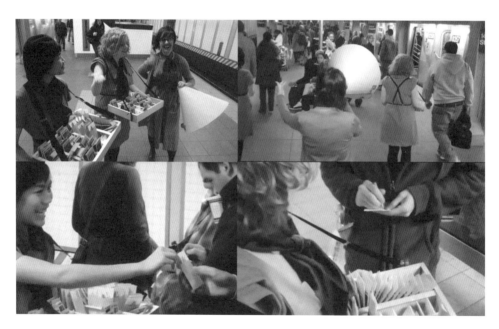

그림 10-5
활동을 하고 있는 CurioUs의 공연

참가자들을 이용해 이상적인 참가자의 행동을 촉진했다. 둘째로, 참가자들이 서로에게 주려고 하는 선물에 대해 이야기하거나 받은 것을 공유하는 것은 다른 사람들을 자극하여 참여하게 했다. 이전에 거부한 사람들조차도 말이다. 이러한 것들은 대안적인 사회 현실이 나타나게 했다. 지하철을 이용하는 사람들 사이의 함께함 말이다.

무대, 소품, 그리고 대본으로 짠 상호작용을 활용하여 시각적, 언어적으로, 그리고 제스처를 통해 참가자들에게 관여할 수 있었다. 환경적인 신호를 이해하고 예측하게 하는 새롭게 발견된 능력은 퍼포먼스의 기술과 행위를 적합하게 함으로써 일대일 방식의 친밀한 상호작용을 가능케 하여 20분 내에 46명의 참가자들이 꿈과 소망을 공유하게 했다.

검토: CurioUS의 시사점

체계적인 방법론과 디자인 과정을 따라, 사회적으로 관련성이 있는 예상치 못한 경험을 우리에게 낯선 공간에서 만들어낼 수 있었다. 정기적인 지역사회 행동 안에 개입해 행동을 통한 인지를 변화시킬 수 있었다. 우리는 활성자(activator)가 지역사회의 다른 구성원들이 일하는 맥락의 문화적 관습을 이해함으로써 그들과 어떻게 관여할 수 있는지를 배웠다. 더불어 지하철로 통근하는 사람들이 문화 내에서 자신의 역할을 이해하며 지하철 음악가들의 동기를 이해하는 것을 관찰했다. 돈 혹은 소셜 화폐(social currency)를 얻는 것이다. 우리는 참가를 유도하기 위해 선물을 주는 문화를 사용했고, 참가자들이 이들이 주는 선물을 조심스럽게 고려하고 그 과정에서 가치를 부여하게 했다.

CurioUs의 세 사람들은 단순히 참여를 요청하지 않았다. 우리는 서비스를 제공했으며, 연구에 대한 가치 있는 경험을 디자인했다. 지하철 공연가들과 지하철을 사용하는 사람들의 사회적인 체계를 발견하고 조율하고자 하는 디자인 기법을 사용하여 엄격한, 기계적으로 짜인 과정을 적용해 짧은 경험을 구축할 수 있었다. 사람들을 자신만의 공간으로 이끌어내 소원과 꿈을 교환해 지역사회를 드러낼 수 있는 공간을 만들었다.

11장
더 나은 환자 경험을 위한 디자인

그레첸 리너트 Gretchen C. Rinnert

안나는 크론병에 걸렸으며, 이는 직장과 소장에 영향을 미치는 염증 질환이다. 궤양이 생기고 소화할 때 고통과 어려움이 생긴다. 안나는 대학 시절에 아프기 시작해 15년 이상 이 질병에 맞서 싸웠다. 이는 신체를 극도로 힘들게 했다. 2008년도에, 로스앤젤레스에 사는 동안, 복강에 세 개의 누공이 생겼다. 안나는 의사들이 안나의 질병을 논하는 캘리포니아 병원에서 4주 동안의 시간을 보냈다. 어느 날 안나는 질병을 처치할 최고의 방법은 약품이라는 말을 들었다. 다음 날, 수술 의사가 다가와 수술을 제시했다. 이들은 어떤 계획을 실제로 실행해야 할지 결정하지 못했으며 다른 병원으로 갈 것을 권했다. 이 시간 동안 먹거나 물을 마실 수도 없었다. 안나의 부모님은 국가의 최고 병원 중 하나에서 전문가들을 만나게 된 오하이오의 병원으로 안나를 데려왔다. 안나의 새로운 의사들은 직장을 제거할 한 가지 선택을 제공했다.

병원에서 오랜 시간을 보내고 나서 집으로 와 요양하다가 추후 진료를 위해 올 것을 요청받았다. 안나는 원하는 것을 먹고 마실 수 있었다. 몇 달간 일상적인 생활을 보냈다. 수술 이후 네 달 뒤에 안나는 햄버거를 먹었고, 햄버거는 반흔 조직에 막혀 내장에 남게 되었다. 경고 신호나 합병증에 대한 지식이 없었던 안나는 구토하고 먹을 수 없게 될 때까지 병원에 가지 않았다. 의사들은 안나의 꼬인 내장이 풀리기를 기다리면서 또 다른 수술을 시행할 준비를 했다. 안나는 온라인 검색을 통해 안나의 저명한 의사들이 수술 합병증에 대비하지 못했음을 알게 되었다. 온라인 의학지를 참고하여 안나는 자신이 적은 양의 식사를 하고 물을 더 마시고, 절개된 부분을 마사지해 내장이 막히지 않도록 반흔 조직을 분해해야 했다는 것을 알았다.

안나가 느낀 초조한 감정은 대부분 불필요했다. 안나는 이제 건강하지만, 안나의 부모님은 심한 스트레스를 겪었다. 안나는 답을 기다리며 시간을 허비했고, 의사소통의 부족으로 건강이 저하되었다. 수많은 환자들은 매일 이와 비슷한 경험을 겪는다. 모든 사람에게 아픈 것은 피할 수 없는 일이며, 우리는 사랑하는 사람들이 아프다면 돌보게 될 것이다. 환자들은 수많은 장애물을 겪지만, 이들의 경험은 환자와 의사들의 소통 도구를 디자인해 소통을 개선하는 데 활용할 수 있을 것이다.

헬스케어 2.0과 온라인 자료

지난 한 세기 동안 우리는 엄청안 의학적 발전을 경험했다. 그리고 인간의 기대수명 또한 두 배가량 증가했다. 이러한 엄청난 발전에도 건강과 관련한 소통 방식은 극소수만이 향유할 수 있다. 의사와 진료 약속을 잡는 것은 너무나도 빠르게 이루어지지만 때로는 혼란스럽고 종종 대응하기 힘든 경우도 있었다. 수많은 의사, 약국, 병원, 간호사, 그리고 치료 견해를 받아들이는 데 있어서 누군가 불만을 표출한다면 쉽게 당황스러움을 느끼게 될 것이다. 이러한 상태에서 도대체 환자들이 어떻게 복잡하고 혼란스러운 정보를 이해하고 사용할 수 있겠는가?

정보를 찾아내려고 하는 환자들

많은 환자들은 온라인을 통해 설명을 얻고자 한다. 그러나 자기 자신을 옹호하기 위하여 행동하는 것은 매우 어려운 일일 수 있다. 구글, 웹MD, 그리고 다른 온라인 네트워크들은 개인적인 컨설턴트로서의 소임을 다한다. 이들은 의학 커뮤니케이션의 양상을 완전히 변화시켰다. 건강 관련 경제학자인 제인 사라손 칸(Jane Sarasohn-Kahn)은 다음과 같이 말했다.

헬스케어 2.0이라고 불리는 이 운동은 다음과 같이 정의할 수 있다. 환자 간, 환자의 간병인, 의학 전문가, 그리고 건강 관련 당사자들 간의 협력을 촉진하기 위해 사회적 소프트웨어와 사회적 소프트웨어의 능력을 사용하는 것이다.

이 온라인 커뮤니케이션은 수많은 환자들에게 생명줄과도 같다. 케빈 라이트(Kevin Wright), 리사 스파크스(Lisa Sparks) 그리고 댄 오헤어(Dan O'Hair)는 온라인 환자 경험과의 관계는 생명유지에 반드시 필요하다고 묘사한다.

지원에 대한 요구가 전통적인 지원 네트워크로 충족되지 않은 질병을 가지게 된 사람들에게 인터넷은 그들로 하여금 유사하게 건강에 대해 우려하는 사람들을 찾을 수 있도록 하며 직접 마주하는 세계에서 가능한 것보다 훨씬 더 거대한 네트워크를 통해 지원받을 수 있는 기회를 제공한다.

환자들은 동일한 경험을 한 사람들의 경험과 지혜를 통해 안정을 찾는다. 의사의 말을 듣는 것은 충분하지 않다. 환자들은 직접 경험한 누군가에게서 세부적인 측면까지 듣기를 원한다. 앞서서 본 대로, 안나는 그녀가 병원에서 있는 동안에 그녀 자신에 대해 이해하고 자가 치료를 하기 위하여 온라인 리서치를 활용했다. 이 행동양식은 전문 회사인 퓨 인터넷(Pew Internet) 등이 수행한 인터넷 사용자 투표에 따르면 결코 드문 일이 아니다. 퓨 인터넷의 수잔나 폭스(Susannah Fox)는 환자들이 온라인상에서 읽는 정보에 많은 영향을 받는다고 설명했다.

(건강을 추구하는 사람들 중) 58퍼센트는 그들의 마지막 검색에서 발견한 정보가 질병이나 상태를 다루기 위한 방법에 지대한 영향을 미쳤다고 말했다. 이 사람들 중 55퍼센트는 정보가 그들의 건강을 유지하기 위한 전반적인 접근법이나 그들이 관리하는 누군가의 건강을 유지하기 위한 전반적인 접근법에 변화를 일으켰다고 말했다. 마지막으로,

이 사람들 중 54퍼센트는 정보가 그들로 하여금 의사에게 새로운 질문을 하도록 만들었으며, 혹은 다른 의사에게서 다른 의견을 얻도록 이끌었다고 대답했다.

일부는 이러한 인터넷 검색들이 해를 입히거나 부정적인 영향을 야기할 수 있다고 우려를 표한다. 물론 그들의 주장에는 근거가 있다. 더 많은 사람들이 온라인 정보에 접근할수록, 믿을 수 없고 신뢰성이 떨어지는 재원에 노출될 가능성이 커지기 때문이다. 브라이언 윌리엄스(Brian Williams)가 진행하는 NBC 방송사의 나이틀리 뉴스(Nightly News)에 따르면, 이 문제는 특히나 백신과 관련하여 부모들의 어린이 예방접종 거부 사태 증가의 한 가지 원인이 되었다고 한다. 많은 부모들은 오늘날 꽤나 흔한 백신들이 대중에게 널리 보급되기 이전인 20세기에 창궐했던 전염병의 영향에 대한 기억이 전혀 없다. 그래서 이 부모들은 구글에서 정보를 수집하여 아이들의 목숨을 위험에 빠트리고 그들 주변 사람들의 목숨 또한 위험에 빠트리고 있다.

폭스는 환자들 중 15퍼센트만이 온라인 건강 정보의 근원과 날짜를 확인한다는 것을 발견했으며, 이는 다시 말하면 의학적 조언을 온라인으로 수집하는 8,500만 명의 미국인들이 그 정보를 정기적으로 검토하지 않음을 뜻한다. 그들이 수집하는 정보의 유형을 확인하는 것은 매우 중요한 일이다. 대다수의 환자들은 사용자들이 자체적으로 만들어낸 정보에 인터넷으로 접근하고 있다. 다양한 의학적 관점들이 축적된 이 방대한 정보들은 무경험자들과 의료 전문가들에 의해 만들어졌으므로 그 날짜와 근원을 검증해야만 한다.

이것은 사용자가 만들어낸 모든 건강 관련 콘텐츠가 위험하다거나 믿을 수 없다는 뜻은 아니다. 하지만 그러한 정보는 충분한 검토가 이루어지지 않았으며, 교육을 통해 이루어지는 관리나 검토가 없다. 개인적인 경험은 가치가 높으며 그것의 중요성에 주목하는 것은 분명 의미가 있다. 건강 관련 정보에서 개인적인 경험은 큰 축을 차지한다. 다른 환자가 마주했던 것을 알고 듣는 것은 사람을 안심시켜주며, 매우 유용한 정보를 제공한다. 이러한 경험은 환자가 혼자가 아니며 희망이 없지 않음을 알려주며, 자신감과 영감을 불어넣는다. 또 이러한 경험은 다른 수준의 정보, 상세한 세부 사항, 그리고 미래에 기대할 수 있는 것들을 제공하기도 한다. 데일리스트렝스(DailyStrength.org)와 같은 환자 커뮤니티는 환자들이 서로 만나고, 정보를 공유하며, 지원을 받고, 다른 사람들을 도울 수 있는 공간을 제공한다.

그러나 많은 환자들이 미디어 정보 해독력(media literacy)이나 건강정보이해능력과 같은 온라인 콘텐츠에 참여하기 위해 필요한 능력을 갖추고 있지 않다는 것은 우려되는 부분 중 하나다.

미디어 정보 해독력이란 텔레비전, 신문, 책, 기사, 블로그, 웹사이트, 휴대용 기기, 게임, 컴퓨터, 휴대폰, 디지털 영상, 사진, 일러스트, 문자, 이메일 그리고 출력된 문자를 포함하는 매체에서 발견되는 미디어 메시지를 이해하고 해석할 수 있는 능력을 뜻한다.

작가이며 건강 연구자이자 테네시대학교(University of Tennessee)의 건강 과학 센터 (Health Science Center)에서 교수로서 재직하고 있는 리처드 토마스(Richard Thomas)는 다음과 같이 말한다.

건강정보이해능력(Health literacy)은 건강 정보를 읽고, 이해하며, 이에 따라 조치를 취할 수 있는 능력이다. 사람들은 나이, 소득, 인종, 혹은 배경과는 상관없이 건강 정보를 이해하는 데 어려움을 겪을 수 있다.

누군가의 건강과 웰빙을 다룰 때에, 알맞은 정보를 알맞은 시기에 맞추어서 수령하는 것이 필수적이다. 연구 결과는 대부분의 소비자들이 의료 정보를 이해하는 데 도움을 필요로 한다는 것을 보여준다. 읽기 수준과는 상관없이, 환자들은 읽기 쉽고 이해하기 쉬운 의료 정보를 선호한다. 이것은 복합한 정보를 관리하는 것 이상을 관여하기에 정보 디자인의 문제로 볼 수 있다. 이는 '가장 효과적이고 효율적인 형태로 알맞은 상대에게 알맞은 시간에 알맞은 정보를 제시하는 것'을 말한다.

단순한 구글 검색에서 환자가 마주하게 될 복잡한 정보의 망에도 불구하고, 환자들이 찾는 온라인 건강 정보들이 가치가 있다고 입증하는 데이터는 풍부하다. 그러나 좋은 품질의 정보를 찾기 위한 많은 부담은 여전히 환자에게 있다. 환자들은 그들 자신의 의료 위기를 다루어야 하며, 그들이 어떠한 정보를 사용하고 어떻게 관리해야 할지를 다루고 판단해야 한다. 우리는 스스로가 복잡한 정보 구조, 참여형 문화, 그리고 건강정보이해능력에 의하여 틀이 잡힌 정교한 디자인 문제 가운데 있음을 알 수 있다.

연구 개요 및 목표

우리의 연구 문제는 다음과 같다.

"어떻게 디자이너들이 현 의료 커뮤니케이션 문제에 반응하고, 더 나은 환자 경험을 제공하고, 정보 불안을 줄여 종합적인 건강 결과물을 향상시키는가?"

데이터 수집을 시작하기 전에 연구에 대한 근거를 제시하기 위하여 여러 가정을 세웠다.

- 환자들은 그들의 의료 행위 과정에 대해 알지 못하며 반드시 꾸준히 치료에 대한 정보, 설명 그리고 도움을 요청해야 한다.
- 환자들은 의료진에 의하여 승인되고 증명된 믿을 만한 의료 정보를 보유하고 있지 않다.
- 환자들은 도움을 필요로 한다. 환자들은 종종 스스로 의학적 문제를 다루려고 하며 그 도움을 온라인상에서 찾으려고 한다.

환자의 요구와 경험을 검토하는 과정에서, 태블릿 애플리케이션이 환자의 커뮤니케이션에 어떤 도움을 줄 수 있는지에 초점을 맞추었다. 이 애플리케이션은 다음 핵심 기능을 포함한다.

- 개인화된 의료 정보를 보여주는 도구
- 믿을 만하고 투명한 의료 정보를 환자에게 제공하는 도구
- 온라인 소셜 네트워크 기능을 가져오는 내부 지원 시스템

- 환자가 그들의 의학 여정을 기록할 수 있게끔 도움을 주는 개인화된 경험

연구 전략 및 시각화

이 연구를 정의하고 체계화하기 위하여 여러 전략들을 사용했다.

- **조사:** 우리가 가정한 것을 시험하고 데이터를 수집하기 위한 목적으로 최근 환자들과 현 환자들에게 온라인 설문을 했다.
- **개발:** 콘셉트 맵, 사용자 페르소나, 그리고 시각적 프로토타입은 우리가 연결성과 관계를 찾아내고, 수집했던 데이터가 가진 일정한 패턴과 모아두었던 2차적 데이터를 확인할 수 있도록 해주는 명료성을 제공해주었다.

사용자 조사

기초적 연구는 의료진의 관리를 받고 있는 환자의 경험에 대한 정보를 수집하기 위한 의도로 웹 기반 조사를 이용했다. 이를 통하여 개인적인 경험을 밝혀내기 위해 정성적 측정법을 사용하였다. 우리의 목표는 다음과 같았다.

- 환자와 의료진 간의 의료 커뮤니케이션 문제를 정의 내린다.
- 디자인을 통해 커뮤니케이션과 이해를 도울 수 있는 영역을 밝혀낸다.
- 환자의 경험, 목표 그리고 욕구를 정의 내린다.

환자에 대한 요청은 여러 소셜 네트워크 웹 사이트와 온라인 협력 단체인 데일리스트렝스닷컴(DailyStrength.com)에 게재되었다. 참여자들은 온라인 시스템을 통하여 연락했고, 이 참여자들의 개인적인 연락 정보는 수집되지 않았다. 이 환자들은 익명을 유지하면서 로그인할 수 있었다.

결과적으로, 87명의 성인들이 온라인 설문에 참여했다. 이 참여자들은 25세와 64세 사이의 성인들이었다. 그리고 참여자들은 환자 경험, 기대 그리고 기술에의 노출에 대한 39가지 질문에 대해 답했다. 참여자들은 영어를 구사할 수 있는 성인이어야 했으며, 18세가 넘어야 했고, 지난 7년 이내에 환자였던 적이 있어야만 했다. 성별과 민족은 본 연구에 참여하는 데 있어서 결정적 요인이 아니었다.

참여자들이 응답을 한 설문지는 주관식과 객관식 질문들로 구성되었다. 이 설문지는 환자들의 삶, 경험 그리고 기대에 대한 통찰을 가능하게 했기에 매우 중요했다.

결과

조사의 첫 부분은 환자에게 일반적인 인구학적 정보, 기술 접근 그리고 미디어에 대한 질문으로 시작했다. 16번째 질문부터, 참여자들은 그들의 특정한 환자 경험에 대한 질문을 받았다. 가장 흥미로운 사실을 보여주는 답변들은 "당신의 경험에서 부정적인 부분은 어떠한 것이었습니까?"인 17번째 질문에 대한 응답에서 발견되었다. 참여자 중 39퍼센트가 의료 전문가들과의 커뮤니케이션을 언급하였으며, 이해하는 데 있어서의 어려움, 의료 용어의 사용, 예후의 불확실성 등을 응답에 포함하였다. 다른 답변들은 좋지 못한 경험, 부적절한 침상 매너, 시간 손실, 대금 청구 혹은 보험과 관련된 문제, 그리고 의료 파일을 이전하는 문제 등이었다. 오로지 응답자 중 5퍼센트만이 그들의 경험에서 부정적인 측면이 없었다고 답하였다.

원래의 첫 가정으로 돌아와서, 나는 환자들이 그들의 의학적 프로토콜을 이해하려는 경향이 있음을 발견했다. 하지만 여전히 의문을 품고 있는 환자들도 종종 있었다. 설문지는 환자들과 간병인들이 그들의 의사소통을 위한 주요 수단으로 전화기를 사용하고 있음을 보여주었다. 36번째 질문은 환자들에게 "나는 질문이 있을 때 보통 ①진료실에 전화를 해서 간호사와 이야기를 한다 ②의사를 만나기 위해 진료 예약을 한다 ③답을 찾기 위해 온라인상에서 검색을 한다 ④문제를 무시하고 넘어간다 혹은 ⑤의사나 간호사에게 제 문제에 대해 이메일을 보낸다"라고 묻는 것이다.

응답자 중 51퍼센트는 진료실에 전화를 걸어 간호사와 이야기를 했다고 하였으며, 27퍼센트는 온라인상에서 답을 검색했다고 응답하였다. 그리고 오로지 5퍼센트만이 의사에게 직접 이메일을 보냈다고 답했다.

서비스가 불만족스러웠던 한 환자는 다음과 같이 답변했다. "나의 담당 생식내분비 전문의와 산부인과 전문의, 그리고 이 의사들의 담당 직원들도 온라인이나 이메일을 통하여 소통하지 않았다. 그리고 거의 모든 상황에서 온라인을 이용하거나 이메일을 통해 소통하는 것은 내가 선호하는 방식이다. 전화를 하여 누군가와 이야기를 해야 하거나, 메시지를 남기고, 답신 전화를 기다리는 등의 행위는 매우 번거롭고 옛날 방식이다."

두 번째 가정과 관련하여, 환자들이 "추가 정보를 위하여 온라인상에서 검색을 한 적이 있는가?"라는 질문을 마주하였을 때는 그들 중 91퍼센트가 "그렇다"라고 답했다. 오로지 9퍼센트의 환자들만이 "아니오"라고 답했다. "그렇다"라고 답한 환자들은 종종 길게 설명을 덧붙였지만, 일반적으로 정보를 더 많이 필요로 하거나 의사와 만난 뒤에 상황에 대한 설명을 필요로 한다는 것이 주요 원인이었다. 일부 환자들은 웹MD와 상담했으며, 다른 사람들은 온라인 협력 단체를 찾아보았다. 추가 정보를 찾지 않은 환자들은 상황이 그들을 압도하였거나, 웹사이트가 지원을 제공할 것이라고 느끼지 못했다고 답했다. 온라인상에서 얻는 정보에 의존했는지에 대한 질문에 대해선, 그룹이 나뉘어졌다. 53퍼센트는 "그렇다"라고 답했으며, 47퍼센트는 "아니오"라고 답했다. "당신의 의학적 예후나 치료에 관하여 온라인 자료를 얼마나 자주 사용하는가?"라는 질문에 대해선, 오로지 9퍼센트만이 "절대로 아니오"라는 답을 선택했다. 반면 47퍼센트는 "1개월에 한 번 이하"라고 답했으며 44퍼센트는 "1개월에 한 번에서 매일 사이"의 정도로 빈번하게 온라인상에서 검색한다고 답했다.

세 번째 가정과 연관된 질문들은 다음 반응들을 불러일으켰다.

"협력 단체의 일원입니까?"라는 질문엔 오로지 27퍼센트만이 "그렇다"라고 답했으며, 73퍼센트는 "아니오"라고 답했다. 지원 그룹에 참여했던 응답자 중 대다수는 이러한 경험을 긍정적이라고 느꼈다. 한 환자는 다음과 같이 말했다. "제가 거쳐가는 것을 다른 누군가

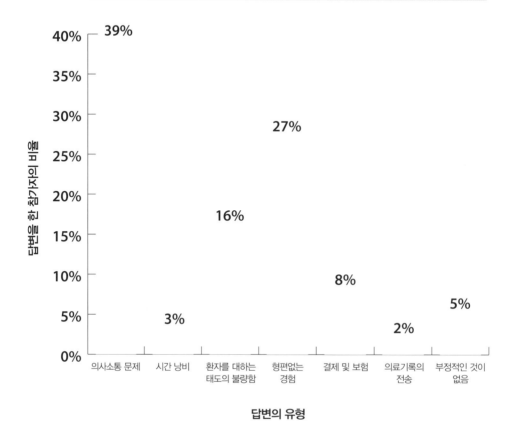

그림 11-1
17번째 질문에 대한 자세한 결과

도 거쳐간다는 사실을 안다는 것이 정말로 제게 도움이 되었습니다. 제게 조언을 줄 수 있는 사람들과 모든 것을 이해할 수 있는 사람들 말이에요. 제 마음에 안정을 가져왔고, 제 경험을 공유할 수 있게 했으며, 다른 사람들에게 도움을 줄 수 있게 되었습니다!"라고 말이다. 다른 환자는 또 다음과 같이 말했다. "물론입니다. 제가 동일한/유사한 상황에 놓인 다

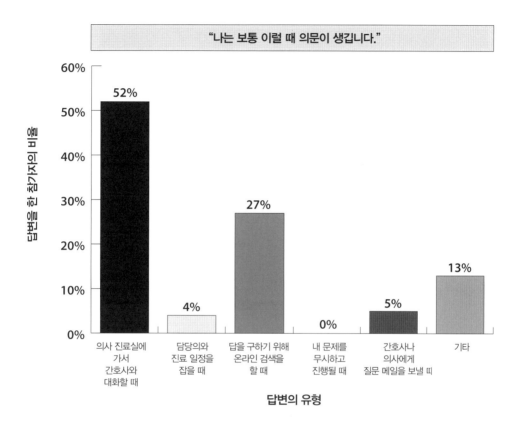

그림 11-2
36번째 질문에 대한 자세한 결과

른 여성분에게서 받은 지원과 이해(그리고 조언)는 매우 유용했습니다"라고 말이다.

개발

설문지에 이어, 콘셉트 매핑, 페르소나 구축, 그리고 프로토타이핑의 세 가지 시각적 탐구 방법을 사용했다. 이러한 접근법들은 각각 환자 경험을 이해하도록 도왔고 최종 제품을 모형화하는 데 도움을 주었다.

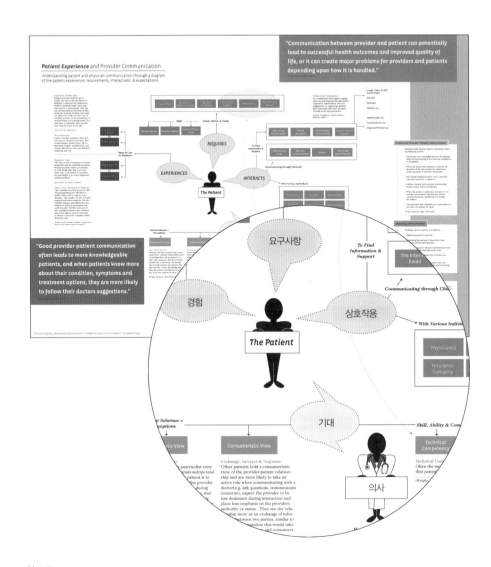

그림 11–3
애플리케이션 콘셉트 맵

콘셉트 매핑

콘셉트 맵을 전개함으로써, 수집한 데이터를 가지고 환자의 경험을 시각적으로 그릴 수 있었다.

콘셉트 맵은 모든 연구를 한곳에 위치시켰으며, 이번 프로젝트의 세부적이고 전체적인 관점을 제공했다.

페르소나

프로젝트 범위를 정의내리기 위하여, 두 가지 페르소나(persona)의 개발을 전개했다. 페르소나는 목표로 잡은 청중을 대표하는 잠재적인 최종 사용자의 가상 모델을 말한다. 이에 환자의 두 가지 유형을 확인할 수 있었다. 장기적이고 만성적인 관리를 마주하는 유형과, 단기적이거나 선택적인 관리를 마주하는 유형이 있었다. 두 페르소나 모두 의료에 대해 소비자적 관점을 보유하고 있었으며, 이전 조사의 결과를 반영하도록 설계했다. 우리의 애플리케이션은 온정주의적인 관점으로 환자를 방해하지 않을 것이지만, 환자들의 필요와 요구를 필연적으로 충족시키지는 않는다.

첫 번째 페르소나는 크론병을 앓고 있으면서 남은 삶 동안 장기적인 관리와 만성 통증 관리를 필요로 하는 베스라는 여성이었다. 그녀는 36세로 활동적이었다. 그녀에겐 아이가 한 명 있으며 온라인 협력 단체의 강력한 일원이다. 베스는 곧 수술을 할 예정이며, 회복을 위해 준비를 하고 있으며 결장 제거 수술을 할 예정이다. 그녀는 그녀의 건강을 세밀하게 감시하며 그녀의 의료진에게 피드백과 커뮤니케이션을 받기를 원한다. 그녀는 수술에 대해 불안해하며 자신이 올바른 결정을 내리는지 확인받고 싶어한다. 그녀는 자신과 같은 환자가 올리는 글을 블로그에서 보기 위하여 제이파우치닷넷(jpouch.net)과 같은 웹사이트를 자주 방문한다. 그녀는 곧 수술과 회복을 앞두고 있기에 몇 주 후에 어떠한 일이 벌어질지에 대해 이해하기를 원한다.

두 번째 페르소나인 엠마는 생식에 문제가 있는 환자였으며 단기간의 선택적 관리를 필요로 했다. 그녀는 임신을 하지 못하게 막는 유전적 장애가 있었다. 그녀가 받아야 하는 치료는 보험으로는 해결되지 않았고 불임은 생명을 위협하는 위험이 아니었기에 선택적이라고 여겼다. 엠마와 그녀의 남편은 수년간 아이를 가지려고 노력했고 가장 극단적인 생식 치료인 체외수정을 하기로 결정했다. 그들은 저축액 중 상당한 부분을 이 시술에 써야 했고, 각 주기의 성공률은 40퍼센트밖에 되지 않았다. 그러므로 소통과 이해가 핵심이었다. 엠마는 반드시 스스로 주사 가능한 약물로 관리해야 한다. 지시를 이해하는 것과 특정한 시기 선택을 따르는 것은 매우 중요하다. 그리고 만일 이들이 지시 사항을 잘 따르지 않으면 1만 2000달러를 낭비하게 될 것이다. 엠마는 두려웠디만 성공적인 체외수정으로 인한 임신 사례를 듣고 싶었다. 그녀는 친구들과는 논의하지 않았다. 엠마는 때때로 외로움을 느끼며 남들과는 다르다고 느낀다. 그래서 온라인상에서 타인들과 소통하는 기회를 반기게 되었다.

이러한 두 명의 다른 환자 페르소나를 만들어내는 것은 우리로 하여금 각기 다른 단기와 장기 의료 경험을 지닌 환자를 위하여 특정한 커뮤니케이션과 교육에 대한 필요를 파악할 수 있게 한다. 그 뒤에 이러한 페르소나를 사용하여 우리의 콘셉트 맵을 수정하고 다듬었으며, 이를 저들의 서사에 적용하였다.

프로토타이핑과 애니메이션 워크스루

최초의 두 가지 탐구의 결과물에 기반을 두어 환자 대변인(The Patient Advocate)이라고 불리는 아이패드 애플리케이션을 위한 프로토타입을 개발하였다. 이 애플리케이션은 환자들이 시각적 도구와 커뮤니케이션 도구를 통하여 의료 정보를 활용할 수 있도록 환자들을 의사들이나 의료 서비스 제공업자들과 연결시켜준다. 또 이 애플리케이션은 환자들을 위한 소셜 네트워크 장소를 제공하기도 한다.

본 프로젝트의 디자인 단계에는 두 개의 인공물 개발을 포함했다. 첫째는 사용성 실험을 위한 인터랙티브 프로토타입이었고, 다른 하나는 시스템 전반에 걸친 사용자의 경로를 묘사하는 애니메이션 워크스루(walk-through, 개발 과정의 각 단계에서 구성원들이 토의를 하며 설계서 혹은 프로그램의 논리적 오류를 발견해내는 방식)였다. 이번에, 본 프로젝트에서 애크론 아동 병동(Akron Children's Hospital)과 관계를 맺고 낭포성 섬유증 센터(Cystic Fibrosis Center)에서 의학박사로 재직 중인 루이스 H. 워커(Lewis H. Walker)와 긴밀히 작업했다. 의학 전문과들과 작업을 같이 하면서, 우리는 낭포성 섬유증을 앓고 있는 환자들이 환자 대변인 시스템에서 많은 것을 얻어갈 수 있음을 발견했다. 그리고 이 새로운 관계를 통하여 추후 우리의 프로토타입을 모델링하기 위한 더욱 실제적인 데이터와 '소프트 정보'에 접근할 수 있었다.

이에 따라, 애니메이션화한 설명에서 우리는 낭포성 섬유증을 앓고 있는 환자인 한나가 어떻게 애플리케이션을 사용하는지를 보기 위하여 시스템을 통해 관찰하였다. 다음의 글은 애플리케이션 내에서 환자의 경험을 설명하며, 사용 맥락에서 핵심 기능을 묘사하고 있다.

우리는 한나가 그녀의 아이패드를 사용하여 환자 대변인 애플리케이션에 접속하는 것을 볼 수 있다. 그녀는 자신의 이메일과 패스워드를 사용하여 안전한 소셜 네트워크와 데이터베이스에 접속한다. 시스템에 들어가게 된 다음에 한나는 환자 프로필과 건강 로그에 방문한다.

왼쪽 코너에서 그녀의 네트워크와 공유된 그녀의 기본적인 개인 정보를 담고 있는 회색 네모 칸을 볼 수 있다. 그리고 화면의 나머지 부분은 일일 건강 로그로 가득 차 있다. 각 섹션은 더 많은 복잡한 데이터 세트를 개인에게 맞추기 위하여 확장될 수 있다. 이 맞춤 화면은 한나가 자신의 기분에 따른 신체 변화에 대해서 계속 신경을 쓸 수 있도록 신속하게 데이터를 추적할 수 있다. 애플리케이션은 환자 개인의 건강에 맞추어진다. 이렇게 하여 의료진이 감시 대상인 핵심 목표물들을 배정할 수 있게끔 한다. 한나의 건강 로그가 문제를 보인다면, 그녀의 의료진과 간병인은 한나에게 경고 문구를 보낼 수 있다. 예를 들어 만일 그녀의 몸무게가 줄어들었다면, 그리고 기관지 확장제(비상 흡입기)를 사용하는 빈도가 늘어났다면 그녀는 의사와 진료를 잡으라는 문자 메시지를 받을 수 있다.

다음으로는 한나가 커뮤니티 센터(Community Center)에 방문하는 것을 확인할 수 있다.

여기서 그녀는 커뮤니티 회원들이 올린 최근의 글, 기사 그리고 콘텐츠를 볼 수 있

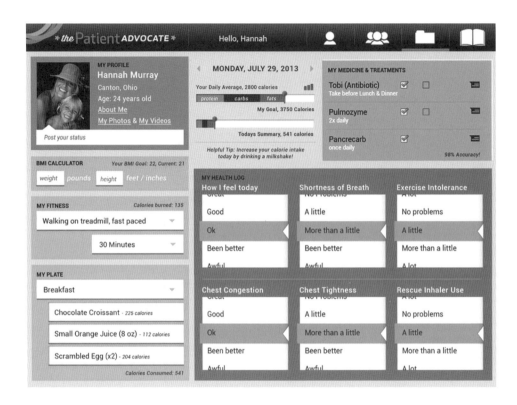

그림 11-4
환자 대변인 애플리케이션과 건강 로그 페이지

다. 한나는 여기에 참여할 수도 있다. 그녀는 질문할 수도 있고, 기사, 조언, 그리고 영상을 공유할 수도 있다. 그녀는 텍스트 기반 채팅 도구를 사용하여 소통할 수 있으며, 그녀의 커뮤니티와 구글 한고트(Google Hangout) 영상 채팅에 참여할 수도 있다. 한나는 세가지 각기 다른 카테고리를 통하여 연락을 취한다.

- 의학 팀: 의료진, 간호사, 사회복지사, 치료 전문가–협력 단체: 동일한 나이 대 내에서 유사한 관심사를 공유하고 있는 비슷한 건강 진단을 받은 환자 그룹
- 가족과 친구: 환자가 건강 네트워크의 일원이 되도록 선택한 가족과 친구들

이 그룹은 일반적으로 그녀가 공유하기로 선택한 정보에 접근할 수 있는 그녀와 가까운 사람들의 더 작은 그룹이다. 협력 단체 일원들을 정리한 연구 간호는 필요에 따라 커뮤니티를 감시한다. 그녀는 질문에 답할 수 있으며, 피드백을 제공하고 콘텐츠를 업로드한다.

그다음, 한나는 '환자 건강 추적과 차트(Patient Health Tracking and Chart)' 페이지에 방문한다. 이번 화면은 세 가지 각기 다른 섹션으로 구분된다. 첫 번째 절반은 시간에 걸쳐 기록된 환자의 자가 감시다. 여기에는 한나의 일일 입력 사항들이 표시되며, 그녀에게 피드백을 주기도 하며 건강에 대한 전체적인 시각을 제공한다. 다음은 한자의 의료

그림 11-5
커뮤니티 센터의 페이지

팀이 수립한 건강 목표들을 보여주고, 이러한 목표를 달성하기 위한 노력들을 보여준다. 그녀는 이 인터페이스를 이용하여 의료진이 전달한 지시 사항들에 접속할 수도 있다. 여기서 한나는 가장 최근의 검사 결과, 혈액검사, 검진 그리고 진단서를 확인할 수 있다.

마지막으로, 한나가 교육 센터(Education Center)에 방문하는 것을 볼 수 있다. 여기서 교육 센터란 진단, 최상단의 온라인 재원, 약과 치료에 대한 정보, 그녀의 의료 팀이 추가 정보에 대한 개요를 제공하는 애플리케이션의 공간을 뜻한다. 이 콘텐츠는 그녀를 담당하는 의사의 진료실에 있는 연구 간호사가 관리하며, 정보는 그녀에게 맞춤으로 제공된다. 다시 말해 한나에게 적절한 정보만 제공된다. 그녀의 약과 치료 목록이 갱신되면, 이 화면에서는 정량, 경고, 그리고 약물이나 치료에 대한 배경 정보가 새로 갱신된다.

결론

물론 이 지점에서 본 프로젝트의 최종 결론이 완전하지는 못해도 조사, 인터뷰, 시각적 탐구에서 나온 조사 결과물들은 헬스케어 산업이 아이패드와 같은 혁신적인 기술, 복잡한 데이터 공유, 커뮤니케이션을 다룰 수 있는 정교한 애플리케이션 사용 도입 시 무엇이 가능한지를 암시한다. 환자 대변인 애플리케이션은 현재 진행 중인 작업이며, 본 애플리케이션을 정의 내리는 데 여전히 몇 가지 단계가 남아 있다.

좀 더 나아가자면, 건강정보이해능력, 환자 자가 관리, 사회적 지원에 대한 광범위한 연구 경력을 갖춘 켄트 주립대학교(Kent State University)의 심리학 교수인 조엘 휴스(Joel Hughes) 박사, 그리고 아이알엑스 리마인더(iRx Reminder)의 CEO인 앤서니 스턴스(Anthony Sterns) 박사와 마무리 작업을 할 것이다. 우리 셋은 함께 말기 데이터베이스를 개발할 것이며, 자금 수여를 찾으면서 실제 환자들을 가지고 사용성 파일럿 실험을 수행할 것이다. 현재까지, 필자는 애크론 아동병원(Akron Children's Hospital)에서 CF 환자들을 대상으로 사용성 실험을 두 세트 완료하였으며, 이러한 규모의 애플리케이션에 대한 관심과 필요를 발견했다.

많은 환자들과 그들의 부모는 다른 환자들과 사회적 관계가 없다고 느낀다는 의사를 밝혔으며, 의료진과 소통하는 데 어려움을 겪는다고 했다. 의사들은 약물과 식이요법 집착에 대한 관심을 내비쳤으며, 환자들이 의사가 처방해주는 의학적 치료 계획서에 어떻게 하면 잘 따르도록 도울 수 있는지에 대한 관심을 내보였다. CF를 겪으며 사는 아이들은 좋지 못한 자가 관리자들이다. 클리블랜드 클리닉(Celeveland Clinic)에 위치한 아동 폐 치료 전문 센터(Center for Pediatric Pulmonary Medicine)에서 근무하는 의사인 네이선 크레이넥(Nathan Kraynack) 박사에 따르면 많은 청소년들과 10대 CF 환자들이 치료와 약물에 대한 집착으로 고생하고 있다고 한다. 이 행동양식은 이러한 환자들의 수명을 줄이거나 조기 폐 이식을 필요로 하는 위험에 노출시킨다.

애플(Apple)은 현재 의료와 연관되거나 건강 정보와 관련된 아이패드용 애플리케이션을 찾고 있다. 이 태블릿이 엄청난 가능성을 보유하고 있기 때문이다. 아이패드는 현재 의사들이 디지털 메모장으로 사용하고 있으며, 의료 정보의 이미지의 입출력을 위한 목적으로 사용된다. 그러나 이는 주로 의사들을 위한 도구로 사용해왔지 환자들을 위한 도구로는 사용하지 않았다. 한편 아이패드는 환자들을 재미있게 해줄 목적으로도 사용된다. 2010년에 스탠퍼드병원(Standford Hospital and Clinics)은 환자들이 병원에서 지내는 동안에 회복 구역에서 기다리면서 시간을 보내는 방법의 일환으로, 환자 경험을 향상시키기 위하여 텔레비전과 노트북을 대신하여 아이패드를 사용했다.

이러한 맥락에서, 환자 대변인 애플리케이션은 커뮤니케이션부터 공유, 그리고 환자들 자신의 건강과 삶에 대한 이해에 이르기까지 환자 경험의 모든 측면을 향상시키는 것을 추구하기에 혁신적인 콘셉트라고 할 수 있다. 환자 대변인 애플리케이션을 위한 시장의 수요는 여러 의료 기관, 의료 전문가, 그리고 의료 소비자들의 필요가 만들어낸다. 모바일-건강(mHealth) 애플리케이션과 환자와 계속해서 일하는 의료 서비스 제공업자들을 지원하는 기술들에 대한 수요는 나날이 증가하고 있다. 이러한 수요는 특히 만성적이고, 생명을 위협하는 질병을 앓고 있는 환자들에게 있다. 환자들은 온라인상에서 건강 정보를 얻고 종종 타인들과 이러한 정보를 공유하기도 한다. 하지만 그들은 매일매일 의

사소통과 관련한 문제를 겪고 있으며, 이러한 문제엔 다음과 같은 사항들이 포함된다.

환자들의 건강 정보를 이해하는 것, 개인적인 기록에 접근하는 것, 그리고 정기적으로 의사, 간호사, 간병인에게서 그들의 건강에 대한 최신 정보를 얻고 관리하며 공유하는 것 등이다. 환자들은 사후에야 방어적인 방식으로 건강에 대한 필요를 알게 되고 반응한다. 충분한 연구와 실험 이후에, 나와 내 공동 연구자들은 환자에게 더 많은 권한과 신뢰할 수 있는 정보를 제공함으로써 스트레스가 적은 환자 경험을 만들어내면서 환자들의 건강 측면에서도 더 나은 결과물을 얻어낼 수 있다는 사실을 믿게 되었다.

12장
모바일 사용자 경험 디자인: 디자인 방법론을 위한 체계

클라우스 외스터가드 *Claus Østergaard*

인간과 컴퓨터의 상호작용(HCI)은 모바일 미디어가 우리 삶의 일부로 통합되고, 휴대폰 없이는 집을 절대로 벗어나지 않는 습관이 생기면서 모바일 인터랙티브 시스템을 디자인하는 방법론을 개발하고 향상시키는 방향으로 나아갔다. 모바일 인터랙티브 시스템 디자인 방법론은 최종 생성물보다는 과정에 초점을 둔 방법을 개발하는 것으로 정의할 수 있다. 21세기 이후 모바일 사용자들의 경험 영역은 상호작용 시 서로 다른 맥락에 초점을 기울임으로써 모바일 인터랙티브 시스템을 디자인하는 방법론을 개발하려고 했다. 다시 말해 지속적으로 변화하는 맥락들이 모바일 사용자들의 경험에 어떤 영향을 미치는지에 대한 것을 말한다.

본 담론은 사용자 경험의 정의에 관해 더욱 풍부한 논의를 야기했다. 사용자 경험에 대하여 하나의 이해관계나 정의는 없는 것으로 보이지만, 다음의 정의들이 일반적인 것으로 보인다. 모바일 시스템에서 '사용자 경험'이라는 용어에 대한 일반적인 정의는 사용자의 욕구, 과거의 경험, 심리 상태, 그리고 모바일 시스템에 대한 기대를 포괄한다.

'상호작용의 맥락'은 일반적으로 환경적 맥락, 사회적 맥락, 시간적 맥락 그리고 작업적 맥락을 의미한다. 환경적 맥락은 물리적인 대상, 대상의 외적 특징 그리고 대상이 발견되는 주위 환경을 나타낸다. 사회적 맥락은 사용자의 물리적인 주위 환경에 있는 타인들, 그리고 사용자와 타인들 간의 상호작용에 주목한다. 과제적 맥락은 주어진 과제와 주어진 과제를 실행함으로써 발생할 수 있는 방해에 초점을 맞춘다. 그리고 마지막으로 시간적 맥락은 위에서 언급한 과제를 완료하기 위하여 사용할 수 있는 시간을 묘사한다.

모바일 '시스템'은 일반적으로 검사하고 있는 소프트웨어 제품을 가동하는 기기로 들어온다. 여기서는 모바일 콘셉트라고 표현할 것이다.

앞서 언급한 세 가지 측면의 완만한 상호 관계는 모바일 사용자의 경험을 살피는 것을 복잡하게 만들며, 여기서 경험은 다음과 같은 양상을 보인다. 첫째, 사용자의 내부 심리 상태와 경험에 의존적이다. 둘째, 사용자의 움직임에 따라 변화하는 맥락에 기반을 둔다. 이러한 측면들은 현실적으로 매우 불안정하므로 피터 라이트(Peter C. Wright)는 다음과 같이 주장한다. "경험을 디자인하는 것은 불가능합니다. 경험을 위해 디자인하는 것만이 가능합니다." 그러므로 모바일 사용자 경험을 디자인하기 위한 방법론들은 사용자 지향적이며 계속적으로 변화하는 맥락들을 고려하는 것이 중요하다.

이처럼 모바일 사용자 경험에 대한 이해는 저정확도 프로토타입(low-fidelity prototypes)과 고정확도 프로토타입(high-fidelity prototypes)을 디자인하는 것에 대한 초점, 노인들과 같은 특정한 사용자 계층을 포함하는 참여적 디자인, 그리고 사용성 디자인에 대한 초점을 포함한 다양한 디자인 방법론으로 귀결되었다. 이러한 방법론들과 달리, 이 장에서는 노인이나 연령층이 낮은 특정한 사용자 계층을 겨냥하지 않은 디자인 방법론을 제안한다. 또한 이 장에서 제안하는 방법론은 특정한 과제를 지닌 특정한 프로토타입의 디자인만을 겨냥하고 있지도 않다. 그 대신에 이 장에서는 사용자 계층, 사용자 과제 그리고 특정한 이동성 콘셉트에 기반을 둔 프로토타입에 걸쳐 적용할 수 있는 디자인 방법론을 제시한다. 이는 사용 맥락의 환경적 맥락과 사회적 맥락을 고려하면서 계속해서 변화하는 맥락을 위해 디자인함으로써 얻어진다.

배경 및 동기

이 장에서는 2012년부터 2013년까지 다섯 번 열린 워크숍에서 수집한 실증적인 데이터를 논한다. 다섯 번의 워크숍은 테마파크를 위한 사용자 지향적이고 맥락 인식 모바일 콘셉트를 디자인하는 데 초점을 맞추었다. 이렇게 하여 위 워크숍들은 주어진 환경적 맥락과 사회적 맥락에서 사용자와 사용자 인터페이스 간의 상호작용에만 초점을 기울이는 것으로 제한했다.

테마파크 내의 맥락 인식에 대한 모바일 사용자 경험은 세계 곳곳의 테마파크들이 방문객들을 위하여 위와 같은 모바일 콘셉트를 디자인하고 개발하는 데 더욱 관심이 많아짐에 따라 모바일과 사용자의 영역에서 점점 더 틈새시장으로 각광받고 있다. 조지프 파인과 제임스 길모어에 따르면 개인 간 서비스, 자가 서비스 혹은 위치 기반과 맥락 인식 서비스를 모두 포함하는 서비스는 방문객들을 위한 경험을 전반적으로 용이하게 한다. 상항 인식 모바일 콘셉트가 자동으로 수집한 위치, 시간 그리고 다른 사용자들의 맥락 정보에 기반을 두어 방문객들에게 서비스 정보를 제공함에 따라 맥락 인식 모바일 콘셉트는 특히 테마파크의 폐쇄 회로 맥락 내에서의 방문 경험을 풍부하게 하는 잠재력을 지니고 있다.

그러나 맥락 인식 모바일 콘셉트의 과제는 테마파크의 다른 서비스 맥락과 통합을 하는 것이다. 로버트 글루시코(Robert Glushko)는 다음과 같이 주장한다. 대개 맥락 인식 모바일 콘셉트가 통합되지 않고, 지속적이지 않은 방문객들의 경험으로 연결되는 이미 복합적인 서비스 내용에 디지털 서비스 계층을 추가한다. 이와 같은 디자인 관점에서, 맥락 인식 모바일 콘셉트의 특정한 문제는 일관성 있는 사용자 경험을 유지하려는 목적을 위한 환경적 맥락과 맺고 있는 관계다.

게다가 모바일 사용자 경험의 과거 정의를 고려했을 때, 고려해야 하는 추가 사안들은 다음과 같다. 첫째로 모바일 콘셉트에 대한 사용자의 욕구와 기대, 둘째로 상호작용의 사회적인 맥락이다.

물론, 전반적으로 과제의 맥락을 고려해야 한다. 하지만 과제 지향적인 모바일 콘셉트보다는 경험 지향적인 모바일 콘셉트를 디자인하는 데 초점이 있었기에, 이 장의 근간인 워크숍의 특정한 과제는 주된 목표가 아니었다. 비슷하게, 시간적인 맥락 또한 특정한 상황에서는 덜 중요한 것으로 여겨졌다.

위에서 언급한 과제들과 고려 사항들에 기반을 두어 다음에서 기술하는 워크숍들에 대한 가정들을 수립할 수 있다.

가설 1: 모바일 콘셉트는 본 테마파크의 환경적 맥락과 통합할 필요가 있다.
가설 2: 모바일 콘셉트는 환경적 맥락에 기반을 두어 사용자의 욕구를 고려해야 한다.
가설 3: 모바일 콘셉트는 반드시 사회적 맥락과 통합해야 한다.

위에서 언급한 세 가지 가설들을 모두 고려한바, 워크숍을 위한 연구 질문들은 다음과 같았다. "우리는 어떻게 해야 테마파크와 통합하고, 방문 경험을 성공적으로 향상시키는 테마파크를 위한 사용자 지향적인 맥락 인식 모바일 콘셉트를 디자인할 수 있을까?"

워크숍 설정 및 방법론

다음에 기술하는 워크숍 설정과 방법론은 이 장의 저자가 조직하고 개최한 다섯 번의 워크숍 결과며, 이전에 설명된 모바일 사용자 경험의 이론에 기반을 두어 개발했다. 본 워크숍들은 다양한 전문적인 배경을 지닌 참여자들로 구성되었으며, 각기 다른 대학을 다니는 학생들, 서비스 디자인과 여행 전문가들, 마케팅 전문가들, 애플리케이션 개발 회사의 대표들, 그리고 기타 산업과 사업체에서 나온 전문가들이 포함되어 있었다.

각 워크숍은 하루 종일 지속되었으며(7.5시간), 아홉 가지 활동으로 구성되었다(〈표 12.1〉에 표시되어 있음). 각 활동에 참여하는 시간은 제한되어 있었으며, 이에 대한 설명은 이하에서 더욱 자세히 다룰 것이다. 빠듯한 시간 제약과 수많은 기한들은 참여자들이 현재, 과거 그리고 미래 활동 간에 주의를 분산하는 대신에 현재 활동에 초점을 기울이기

활동	내용 및 목적
1. 환경적 맥락 경험	공원 체험 및 파악
2. 상호작용 지점 확인	부정적/긍정적 경험에 대한 상호작용 지점 확인
3. 아이디어 형성	상호작용 지점을 기반으로 모바일 콘셉트에 대한 아이디어 형성. 그 결과는 스마트폰 앱의 콘셉트
4. 환경적 맥락	콘셉트가 변화하는 환경적 맥락과 어떻게 융합되는지를 고려
5. 사회적 맥락	콘셉트가 변화하는 사회적 맥락과 어떻게 융합되는지를 고려
6. 모바일 맥락	하드웨어 및 소프트웨어의 제한 사항 고려
7. 모바일 콘셉트 스케치	모델을 통한 모바일 콘셉트 스케치
8. 콘셉트 발표	각 그룹은 모바일 콘셉트를 비롯한 디자인 과정에 대한 반영을 발표
9. 평가	워크숍 요약 정리 및 평가

표 12–1
워크숍 활동

위한 의도가 있었다. 또 참여자들은 테마파크 내의 일반적인 방문객 집단의 크기를 모의 실험하기 위하여 다섯 개의 집단으로 나누어졌다. 다섯 개의 집단들은 모든 워크숍에 걸쳐서 바뀌지 않도록 했다.

워크숍은 모두 영상과 사진으로 기록했으며, 각 워크숍이 끝난 뒤엔 참여자들은 방법과 과정에 대해 논의하고 평가하기 위해 모였다. 그 결과 12.5시간짜리 영상, 252개의 사진 그리고 다섯 개의 인터뷰 및 추가 논의에 대한 기록을 만들어냈다. 실증적 데이터는 테마와 패턴을 만들어내기 위한 귀납적 접근법을 위하여 기초 이론을 사용하여 분석했다.

워크숍: 환경적 맥락 경험하기

첫 워크숍 활동에서, 참여자들은 워크숍의 조사 대상인 특정한 테마파크를 경험하고 환경과 시설을 알아가는 데 2시간을 사용했다. 더욱 자세히 기술하자면, 참여자들이 테마파크를 방문한 목적은 테마파크를 방문하는 도중에 환경적 맥락과 사회적 맥락을 경험하기 위해서였다. 이는 앞서 언급한 환경적 맥락과 사회적 맥락이 방문객의 경험에 가장 큰 영향력을 발휘하기 때문이다.

워크숍: 상호작용의 지점들 확인하기

방문 이후, 참여자들은 워크숍의 나머지 과정을 위하여 테마파크에서 멀지 않은 곳에 있는 방에 모였다. 참여자들의 방문 경험에 기반을 두어 참여자들은 다른 방문객, 오락거리, 놀이 기구, 직원 등과의 상호작용의 지점을 확인하는 데 45분을 쓰도록 요청받았다.

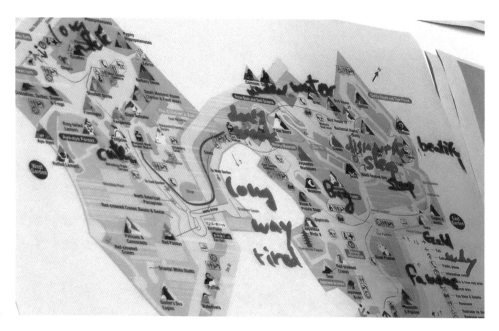

그림 12-1
테마파크 지도 위에 고객 여정 지도 만들기

본 활동은 다음 활동의 아이디어 생성을 위한 기반을 만들기 위한 것이었다.

상호작용을 용이하게 확인하기 위하여, 참여자들은 테마파크 내에서 이루어진 그들의 여정을 지도(고객 여정 지도, customer journey map)로 만들었다. 참여자들에게 개인적인 경험에 따라 상호작용의 지점들을 표시하기 위해 테마파크의 기본 지도를 제공했다. 게다가 그리고 참여자들은 각 상호작용이 긍정적인 경험이었는지 부정적인 경험이었는지에 대해 필기를 해야 했다. 이것은 테마파크에 대한 사용자의 과거 경험이나 종종 사용자들의 기대가 영향을 미치는 조건인 각 상호작용 지점에서 보이는 감정적인 심리 상태를 수립하게끔 하는 효과가 있었다.

워크숍 도중의 직접 관찰 및 추후 영상 증거에서 알 수 있듯이, 워크숍의 두 번째 활동에서는 집단의 일원들이 상호작용의 서로 다른 지점에 대해서 개별 의견을 가지는 경향을 보였다. 그래서 특히 다양한 집단 일원들 간에 용이한 다이얼로그를 위한 사회적 활동으로서 기능했다. 또 본 집단은 공통된 입장을 우선적으로 수립할 필요성이 있었다. 본 담론은 각 상호작용에 대한 공통된 경험과 기대에 대한 개념을 잘 수립했으며, 세 번째 활동인 아이디어 생성에 대해 유용한 시작점이라는 것을 증명했다.

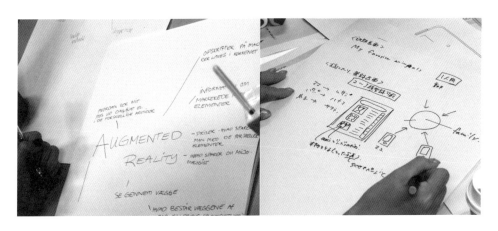

그림 12-2
빠른 스케치와 작성된 노트에 드러난 초기의 아이디어 생성 결과

워크숍: 아이디어 생성하기

집중적, 창의적 사고 및 확산적, 창의적 사고에 대한 이론들에 기반을 두어, 본 활동은 방문 경험을 풍부하게 만들 수 있는 모바일 콘셉트를 위해 45분 동안 아이디어를 생성해내는 데 초점을 기울였다. 대부분, 참여자들은 과거 부정적인 경험으로 확인한 상호작용의 지점들은 부정적인 경험을 긍정적인 경험으로 변화시킬 수 있는 아이디어를 생성해내는 시작점으로 활용했다. 게다가, 본 과정은 일반적으로 참여자들이 공유하는 테마파크에서의 과거 경험, 모바일 애플리케이션 사용 상황에 대한 긍정적이고 부정적인 경험, 참여자들이 선호하거나 선호하지 않는 외부 모바일 콘셉트 등을 고려했다.

참여자들은 종종 정보의 부재, 유흥의 부재와 같이 부정적인 경험에 걸쳐 있는 패턴을 발견했으며, 종종 한 개의 개입/애플리케이션 내의 상호작용의 다중 지점들을 다룰 수 있는 모바일 콘셉트에 대한 아이디어를 생성했다. 참여자들은 각자 아이디어를 신속하게 적어냈으며, 대강의 개요를 작성하여 명확하게 설명했다.

워크숍: 환경적, 사회적, 그리고 모바일 맥락

기존 워크숍 가정들과 긴밀히 연결되도록, 각 집단이 대강의 콘셉트 아이디어들을 수립한 이후에, 다음 기술되는 세 가지 활동들은 대략 45분가량 특정한 테마파크의 환경적, 사회적, 그리고 모바일 맥락에 이러한 아이디어들을 통합하는 가능성을 탐구하는 데 초점을 맞추었다.

환경적 맥락에 대한 논의에 착수하기 위하여, 참여자들은 다음 질문을 고려했다. "환경적 맥락이 어떻게 하여 잠재적으로 모바일 콘셉트를 지원하면서 통합되겠습니까? 그리고 그 반대로 모바일 콘셉트가 어떻게 하여 잠재적으로 환경적 맥락을 지원하면서 통합되겠습니까?"

사회적 맥락에 대해 논의할 때, 논의의 목표는 제안된 모바일 콘셉트 아이디어가 어떻게 공원 내의 모바일 사용자들의 사회적 상호작용과 행동에 영향을 미치는지를 고려하는 것이었다.

이 첫 두 가지 고려 사항들은 첫 활동에서 있었던 개인적 방문의 직접 경험과 앞선 논의에서 있었던 이러한 방문에 대한 강화와 해석에 대체로 기반을 두었다. 이러한 측면에서 앞서 언급한 두 가지 고려 사항들이 외부적인 영향, 특정한 하드웨어와 소프트웨어의 한계 및 각기 다른 모바일 기기의 가능성을 고려해야만 했기에 모바일 맥락에 대한 세 번째 논의에서는 안건이 서로 달랐다.

근본적으로, 참여자들은 모바일 기기가 의도된 콘셉트 목적을 지원할 수 있는지, 그리고 그 방법을 생각할 필요가 있었다. 예를 들어 모바일 기기가 콘셉트의 일부였을 경우에 컴퓨터와 같은 그래픽을 운용할 수 있을 것인가? 콘셉트를 지원하기 위하여 모바일 기기에 카메라 기능이 있어야 했는가? GPS, 스피커, 헤드폰 지원 등이 필요했는가? 그렇게 하면서, 참여자들은 추후 각각 다른 기기에 적용할 수 있는 그들의 콘셉트에 대한 최소한의 기술적 요구 사항을 알아냈다.

워크숍: 모바일 콘셉트 스케치하기

첫 번째의 명확한 디자인 지향적 활동에서, 참여자들은 그들의 최종 모바일 콘셉트를 저품질(low fidelity) 목업을 통하여 시각화하였다. 이러한 시각화 과정은 참여자들이 참여하기 가장 쉽고, 저렴하고, 빠르기 때문이었다. 반면, 디지털 프로토타입의 예시도 있다.

따라서 참여자들은 45분간 그들이 콘셉트를 시각화할 수 있는 빈 스크린이 있는 커다란 스마트폰 템플릿 인쇄물을 받았다. 그렇게 하면서, 참여자들은 사용자들이 한 번에 더 많은 정보를 보게 하는 더 커다란 스크린과 같은 인터페이스를 디자인할 때에 스크린의 크기를 고려하도록 재차 요구받았다. 혹은, 만일 참여자들이 모바일 기기 주변에서 한 명 이상의 사용자를 모은 활동에 대한 콘셉트를 디자인했다면, 참여자들은 스크린상에 나타난 텍스트나 사진들의 크기와 방향에 대해 생각해야 했다. 대체로 본 활동의 목표는 특정한 기술적인 설정이 참여자들의 콘셉트에 미치는 영향을 되돌아보기 위함이었다.

그림 12-3
참여자들이 스케치한 모바일 콘셉트 목업

워크숍: 프레젠테이션 및 평가

워크숍 마지막에 모든 참여자들은 서로 모여 그들의 모바일 콘셉트를 서로에게 짧게 선보이는 시간을 가졌다(총 15분). 이 과정은 워크숍을 진행하는 동안 각자의 과정과 맥락에 대한 그들의 소견이 모바일 콘셉트에 어떤 영향을 미치고 변화시켰는지를 포함했다. 프레젠테이션 및 워크숍은 45분간 보고 및 평가함으로써 최종 마무리되었다.

결과 및 논의

각 워크숍 완료 후에, 축적된 데이터는 확인과 분석을 거쳤으며 다음으로 요약할 수 있었다.

결과: 테마파크 방문, 상호작용 지점 및 아이디어 생성

수집된 데이터의 분석은 조사 중인 테마파크에 대한 편견 없는 최초 방문이 사실 전 워크숍에서 중요했다는 중대한 증거를 제공했다. 이는 그 상황에서의 직접 경험만이 참여자들이 완전히 이해하여 현지 상호작용의 '일반적인' 방문객의 노출을 반영하기 때문이다. 이러한 이해는 참여자가 이 지점들을 과거 경험이나 공통된 상상 또는 지식에 기반을 두어 확인할 수 있기 때문에 '디자인되었거나' '추정된' 상호작용의 지점들보다 '실제' 방문객들의 상호작용 지점들을 확인하는 데 중요했다. 공유한 방문 내용은 모든 참여자들이 '고객 여정' 지도에 기여했을 때 논의를 위한 플랫폼을 만드는 데 도움이 되었다. 모든 참여자들은 이 지도 작성 과정이 테마파크에서 머무르는 도중에 겪은 좋거나 나쁜 경험들을 언제, 어디서, 왜 했는지를 기억하며 되돌아볼 때 유용했다고 말했다. 지도화된 경험에서, 참여자들은 일반적으로 워크숍의 세 번째 단계 도중에 구체화되는 아이디어와 콘셉트인 주로 부정적인 경험을 중심으로 한 주제를 '추출'할 수 있었다.

첫 세 가지 활동들은 각각 서로를 보완하고 한 단계에서 다음 단계로 참여자들을 '이끌면서' 잘 이루어지는 것처럼 보였다. 모든 필요한 정보가 기본적으로 직접 경험이나 논의를 통하여 서로 다른 활동 내에서 수집되거나 만들어졌다. 그에 따라 이러한 세 가지 활동들은 손쉽게 통합되었으며, 서로 다른 배경과 이해관계를 지닌 참여자들이 동등한 자격을 갖고 협력할 수 있도록 했다.

결과: 환경적 맥락, 사회적 맥락, 그리고 모바일 맥락

다음 세 가지 활동들은 '외부적 고려사항'들을 필요로 하기에 근본적으로 다소 달랐다. 한편 환경적 맥락과 사회적 맥락에 대한 논의는 여전히 과거 방문에 부분적으로 기반을 두었지만—예를 들어, 기술적인 사안과 같이 개인 지식과 경험 이상의 무언가를 고려해야만 했다—물론 모바일 맥락에 대한 고심은 테마파크 경험에 따라 초기에 알려지지 않았다. 여전히 참여자들은 기타 자료에서 끌어내야만 했고, 직접 과제와 연결해야만 했다. 이론적으로 서로 개별적일 수 있는 세 가지 맥락들이 현실에서는 수많은 맥락에서 많은 방식으로 겹쳐진다는 것이 밝혀졌다.

우리는 수많은 방문객들이 스마트폰 카메라와 증강 현실을 통하여 현실화되어야 할 건물 사이를 지나감에 따라 카메라와 증강 현실을 사용하지 않기로 결정했다.

또 다른 인용구는 참여자들의 아이디어가 환경적 맥락에 적용될 수 있는 방법을 생각할 때에 참여자들이 어떻게 콘셉트를 재고했는지를 보여주었다.

우리는 건물 내에서 GPS 신호가 약할 것이라고 예상했기에, GPS 대신에 건물 내의 벽에 스티커를 사용하기로 콘셉트를 변경했다.

이러한 예시들은 최초 아이디어들이 각 맥락들과 마주했을 때 어떻게 변경되는지를 보여주며, 심지어 폐기되어야 하는 이유를 알려주기도 한다. 제안된 아이디어의 환경인 건물의 내부를 고려했을 때(=환경적 맥락), 모바일 콘셉트가 맥락을 인식하는 것으로 유지하게 하기 위해선 다른 기술이 적용되어야 함이 분명해지며, 이는 이론적으로 과정의 후반부에서야 반영되는 모바일 맥락에 영향을 미친다. 비슷하게, 사회적인 환경이 불가능하게 만들기는 하지만, 환경적 맥락과 모바일 맥락은 다른 건물에서의 증강 현실과 같은 또 다른 아이디어를 지지할 수 있다. 그러므로 다른 맥락 담론들의 엄격한 구분은 실현 가능하지도 현실적이지도 않다.

비슷하게, 세 가지 맥락들이 고려된 일련의 사건들은 어려움으로 이어졌다. 환경적 맥락과 심지어 사회적 맥락과도 처음에 잘 연관되던 콘셉트들은 모바일 맥락에 부과된

요건들로 인하여 변화가 필요했다. 이에 대한 일반적인 반영은 다음과 같은 내용과 일맥상통한다.

우리가 생각한 본래 아이디어들 중 일부가 사회적, 환경적 측면 및 맥락과 통합되지 않음을 발견했다. 그래서 우리는 아이디어를 재고해야만 했다.

곧바로 우리는 이렇게 생각했다. 만약에 콘셉트의 일부로서 영상과 오디오가 있고, 주변에 25~30명의 사람들이 있다면…… 이것은 모든 사람들을 성가시게 할 것이다.

마지막 인용구는 참여자들이 처음에 활동을 위하여 어떻게 기기의 내장된 확성기를 사용하기를 원했는지를 보여준다. 거의 모든 스마트폰에 내장 스피커가있기에, 모바일 맥락에서 손쉽게 지원되었을 수 있다. 하지만 참여자들의 환경적 맥락과 사회적 맥락을 생각했을 때, 다른 방문객들의 소음과(사회적 맥락) 자그마한 방(환경적 맥락)으로 인하여 대신에 헤드폰을 사용하는 것으로 콘셉트를 바꿔야만 했다.

이와 같은 맥락들은 참여자들이 되돌아보는 세 가지 맥락들이 서로에게 어떻게 깊이 영향을 미치는지를 명확하게 보여준다.

모바일 콘셉트를 세 가지 다른 맥락과 연관시켜야 하므로 세 가지 맥락들은 우리가 콘셉트로 무엇을 얻을 수 있는지에 대해서, 그리고 어떻게 연결되는지에 대해서 한계를 설정한다.

본 관찰 내용은 모바일 사용자 경험을 이해하는 데 환경적 맥락, 사회적 맥락, 그리고 모바일 맥락 간의 긴밀한 상호 관계를 제안하는 과거 연구와 일맥상통한다.

그렇더라도 훨씬 점진적인 이 접근법은 참여자가 서로 다른 관점에서 최초 콘셉트를 계속해서 다시 방문하도록 하며, 그렇게 함으로써 유효성을 검증하거나 '유도된' 수정을 촉발하기에 그들 각각의 초점들에서 세 가지 활동들은 계속해서 분리시켜두는 것이 이치에 맞는다. 참여자들이 새로운 가능성이나 뒤따라오는 발전 중에 있는 단계인 콘셉트들의 한계를 인정하려고 할 때에, 참여자들은 이전의 아이디어 생성 활동으로 다시 돌아가거나 심지어 고객 여정 지도로 돌아가 그들의 디자인을 조정하고 검증해야만 했다.

이 반복적인 접근법은 디자인들이 지속적으로 전 워크숍에 비해 발전되는 결과를 낳았다. 참여자들에게 한 번에 하나씩 세 가지 별개 과제들을 주어 참여자들이 반복적으로 변화하는 관점에서 그들의 결과물을 평가하도록 했다. 이 과정은 참여자들이 종종 '잘못된' 맥락 내에 있기도 하는 또 다른 초점의 개별 측면들을 계속 고려하게 했다. 하지만 본 방법론의 중요한 점은 '반복된 재고'다. 이러한 반복된 재고로 인하여 위에서 언급한 워크숍 활동 내에서 참여자들이 그들의 아이디어를 집중적으로 되돌아보도록 만들었다. 이러한 활동에서 가장 혁신적인 콘셉트가 발달된 이유가 아마도 여기에 있을 것이다.

각 활동을 분리된 상태로 유지하는 것은 따로따로 특정 관점을 취하게 되므로 조사 결과에 기반을 둔 세 가지 맥락을 단계적으로 도입하는 것은 매우 중요했다. 하지만 별개 과정들이 논의되는 특정한 맥락이나 장면은 달라질 수 있다(환경들이 고려되는 순서는 중요하지 않다. 계속해서 하나씩 고려되는 것이 중요한 것이다). 참여자들이 결국 논의 중에 있는 특정한 관점으로 돌아오는 한, 참여자들은 각 부분에서 환경의 경계를 넘을 수 있었다.

결과: 스케치

스케치 작업은 여러 참여자들이 자신의 모바일 콘셉트를 따라서 창의성을 실연해 보일 수 있으며 과거의 모든 토론 및 반영 사항을 시각화할 수 있기 때문에 가장 좋아하는 작업으로 꼽혔다(〈그림 12-3〉 참고). 그러나 이러한 조사 결과는 또한 참여자들이 자신의 콘셉트를 이 최종 디자인 활동 단계까지 계속해서 반영하고 발전했음을 보여준다.

결국 우리는 휴대폰 한 대를 여러 명이 둘러싸고 있는 것은 화면이 표시할 수 있는 정보가 제한되어 있으므로 실용적이지 못하다고 판단했다. 만약에 수행해야 하는 일종의 과제가 있다면 아이들이 휴대폰을 들 것이다. 그렇지 않으면 부모가 전화기를 잡고 아이들에게 소리 내어 읽어줄 것이다.

이 인용구는 참여자들이 제안한 인터페이스가 모바일 기기의 화면에 맞지 않는다는 것을 시각화 단계에서 깨닫고 어떻게 막바지에 디자인을 수정했는지의 본보기를 보여준다. 이것은 곧 다양한 맥락을 재고하고 결국 자녀와 부모라는 각기 다른 역할을 갖고 상호작용을 하는 뚜렷한 두 가지 부류의 사용자를 새롭게 도입한 사회적 맥락에서의 중재로 이어지게 된다. 이 예는 디자인의 평가 및 심사의 최종 한계점으로 최종 시각화 및 기타 발표 준비가 효율적으로 활용된 증거로 쓰일 수 있다.

결과: 일반적 방법론으로서 워크숍

워크숍을 활동별로 나눔으로써 참여자들이 지난 디자인 결정을 꾸준히 반영할 수 있는 체계적인 틀이 형성되었고, 그로 인해 결과물을 꼼꼼하게 검토할 수 있게 되었다. 참여자들은 새로운 디자인 결정이 미래뿐 아니라 과거의 디자인 결정에도 영향을 미치며 이를 디자인 과정 전체에 일관성 있게 적용한다면 개발 과정에서 콘셉트를 줄이고 집중하는 데 도움이 될 뿐 아니라 작업 과정에서 복합성과 타당성을 더욱 부여할 수 있다는 사실을 깨달았다.

연습 도중 고려할 사항들이 많았지만 동시에 아이디어를 다른 맥락에서도 고려해야 했으므로 아이디어의 폭을 좁혀 새로운 아이디어를 제공했다. 우선 여러 가지 아이디어를 다양하게 생각해낸 후에 워크숍 동안 아이디어를 줄여간 점이 마음에 들었다. 일부 사항들은 재고하여 다른 방식으로 같은 결론에 도달하기도 했다.

각 활동 중 진행된 토론은 모두 모바일 콘셉트의 새로운 반복으로 이어졌다. 새로운 반복은 모두 반영 및 참여자들 사이에서 이루어진 반영에 대한 토론을 기반으로 이루어졌으며, 이는 고려의 깊이를 향상시켰다. 특히 워크숍의 중간부에 일반적이었던 아이디어가 구체적으로 환경, 사회 및 모바일 맥락으로 순서대로 통합되는 노력을 요하는 활동 동안 이루어진 의견 교환은 혁신적인 아이디어를 초래했다.

모든 검토 및 토론은 디자인 과정 초기의 디자인 목표에 대한 직접적인 경험 그리고 참여 디자이너의 과거 경험, 정신적 상태 및 기대치를 바탕으로 하였다. 또한 워크숍의 결과에 따르면 참여자들은 서로 의견 교환을 하며 새로운 경험을 구축할 수 있었기 때문에 경험이 단지 개인적인 지식이 아니란 사실을 입증한다. 그런 뜻에서 사회적 상호작용을 통해 의미가 나타났으므로 디자인 활동은 사회적 디자인 경험의 역할 또한 했다고 할 수 있다.

시작 전부터 워크숍 진행 시간은 7시간 반으로 잡혀 있었고, 이 시간 제한 덕분에 진행 속도를 높여야 했으므로 참여자들은 꾸준한 부담감을 받았다. 하지만 부담감이 있었기에 훌륭한 아이디어가 나올 수 있었으므로 괜찮았다. 흐름 또한 굉장히 좋았고 개별 연습 문제 사이의 연결도 수월했다. 이러한 압박으로 인해 참여자들의 창의성이 제한되거나 줄어들 수 있다고 말할 수도 있겠지만, 실제로는 참여자들의 한계를 긍정적으로 실험하는 듯했다. 동시에 이러한 워크숍 형식을 이틀에 걸쳐 확장 진행하는 것 또한 고려해볼 수 있다. 첫날은 처음 세 가지 활동(공원 경험, 상호 작용 지점 발견 및 초기 아이디어 발생)을 집중적으로 하여 참여자들이 자신의 디자인 목표 중 특히 환경적, 사회적 맥락을 더욱 깊이 이해할 수 있게 한다. 그리고 이튿날에는 앞서 말한 반복적인 재고를 통해 초기 아이디어를 더욱 기초 잡힌 콘셉트로 발전시키는 과정에 집중할 수 있겠다. 하지만 엄격한 시간의 틀이 주어질 때 창의력이 향상되므로 기간에 조금이라도 변화를 주는 경우 참여자들에게 각 활동마다 균등하게 동일한 시간을 주는 것 자체가 디자인 과정을 타협하는 것이 될 수 있어 균형을 잘 잡는 것이 중요하다.

결론

조사 결과 및 논의에 따르면 디자이너가 단계를 순서대로 따를 사용자 중심의 경험을 디자인할 때 워크숍을 토대로 한 방법론을 구축하는 것이 가능하며, 그 결과 초기 디자인 목표의 이해에서부터 복합성 및 타당성이라는 디자인 목표를 향한 고려 및 재고의 반복적인 절차를 통해 초창기 아이디어 창조에 이르기까지 전체 디자인 과정을 도울 구조적인 절차상의 틀을 제공하게 된다. 또한 조사 결과를 통해 체제 관리가 근본적으로 중요하지만 한편으로는 이러한 구조가 너무 엄격할 필요는 없으며 참여자들이 제시된 절차 밖의 기타 활동의 문제 또한 고려할 수 있도록 기회를 주어야 한다는 사실을 알 수 있었다. 방법론은 5회의 워크숍 경험을 바탕으로 각자 한 가지 이상의 활동으로 구성된 다음의 세 가지 단계로 압축할 수 있다(〈그림 12-4〉 참고).

1 이해

2 통합

3 디자인

이해에는 주어진 디자인 목표를 직접 경험하는 개별적 단계, 경험의 일반화 및 분석적 해석, 그리고 이러한 첫 단계의 결과를 수립할 초기 디자인 생성이 포함되며, 두 번째 단계에서 작업을 확장할 재료로 쓰이게 된다.

통합은 복잡하고 많은 시간을 요하는 고려 및 재고의 반복으로 이루어져 참여자가 초기의 아이디어를 여러 맥락의 순서와 비교할 수 있게 한다. 한 가지 특정 맥락에 맞도록 디자인을 수정하면 반드시 이미 통과된 디자인의 맥락에 새로운 아이디어를 재측정해볼 필요가 생기며 재측정으로 인해 새 디자인을 다시 한 번 변경해야 할 수도 있다. 참여자가 이러한 과정에서 길을 잃는 것을 막으려면 진행 중인 디자인을 평가할 확실한 기준을 제시하여 최소한의 가이드를 제공하는 것이 필수다.

디자인은 마지막 단계로, 일관된 디자인 콘셉트에서 참여자가 이전 과정을 연계할 수 있게 해준다. 이론적으로 이 시점에서 아이디어가 해체되지 않을 만큼 충분히 성숙한 단계이지만 최종 연계 과정에서만 발견된 무언가에 의해 디자인이 다시 "통합의 불길"이라는 실험을 다시 한 번 할 가능성은 배제할 수 없다.

원래 워크숍의 목표는 모바일 사용자의 경험을 디자인하기 쉽도록 방법론을 개발하는 것이었다. 이 경우 워크숍은 놀이동산에 중점을 두어 시범 운영밖에 하지 못했지만 이러한 방법론을 변형하면 다른 사용자 중심의 경험 디자인 문제에도 응용할 수 있을 것이다.

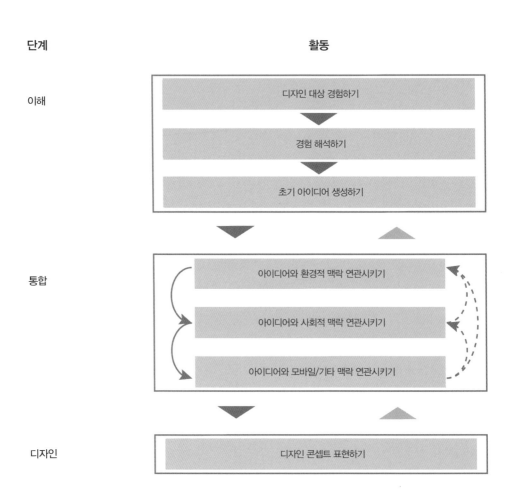

단계 **활동**

이해: 디자인 대상 경험하기 → 경험 해석하기 → 초기 아이디어 생성하기

통합: 아이디어와 환경적 맥락 연관시키기 / 아이디어와 사회적 맥락 연관시키기 / 아이디어와 모바일/기타 맥락 연관시키기

디자인: 디자인 콘셉트 표현하기

그림 12-4
워크숍의 각 단계와 활동

13장
현실 흔들기:
변혁적 경험 디자인을 위한 혁신적 접근

타라 멀래니 *Tara Mullaney*

경험의 주요한 특성은 무엇인가? 경험이란 기억할 만한 사건에 개인을 감정적, 물리적, 지적 혹은 정신적 층위로 내재적으로 관여시키는 것을 의미한다. 경험은 독특한 경제적 제공물로 다루어지며 재화나 서비스와는 다른 것이다. 예를 들어, 개인이 제품을 구매할 때 그는 물질적인 것을 구매하는 것이고, 서비스를 구매할 때에는 자신을 위한 형체가 없는 활동을 구매하는 것이다. 하지만 개인이 경험을 구매할 때 개인은 내재적이고 사적인 방식으로 관여하는, 기억할 수 있는 일에 대한 돈을 지불하는 것이다.

기억할 만한 경험을 디자인하는 것은 단순하지도 쉽지도 않다. 경험은 드러나는 것이며, 주관적이고, 전체적이고, 위치가 있는 역동적인 것이기 때문이다. 경험은 여러 요소가 조심스럽게 조합되며 그것을 통해 경험이 형성될 수 있다. 그리고 구체적인 경험을 보증할 수도 없다. 왜냐하면 경험은 다양한 측면에서 나타나며 그중 상당 부분이 디자이너의 통제 밖에 있기 때문이다. 이 모든 특성들이 바로 경험 디자인을 어렵게 만드는 것이다. 그럼에도 경험 디자인에 어떻게 접근할지에 대한 분명한 안내서는 존재한다.

경험 디자인의 기본 원칙 중 하나는 제품보다 먼저 경험을 고려하는 것이다. 이것의 전제는 경험에 대한 분명한 이해가 없다면 우리가 디자인하는 제품이 적절한 경험을 결코 형성할 수 없으며 새롭고 참신해지지도 못한다는 것이다. 이때 경험을 새로운 이야기로 개념화하는 것은 매우 유용하다. 즉 경험을 감정, 사고, 그리고 행동을 요약한 서사(narrative)로 서사로 만드는 것이다. 그리고 기술을 통해 그 이야기를 어떻게 만들어낼지 생각하기 전에 이야기의 틀부터 분명히 잡아야 한다. 이는 전통적으로 만들기만을 훈련하여 물리적인 것에 집중하는 성향의 디자이너에게는 어려운 일이다. '이야기로서의 경험'이라는 은유에서 더 나아가, 마크 하센잘(Marc Hassenzahl)은 경험 디자이너를 '경험의 저자'라고 구분한다. 제품 디자인은 경험의 이상적인 감정적/지적 내용, 관련된 행위, 맥락 그리고 구조를 대략적으로 그리고 나서야 일어난다. 그리고 제품의 각 세부 사항은 이상적인 경험을 생성하거나 파괴할 수 있는 잠재력에 따라 살펴야 한다. 이 경험을 짜는 아이디어는 필수적이고 이는 이야기를 위한 사람들과 이를 적용할 맥락을 이해할 수 있게 한다.

하센잘이 경험을 어떻게 디자인할지를 분명히 언급하긴 하지만 디자인에 어떤 경험을 결정하는지에 대해서는 확실히 말하지 않았다. 분명히 현존하는 제품과 서비스에 대한 경험을 디자인하는 것과 우리의 일상생활에 도전하거나 일반적인 문제나 조건에 접근하는 새로운 방식을 제공하는 것 사이에는 차이가 있다. 지원적 경험은 현존하는 제품 및 기술 구조로 이루어진다. 대조적으로 변형적 경험은 이러한 아이디어에 대한 기술과 사회의 제약 없이 현재 조건(무엇이든 간에)에서 가능한 대안을 디자이너가 상상함으로써 개념화되며 디자이너가 사용자를 위해 생성하고자 하는 경험의 질을 통해 이루어진다.

해롤드 넬슨(Harold G. Nelson)과 에릭 스톨터만(Erik Stolterman)은 디자인이 '이상적인 것'과 '실제인 것'에 관심이 있으며 '실제인 것'은 일상생활의 세부 사항과 관계를 맺고 뿌리를 두고 있다고 한다. 그리고 '이상적인 것'은 세상이 어때야 하는지 상상하는 것에 집중하고 있다고 하였다. 사용자 중심 디자인(UCD)은 새로운 제품과 경험을 디자인하는 것에 일반적으로 사용되는 접근법으로서 사람들을 이해하고 '실제로 작동하는 디자인'을 생성해서 디자인 과정에서 '진짜인 것'을 강하게 강조한다. 디자인에 대한 이러한 접근법은 사람들을 이해하고 문제를 해결하는 디자인을 만들어내는 강력한 도구를 제공했다. 그렇지만 일포 코스키넨(Ilpo Koskinen)은 사용자 중심 디자인이 문제 해결에만 초점을 맞추게 하는 바람에 창의적인 디자인의 중요한 원천을 간과하게 했다고 주장한다.

기존의 제품과 구조 위주로 경험을 디자인하는 것은 '문제를 설정'하는 디자이너의 능력을 제한한다. 도널드 숀(Donald A. Schön)은 문제 설정을 디자이너들이 할 결정, 달성할 목표, 그리고 거기에 도달할 수단을 정의하는 과정으로 정의한다. 나는 경험 지원과 경험 변형 사이의 차이는 디자이너가 '실제'에 너무 집착해 '이상'이 무엇인지 비판적으로 질문하는 것에서 온다고 생각한다. 경험을 변형하고자 하는 디자이너들의 주요 난제 중 하나는 이들이 진화시키고자 하는 영역에서 기존의 제품이나 서비스에 대한 전제와 인지를 넘어서는 것이다.

혁신적 경험을 만들기 위해 우리는 디자이너로서 문제 설정을 향해 움직여야 한다. 문제를 설정할 때 디자이너는 문제가 무엇인지, 스크립트를 어떻게 다시 쓸지를 질문해 현재 경험을 변형한다. 이러한 작업은 기존의 것들을 파괴하려고 하는 대신에 더 나은 미래를 상상하고, 모든 문제가 있는 조건을 다른 관점에서 보고, 기존 구조와 시스템 그리고 제품을 비판적인 눈으로 볼 수 있게 한다. 그렇다면 경험 디자인에서 문제를 설정하는 접근법을 어떻게 도입할 수 있을까? 이 장에서 나는 디자이너가 '이상적'인 아이디어를 개발하기 위해 취할 수 있는 접근법 중 하나로 디자인 과정에서 '현실 흔들기'에 관한 아이디어를 탐구할 것이다. 현실이 유예되는 그 순간에 디자이너들은 아이디어와 콘셉트를 섞어 현실에 존재하지 않는 방식으로 혼합하고, 훨씬 개방적인 방식으로 상상할 수 있다.

요점을 실증하기 위해 이 장에서는 스웨덴의 우메오 디자인 학교(UID)에서 인터랙션 디자인을 공부하는 국제학생들이 참여한 프로젝트를 제시하여 '현실 흔들기'가 경험 변형을 촉진할 수 있는 방식에 관한 사례를 보여줄 것이다. 프로젝트를 사례연구로 제시하며 주요 스튜디오의 강사로서 내가 사용한 방식을 강조할 것이다. 덧붙여서 나는 이 접근법의 영향을, 학생들이 두드러지게 프레임을 바꾼 사례를 제시함으로써, 그리고 학생의 최종 디자인 작업물에서 경험적 품질의 평가를 통해 분석할 것이다.

사례: 변형적 거래(Transformative Transaction)

우메오 디자인 학교는 석사 과정에 있는 학생들이 배출하는 양질의 작업물 덕분에 업계에서 잘 알려져 있으며, 이로 인해 다양한 회사들이 학교에 프로젝트 콜라보레이션을 요청한다. 학교와 회사의 필요와 관심사에 따라 협력은 디자인 프로그램 중 하나와 지원을 받은 학기 프로젝트 형태로 나타난다. 우메오 디자인 학교의 인터랙션 디자인 석사(IxD) 과정에는 각 학기마다 주요 프로젝트가 있으며 이는 인터랙션 디자인의 다른 측면을 탐구한다.

이 특이한 사례에서 브라질 은행인 이타우(Itau)는 학생들이 사회와 은행의 역할을 어떻게 더 관련지을 수 있을지, 그리고 사용자와 어떻게 평생 관계를 구축하고 새로운 행동을 이끌어낼지를 알기 위해 우메오 디자인 학교에 연락을 취했다. 은행에서의 경험이 무엇일지에 대한 개념적 사고를 기반으로, 우메오 디자인 학교는 디자인 석사 과정에 있는 두 학생들이 사용자 경험을 개념적인 층위로 탐구한 10주간의 인터랙션 콘셉트 학기 프로젝트로 이타우와 협력했다.

우메오 디자인 학교의 연구자로서 나는 현재 건강 관리 측면에서 환자의 경험을 디자인하는 것에 집중하고 있으며, 과거에는 사람들과 일상 사물 사이에 더 풍부한 상호작용 구축을 목표로 연구했다. 디자인 경험과 상호작용에 대한 배경 덕분에 나는 2011년부터 우메오 디자인 학교에서 인터랙션 콘셉트를 가르치는 학기 프로젝트의 담당 교수가 되었다. 2011년과 2012년도에 이 과정을 가르친 경험은, 사용자에 집중하며 사용자 연구에서 얻은 통찰에 따를 때 개념적으로 생각하는 것이 어려울 수 있음을 알게 해주었다. 오늘날의 사회에서 은행은 큰 브랜드와 엄격한 구조로 장악하고 있기 때문에 나는 학생들이 디자인에서 인지된 제한점을 넘어설 수 있길 바랐다. 이렇게 하기 위해 프로젝트를 최대한 짧게 유지하도록 했다. 학생들이 집중하도록 구체적인 사용자 그룹이나 구체적인 은행 영역을 분배하기보다는, 이타우와 디자인 석사 프로그램 지도자와 협력하여 학생들이 은행과 관련된 변형, 투명성, 사려(思慮), 유형성이라는 네 가지 주제와 관련된 영역에서 작업하도록 했다.

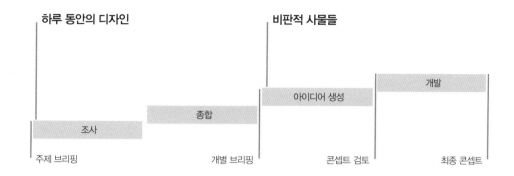

그림 13-1
디자인된 두 가지의 혼란을 포함한 학생들의 프로젝트 타임라인

    학생들은 은행과 고객 사이에 돈이 아니라 각 고객의 삶을 이해하여 관계를 형성할 수 있는지, 그리고 은행은 고객들에게 개인적인 목표를 어떻게 달성하도록 도울 수 있는지를 탐구하게 했다. 더불어 학생들은 은행 고객들이 자신의 금융과 다른 사람들과의 금전적 관계에서 투명성을 촉진할 수 있도록 요청받았다. 프로젝트의 최종 목표는 유형성의 요소를 가진 새로운 은행 경험을 형성하는 것이었다. 더불어 그들에게 디자인의 '경험적' 물리적 프로토타입을 제공하도록 요청했다.

    프로젝트는 전통적 디자인 과정의 타임라인을 갖고 있었으며 학생들이 프로젝트 주제를 탐구하고 정보를 수집하는 조사 단계, 연구를 디자인 작업을 위해 합치는 종합 단계, 그리고 특정 관심 영역을 기반으로 다양한 디자인 아이디어를 개발하는 아이디어 생성 단계, 그리고 하나의 디자인 아이디어에 집중해 이를 최종 디자인으로 발전시키는 개발 단계로 이루어졌다. 그러나 학생들이 디자인 프로젝트에서의 사용자 중심 디자인 기법과 문제 해결 프레임워크를 이용한 정기적 작업에 친숙했기에 나는 프로젝트 타임라인 동안 두 개의 '추가적인' 워크숍을 촉진시켜서 일반적인 스케줄을 조금 방해하기로 했다.

    비판적 디자인에서 영감을 얻고 디자인 실무에서 현실과 이상 모두를 위한 디자인을 이끌어냄으로써 이 워크숍들은 학생들의 평범한 문제 해결 과정(그림 13-1 참조)을 혁신하기 위해 설계되었다.

그리고 학생들이 오늘날 은행의 엄격한 제약들을 다시 생각하고 제도 내에서 상호작용을 하기 위한 새로운 가능성을 생각하도록 목표를 설정했다. 해당 전제는 디자인 과정에서 학생들이 프로젝트의 현실적 제약들은 제쳐두고 '이상적인 것'을 가지고 놀게 함으로써 그들이 전제와 선입관에 대해 비판적으로 생각하도록 촉진하고, 일상생활에서 은행의 역할에 대해 다시 생각하도록 이끄는 것이다.

하루 동안의 디자인

최종적으로 학생들을 뒤흔든 것은 하루 동안의 디자인(Design-in-a-Day)이라고 이름 지은 워크숍이었다. 이는 프로젝트 첫날에 열렸으며 목표는 학생들이 주제에 대해 깊이 있는 연구를 하기 전에 새로운 은행 경험 디자인을 구축하게 하는 것이었다. 그 목표는 학생들이 연구를 시작하게 하고 아이디어를 새로운 은행 경험에서 실험하게 하는 것이었다. 이 워크숍에서는 빠른 진행을 위해 디자인 프로젝트를 2인 1조로 진행했고, 일반적인 10주 과정은 여섯 시간으로 단축되었다. 이들의 디자인은 코스 프로젝트의 안내에 따라야 했지만 제한점을 따를 필요는 없었다. 이 워크숍은 마치 학생들이 이 프로젝트에서

그림 13-2
'하루 동안의 디자인' 워크숍의 결과 이미지들: ①반응형 디지털 화폐 토큰 ②안전한 신용카드 ③전기로 된 크레디트와 선글라스를 교환하는 경험

작업할 수 있는 주제가 무엇인지 마음껏 상상하는 브레인스토밍 연습처럼 진행되었다.

워크숍의 결과는 매우 다양했지만 학생들이 은행과 관련하여 개인적으로 흥미롭다고 여긴 주제를 꺼냈다. 이 워크숍의 세 가지 대표적인 결과는 〈그림 13-2〉에 나타나 있다.

첫째, 반응하는 물리적 토큰을 통해 현금의 장점을 디지털 세계의 화폐로 이용한 시스템. 이러한 토큰은 두께를 기반으로 이들이 가진 돈의 액수를 나타내기 위해 디자인되었다. 토큰에 더 많은 돈이 있다면 더 두꺼워졌다.

둘째, 터미널이 아니라 카드 자체의 핀 코드 보안을 통한 새로운 신용카드 보안 형태.

셋째, 집에서 스스로 전기를 생산하고 남는 전기를 돈으로 환산해 가게에서 물건을 살 수 있는 집을 가진 사람들을 위한 전기 시스템.

전반적으로 워크숍 결과는 학생들이 은행과 관련된 다양한 주제 영역을 살폈으며 현재 은행 시스템의 제약을 받지 않았음을 나타냈다. 일부 개념은 탐구할 가치가 있었으며 다른 개념은 현재 세계의 문제에 의하여 기술적으로 추진되었다. 워크숍은 어떤 학생들이 문제 해결 프레임워크 밖으로 내디딜 때 문제가 있는지 볼 수 있는 유용한 도구였다. 전반적으로, 워크숍이 학생들을 프로젝트 내에서 생성할 수 있는 경험의 종류에 대해 개방적으로 생각할 수 있도록 하여 목적을 충족시켰음을 발견했다.

이 워크숍에서 나온 아이디어 중 일부는 학생들의 최종 디자인에서 가시적으로 나타났다. 예를 들면 한 학생은 워크숍에서 전기 거래에서 아이디어를 얻어 은행이 고객들에게 환경의 영향을 어떻게 알릴 수 있는지 탐구하기로 했다. 최종 결과는 탄소 화폐였다. 이는 은행이 환경적 영향과 관련하여 구매를 분석하고, 단기적/장기적 탄소 소비 목표를 충족시킬 수 있는 탄소 화폐 배지를 제공하며, 같은 프로그램에 참가하는 사람들과 경쟁할 수 있게 하는 시스템이다. 은행의 현재 데이터마이닝 능력에서, 이 학생은 은행의 현재 데이터 마이닝 능력을 바탕으로 고객에게 환경 영향에 대한 정보를 제공함으로써 은행의 역할을 생태학적으로 다시 정의할 수 있는 기회를 엿보았다.

비판적 사물 워크숍

두 번째 혁신은 프로젝트가 4주 지나고 나서 아이디어 생성 단계의 시작에 열린 비판적 사물(Critical Objects)이라는 세 시간짜리 워크숍이었다. 일상생활에서 제품의 역할에 대한 이전 개념과 전제에 도전하기 위해 탐구적 디자인 제안을 사용하는 비판적 디자인에서 영감을 얻었다. 이를 통해 학생들이 일상 행동과 상호작용을 취해 이를 가설적 제품에 매핑하여 은행 경험을 풍부하게 할 수 있게 했다.

워크숍을 준비하는 기간에 학생들은 프로젝트에서 초점을 맞춘 분야인 '생활'과 '은행'이라는 주제를 정의하도록 요청받았다. 학생들이 '생활'과 '은행'을 조합하여 제시한 몇 가지 주제를 예로 들면, '달성하고자 하는 인생 목표/저축 목표', '공동 생활/공동 지출 계정', 그리고 '미래의 자신/미래의 노후 자금'이 있었다. 워크숍은 반 전체가 모든 학생이 제시한 주제를 바탕으로 브레인스토밍을 할 수 있도록 설계했다. 각 학생은 프로젝트에 10분의 시간을 들였으며 최종 5분은 학생의 생활에 대한 주제(그리고 이와 관련된 사물)와 관련한 특징과 행동에 대해 브레인스토밍을 했다. 그리고 나머지 5분은 생활 주제의 모든 측면과 은행이라는 주제를 섞어 가능한 디자인을 구상하는 것에 사용했다. 학생들에게 아이디어가 현실적이든 비현실적이든 모든 가능성을 열어놓도록 권장했으며 브레인스토밍을 할 때 프로젝트의 한계에 대해 걱정하지 말라는 지침을 주었다.

너무 많은 학생들이 있었고 서로의 아이디어에 기여할 충분한 시간이 없었기 때문에 워크숍의 형식이 성공적이지는 않았지만, 워크숍에서 나온 결과는 그래도 제법 통찰을 주었다. 생성된 아이디어의 대부분은 실용적이지 않거나 실제 생활에서는 불가능했지만 은행 개념에 실제 생활의 경험을 연결하는 것은 학생들이 디자인에서 촉진하고자 하는 상호작용의 질에 대해 생각할 수 있게 해주었다.

학생의 최종 결과를 볼 때, 워크숍이 디자인에 미치는 영향을 추적할 수 있었다. 예를 들면 미래 예측과 은퇴 계획에 관심을 가진 학생은 '미래의 자신'이라는 생활 주제와 '미래의 노후 자금'이라는 주제를 브레인스토밍하기 위해 워크숍을 활용했으며 이는 오늘날의 금전적인 행위로 미래가 어떻게 될지를 나타내는 마법 거울에서 지출 활동에 반

그림 13-3
미노의 개발: ①비판적 사물 워크숍 결과 ②최종 디자인 콘셉트 ③최종 결과물

응하여 허리를 조이는 벨트까지의 아이디어로 이어졌다. 이에 대한 마지막 결과는 현재 행동을 기반으로 사용자의 미래를 예측하는 작은 기기인 미노(Mino)였다. 미노는 사용자들이 삶의 다른 측면과 관련하여 금전적 데이터를 모니터링할 수 있게 한다. 건강, 사회생활, 그리고 인플레이션과 같은 국제적 시나리오 등이 그러하다. 즉 미노는 삶이 미래에 어떻게 될지를 나타내는 마법 거울과 그리 다르지 않다. 하지만 최종 콘셉트는 은행과 소셜 네트워크 사이트들이 많은 양의 사용자들에 대한 개인적/통계적 데이터를 수집하고 축적한다는 현실과, 구체적인 사용자 그룹의 행동에 대해 꽤 정확한 예측을 하는 복잡한 알고리즘을 기반으로 하고 있었다.

영향 분석

그러면, 워크숍이 프로젝트 결과에 미친 영향은 무엇이었을까? 이러한 혁신들은 학생들이 은행 경험을 변형할 수 있도록 촉진했는가? 학생들의 최종 디자인 개념은 현재 은행 경험이 변형되고 다시 구성될 수 있는 방안에 대한 다양한 범위의 아이디어를 나타냈다. 일부 학생들은 어떻게 이러한 정보를 컴퓨터 밖에서 적용시킨 뒤 새로운 감각적 방식으로 제시하여 우리의 관계를 단순화할 수 있는지에 집중하고, 또 다른 학생들은 돈의 디지털화를 증가시키는 것, 혹은 우리의 생활에서 은행의 역할을 다시 상상하는 법에 대해 탐구했다. 내가 이미 언급한 디자인 개념 둘 다(미노와 탄소 화폐) 은행의 기존 역량으로 이와 상호작용할 새로운 방식을 제공한다. 이러한 개념은 디자인 내에서 실제와 이상의 균형을 맞추고 개념적이지만 인간 행동에 대한 이해를 기반으로 하는 경험을 제공한다.

프로젝트 기간 동안 학생들은 디자인 과정을 새로운 방식으로 보기 시작했다. 디자인을 위해 사용자 연구에 집중하기보다는 이를 지원하는 방식으로 사용했다. 고객 행동 및 경험을 연구하기 위해 은행에서 현장 탐구를 하는 대신에, 학생들은 이제 다른 학생들과 브레인스토밍하고 은행에서 사람들이 어떻게 인지하는지에 대한 질문지를 배포하고, 돈에 대한 현재 관계를 어떻게 바꿀지에 집중하고 있다. 이러한 연구 형태는 학생들이 형성하는 경험은 맥락적으로 관련이 있으며 이해할 수 있고 디자인에서 문제 해결 접근법보다는 문제 발견 접근법을 취할 수 있게 했다. 학생들은 은행 경험에 관해 비판적으로 생각하도록 격려받았을 뿐만 아니라 이들에게 자신의 프로젝트에 대한 믿음을 디자인할 수 있도록 하였다.

은행 경험 및 디자인 절차를 둘 다 비판적으로 나타내는 예시는 '거래에서 길을 잃다(Lost in Transaction)'라는 프로젝트였다. 학생은 프로젝트에 대한 비판적인 접근법을 취하기로 했으며 새로운 사회적 가치를 상상하는 것을 강조하고 이것이 새로운 제품과 상호작용을 생성하는 방식에 접근했다. 이 학생은 '종교로서의 소비'라는 주제에 집중하기로 했으며 새로운 은행 경험의 형태를 끌어들이는 사물을 생성하기로 했다. 또한 자신의 디자인 과정에서 하루 동안 디자인 워크숍의 변형을 차용해서 매일 집중 영역에 대한 디자인 아이디어를 스케치하기로 했다. 이 접근법에서 이 학생이 촉진하는 행동에 대해 매핑한 15개의 풍부한 디자인 지시를 생성할 수 있었다. 프로젝트의 결과는 반성, 지도, 삶의 변환, 평화와 웰빙, 편안함을 제공하는 다섯 가지 사물이었으며, 각각 새로운, 종교와도 같은 은행의 행동을 위해 나열되었다.

우리가 '탄소 화폐', '미노', '거래에서 길을 잃다'에서 보았듯이 두 워크숍이 제공한 현실의 일시 중지는 학생들이 더 큰 프로젝트에서 취한 지시에 영향을 미치고자 하는 지점 역할을 했다. 여기서 제시된 결과는 학생들이 새로운 은행 행동 및 경험을 개념화하고, 이상적이지만 현실을 기반으로 하는 아이디어를 제공할 수 있었음을 나타낸다. 이들의 개념은 오늘날의 은행 시스템에서 특정 사용자, 특정 사용자 그룹, 혹은 은행 서비스에 대한 구체적인 문제를 해결하고자 하는 것이 아니다. 대신에 학생들은 가능한, 새로운, 은행 경험의 다양한 변형을 상상했으며 이에 대한 통찰에서 시작하여 인간 행동, 은행 시스템, 그리고 기술적 트렌드를 차용했다.

논의

최종 디자인 결과까지 워크숍에서 발생한 아이디어를 추적할 수 있었기에, 워크숍은 학생들에게 현재의 은행 시스템을 넘어 이것이 무엇이 될지를 생각하게 이끄는 이상적인 역할을 하였다. 게다가 학생들은 현실에 제한을 받지 않고 이상을 개념화하도록 공간과 자유를 가졌으며 이러한 워크숍을 통해 은행 경험의 틀을 변형할 수 있었다. 나는 이것이 전통적인 문제 해결 접근법에서 문제 설정 접근법으로 이동한 것이라고 주장한다. 제시된 디자인 결과에 따르면, 설계 절차에서 시행한 현실의 일시 중지는 디자이너가 진정한 혁신적 경험을 할 수 있도록 도와주는 유효한 접근법으로 보인다.

14장
식사 경험의 이해와 디자인, 그리고 그 심리적 결과

베르너 좀머*Werner Sommer*
펠릭스 브뢰커*Felix Bröcker*
마누엘 마틴 로에체스*Manuel Martín-Loeches*
안네카트린 샤흐트*Annekathrin Schacht*
비르기트 슈투르머*Birgit Stürmer*

최근 저자들은 인지와 감성의 과정에 따라 식사의 맥락이 주는 효과에 관한 야심찬 연구를 시작했다. 그리고 여태까지 얻은 결과가 이 장에 요약되어 있다. 현재 우리 팀은 식사 경험과 시간에 따른 지속성을 탐구하기 위해 최고의 미식가들과 협력하고 있다. 이 장을 쓴 저자들은 식사의 심리학적인 측면에 대한 기본적 보고서를 활용하기 위해 모였다.

맛있는 저녁식사의 효과는 카렌 블릭센(Karen Blixen)의 《바베타의 만찬(Babette's Feast)》이란 이야기에 훌륭하게 서술되어 있다. 노르웨이 마을의 평범한 하녀였던 바베타는 잘 알려지지는 않았지만 대단한 요리사였다. 그녀는 경건하며 근엄한 주인들과 그들의 친척과 이웃들을 호화로운 저녁식사에 초대했다. 만찬이 시작되자 마을 사람들은 세속적인 쾌락에 끌리지 않고자 하는 의도와는 반대로 서로의 몸을 녹이고 덥히며, 오래된 과오들을 잊은 채 마법과도 같은 사랑을 한다.

주장하건대, 음식과 관련된 것만큼 중요하면서도 다양한 측면을 가진 인간의 활동은 그리 많지 않다. 식사는 영양이라는 기본적인 욕구를 충족시키는 것에서부터 고객의 독특한 경험을 유도하기 위해 예술과도 같은 형태로 디자인된 공간과 미식가들이 밝혀낸 장소를 제공한다. 식품 산업은 모든 산업 중 가장 큰 규모다. 몇 가지 측면에서 음식의 공급과 소비를 살펴볼 수 있다. 먼저 가장 단순한 수준에서 본다면, 영양에 대해 언급해야 한다. 이 관점에서 본다면 음식의 교환은 물질적 재화를 교환하는 사업이라 할 수 있다. 덧붙여 음식과 그 구성요소는 신체적인 건강, 정신적 웰빙 그리고 인지적 발달에서도 주요한 요소다. 그러나 이 장에서 특수한 고려 사항으로서 식사는 사회/가정 생활에 중요한 요소이며, 식사의 경험은 인간 기쁨의 주요한 근원이다. 에너지 통제 및 식품 섭취의 정상적/비정상적 측면에 대해 많은 것이 알려져 있지만, 식사의 심리학적/사회적 측면에 대해 많은 것을 더 이해해야 한다.

그런 다음, (1)식사를 하는 상황, 즉 식사의 물질적 측면(물리적 재료와 사회적 맥락으로 구성되는 음식), (2)식사 경험, 즉 소비자가 주관적으로 경험하는 식사 상황을, (3)식사와 그 맥락과는 무관한 인지적/감정적 과정에 대한 식사 경험이나 식사 상황의 심리적 결과와 구별할 것이다.

특정한 식사 상황을 만들어서 식사 경험을 형성하고자 노력해온 역사는 아마도 인류의 역사만큼이나 길 것이다. 조직적이고 의식적인 방식으로 식품을 공유하는 것은 동물에게서 관찰되지 않는 인간의 행동이다. 식사 경험에 대한 연구는 식사 상황의 복잡한 측면이며, 이는 집에서의 성급한 아침 식사, 사무실에서의 단순한 간식, 동료들과의 격식 없는 점심 식사, 혹은 집이나 레스토랑에서의 가족 혹은 친구들과의 저녁 식사(기본적인 식사에서 화려한 식사), 그리고 결혼식 혹은 외교 정상회담에서 격식을 차린 만찬까지 다양하다. 이러한 다양한 식사 종류와 다양한 식사 상황은 넓은 범위의 식사 경험을 나타낸다. 더불어 이 특유의 경험은 개인의 성격, 이전의 정신적인 상태(예컨데 체중 감량을 위한 기분이나 정신적 상태)의 영향을 받으며 식사를 함께 하는 사람들과 음식점 직원, 느린 서비스, 혹은 수프에 머리카락이 들어 있는 것 등 예측과 통제가 어려운 사건에 영향을 받는다. 식사 경험의 심리학적인 상태에 대해 유사한 주장을 할 수 있겠다. 그 복잡함을 고려한다면 식사의 심리학을 이해해도 가망이 없지 않을까? 식사 경험을 이해하는 것은, 모든 과학과 같이 다양한 임의적 변동의 필수적인 요소의 분리를 필요로 한다. 과학적인 기법과 원칙의 적용은 인간 삶의 치명적인 측면을 더 깊게 이해할 수 있게 하고 미리 계획된 식사 경험 및 심리적인 결과를 생산하기 위해 식사 상황의 목적 있는 디자인을 가능하게 할 수 있다.

식사는 맛, 색다름 또는 음식 맛이 그것을 먹는 사람의 기대에 부합하는 정도를 포함하여 다양한 차원에서 경험된다. 먹는 사람이 받는 느낌, 즉 그가 음식을 먹고 평가하는 방식과, 음식이 먹는 사람을 감동하게 하는 정도는 음식 자체와 식사를 섭취하는 맥락과 관련이 있다. 맥락은 특정 물리적인 환경일 수 있다. 예를 들면 높은 타워에 있는 음식점처럼 말이다. 맥락은 사회적일 수 있다. 예를 들어 식사를 제공하는 결혼식과 같은 행사는 사회적인 맥락이다. 경우에 따라서는 식사 경험에 관한 기억(예를 들면 고급 식당에서 저녁을 먹은 기억)은 오래 남을 수 있다.

디자이너와 건축가, 그리고 그들의 고객들은 오랜 세월 동안 음식점과 그 밖에 식사를 하는 장소에서의 식사 경험을 창조하고 심리학적인 결과에 영향을 미치는 물리적인 환경을 조성하고자 했다. 그러한 장소는 길거리 판매상, 패스트푸드 음식점, 공용 식당 및 구내식당에서 고급 음식점까지 다양했으며 다양한 욕구를 충족시키고 다른 경험을 가능하게 한다. 그러나 식사와 관련한 경험의 과학적인 연구는 상당수가 음식의 감각적인 판단에 제한되었다. 애석하게도 식사의 심리학적인 결과에 대해서는 매우 적은 과학적인 연구가 실행되었다. 식사 경험에 대한 지식과 식사 상황의 심리적인 결과는 음식, 식사를 제공하는 장소, 그리고 절차를 최적화하기 위해 아주 중요하다.

식사 경험

미식 문화의 실무에서, 그리고 가정 요리에서 주요한 목표는 음식의 '맛'이다. 그러나 '맛'의 감각(미각)은 맛뿐만 아니라 다른 것도 느끼는 감각적인 수단으로 평가된다. 냄새, 온도, 질감(체성 감각), 소리(물고 씹는 동안), 그리고 색 말이다. 위대한 셰프인 어거스트 에스코피에(Auguste Escoffier)는 식사를 하는 맥락이 감각적인 것을 넘어서 식사의 맛에 강한 영향을 미치는 사실을 알고 있었다. 그러한 이유로 에스코피에는 음식을 럭셔리한 환경에서, 우수한 식기에 제공하고 웨이터들이 턱시도를 입게 해서 식사 상황을 개선했다. 페란 아드리아(Ferran Adrià), 안도니 루이스 아두리즈(Andoni Luis Aduriz), 혹은 헤스턴 블루먼솔(Heston Blumenthal)와 같은 현대의 셰프들은 맥락에 관심을 쏟는 작업을 계속한다. 예를 들어, 그들은 굴을 서빙할 때 바다의 파도 소리를 들려주어 준비하는 음식이 가진 다양한 감각적 품질을 강조할 뿐만 아니라, 공간이나 바깥의 자연 광경과 소리를 포함하여 음식점 환경을 디자인하는 것에 신경을 쏟는다. 음식은 유년기의 기억과 관련될 때 감정을 자극한다. 예를 들면 색상과 맛이 예측하지 못한 방식으로 조합될 때, 혹은 입의 온도 수용기가 동시에 자극될 때 감정을 자극할 수 있다. 식사의 복잡함과 식사를 제공하는 맥락 때문에 최고의 음식점들은 다른 예술과 같이 감동을 자아내는 독특한 경험을 형성한다. 이러한 예시는 식사 경험을 형성하는 것에서 가능한 범위를 나타낸다. 일상적인 식사 경험은 비교적 더 소박하지만 매우 중요하다.

식사의 맥락이 식사 경험에 영향을 미친다는 것을 보여주는 과학적 연구는 상당히 많다. 일반적인 실험 환경이 아니라 집에서 식사를 할 때 (예를 들어 아이스크림 같은) 식품을 좀 더 후하게 평가하는 경향이 있다. 식품을 소비하는 환경은 식품의 질에 대한 기대와 관련이 있다. 집이나 음식점에서 소비하는 식사에 대한 기대가 가장 높으며, 학교 및 군대 구내식당에서는 더 낮고, 항공사나 병원에서는 상당히 낮다. 기관 환경에서의 식품은 음식점 환경에서보다 더 질이 낮은 것으로 평가된다. 더 넓은 선택의 일부라면 같은 식품은 선택이 제한되었을 때보다 더 높게 평가된다.

식사는 일반적으로 사회적인 인간 활동의 일부로 여겨지지만, 식사를 하는 동안 사회성은 크게 달라지며 직장 밖과 견주어 직장에서는 혼자 먹는 식사가 더 빈번한 것으로 나타났다. 함께 식사하는 것의 효과에 대한 연구는 다른 사람들과 있을 때 사람들이 더 많이 먹으며 식사가 더 오래 지속됨을 밝혔다. 사회적인 상황은 특정 음식을 받아들이는 것을 감소시킬 수 있다.

전반적으로 연구는 맥락적인 효과가 식사 경험에서 매우 강력한 결정 요소임을 나타냈다. 그러나 이 연구에서는 음식 그 자체에 집중했으며 음식점 인테리어, 서비스, 분위기, 혹은 사회적 상황과 같은 식사 맥락의 경험보다는 그 수용성에 집중했다.

마지막으로, 이 연구에서 유망한 부분은 주관적 효용의 원칙을 식사 경험에 적용한 것이다. 모든 유형의 경험에 주어진 가치는 단순히 경험을 구성하는 개별 요소의 합계(식사에서 먹은 모든 음식 경험의 합)에 의해 결정되는 것이 아니라 그 모든 경험의 조합과 순서에 따라 결정된다. 그렇기에 코스 식사에서 이전 음식에 대한 경험은 전체적인 식사 경험에서 나타나는 쾌감이나 불쾌감에 특별한 영향을 미친다.

식사의 심리학적 결과

식사는 음식의 맛, 냄새, 질감 등으로 인한 인상과 식사 상황의 경험을 초월하는 결과를 초래할 수 있다. 그렇기에 사업 계약을 앞둔 당사자들이나 갈등을 빚고 있는 이들의 관계도 식사를 하는 도중에 더 잘 풀릴 수 있으며 '창의적인' 사람들은 식사를 하면서 새로운 아이디어를 찾고 논하며, 촛불을 켜고 하는 식사는 사랑을 이루게 할 수 있다. 그러나 심리학적인 절차와 사회적 결과에 대한 식사의 효과를 학술적으로 연구한 사례는 적은 편이다. 예외적으로 몇 가지가 있는데, 그중 하나는 식사를 못하는 시간이 길어질수록 판사들의 판결이 더 가혹해짐을 보고한 연구다. 불운하게도 이것이 음식 섭취의 심리학적 효익과 관련이 있는지(예, 글루코스 섭취) 혹은 일의 어려움 때문에 야기되는 피곤함 때문인지는 분명하지 않다. 케빈 나이핀(Kevin M. Kniffin)과 브라이언 완싱크(B. Brian Wansink)에 따르면 배우자가 이성과 커피를 함께 마시는 것보다 식사를 함께 하는 것이 질투를 더 유발한다고 하는데, 이는 식사가 사회적으로 특별히 중요한 의미가 있다는 것을 보여준다.

식사의 심리적 결과와 그 중대한 결정 요인에 관한 과학적 연구의 시작점은 식사가 감정과 기분에 따라 인지수행 및 사회적 상호작용에 영향을 미친다는 전제를 기반으로 한다. 이전 연구 결과로는, 긍정적인 기분이 창의성을 개선하고, 인지적 유창성, 기억, 인지적 통제를 저해한다는 것이 있다.

최근 우리는 식사 상황의 심리적인 효과에 대한 초기 연구를 수행했다. 첫 단계에서 다른 사람이 있는 음식점에서의 점심 식사 상황과 혼자 사무실에서 먹는 빠른 점심을 비교했다. 이것이 식사가 몇몇 심리적 변수에 미치는 영향을 이해하는 데 좋은 시작점이라고 생각했다. 왜냐하면 이것은 일상생활에서 종종 일어나는 두 식사 상황을 비교했기 때문이다. 이러한 상황에서 식사가 심리학적인 상태와 과정에 영향을 미치는지 보기 위해 첫 시도에서 식사 상황의 구체적인 요소를 분리하려 하지 않았다. 중요하게도, 식사와 그 내용이 심리학적인 과정과 절차에 직접적인 영향을 미칠 수 있기 때문에 우리는 식사 상황과 섭취한 음식(혹은 음료)의 차이를 줄이고자 했다. 그렇기에 실험 그룹(EG)과 통제 그룹(CG)을 만들었다. 두 그룹은 성별간의 차이를 없애기 위해 여성으로만 구성했으며, 이들은 같은 음식 종류와 양을 섭취했다. 그렇기에 그룹 사이의 유일한 차이는 식사 맥락뿐이었다.

첫째 날 정오에는 몇몇 심리적 작업을 포함한 기본 절차를 시행했다. 둘째 날 비슷한 시기에 두 종류의 식사 상황이 있었다. 실험 그룹의 여성들은 (여성) 친구 혹은 편안한 지인과 이탈리안 레스토랑에 갔다. 이들은 15개 메뉴 가운데 파스타나 피자를 선택할 수 있으며 식사를 하기 위해 한 시간 정도가 주어졌다. 통제 그룹의 여성들은 선호하는 식사 및 몸무게가 실험 그룹과 유사했다. 이들 역시 레스토랑에 갔지만 포장 카운터에서 음식을 포장해 갔으며 이는 실험 그룹의 파트너가 선택한 식사와 동일했다. 그렇기에 실험 그룹의 여성만이 식사를 선택할 수 있었다. 상황의 또 다른 차이는 음식점과 실험실 사이 거리를 15분 동안 걷는 행위가 실험 그룹에게는 식사 후에, 통제 그룹에게는 식사 전에 발생했다는 점이다. 통제 그룹 참가자들은 우리 부서 사무실로 식사를 가져갔다. 여기서 이들은 최대 20분 동안 혼자 식사를 했다. 그룹 간의 식사 상황 이후에는 첫 절차와 동일한 두 번째 실험 절차가 있었다.

각 실험 절차를 시작하기에 앞서 참가자들한테 기분을 묻는 질문지에 응답하도록 했다. 질문지에서 나타나듯이 실험 그룹은 식사 이후 절차를 진행할 때 통제 그룹보다 훨씬 차분하고 각성한 상태였다. 음식점에서의 식사는 주관적으로 편안했던 것으로 나타났다.

앞서 언급했듯이, 두 절차에서는 각각 몇 가지 작업을 했다. 사이먼의 작업은 인지적 충돌을 야기하고 잘못된 반응을 유도하기 위한 것이었다. 이 작업에서는 컴퓨터 화면의 다양한 공간에서 무작위로 나타나는 자극의 모양에 따라 버튼을 왼쪽 혹은 오른쪽 손가락으로 누르도록 했다. 예상대로 자극이 화면에 나타난 위치와 눌러야 하는 버튼의 위치가 불일치할 때보다 일치할 때 더 좋은 결과가 나왔다. 이 사이먼 효과는 자극 위치 및 자극 모양에 의해 활성화된 다른 반응들 사이의 충돌의 결과로 해석되는데, 이는 올바른 반응을 선택하기 위한 심리적 통제 과정으로 탐지되고 해결되어야 한다. 기본 절차와 비교하여 통제 그룹은 식사 이후에 사이먼 효과가 줄어들었으며, 이는 실험 그룹에서는 변화가 없었다. 우리는 두 번째 절차에서 통제 그룹의 반응에 대한 인지적인 통제가 어쩌면 연습 때문에 개선되었을 가능성이 있다고 본다. 이와는 반대로, 실험 그룹은 음식점을 방문한 이후의 인지적 통제에서 그다지 개선된 바가 없었다.

식사 전후의 두 테스트 절차에서 뇌파도(EEG)를 기록했다. 우리는 사이먼 작업에서 일어난 부정확한 반응(오류)의 처리에 관심이 있었다. 틀린 응답 이후에 뇌파도에서 오류 부정이라고 불리는 부정적인 뇌파가 나타났다. 부정적인 뇌파는 응답 충돌 혹은 응답 틀림과 같은 성능 모니터링과 관련이 있었다. 성능 모니터링 절차는 필수적인 인지 통제 요소다. 부정적인 뇌파는 식사 이후에는 통제 그룹보다 실험 그룹이 더 낮게 나타났다.

부정적인 뇌파가 올바르지 않은 응답으로 이어진 다음에는 또한 긍정적인 ERP 요소인 오류 긍정성(PE)도 나타났다. 오류 긍정성은 오류를 범하는 의식적인 인지와 관련이 있었다. 부정적 뇌파와 마찬가지로 오류 긍정성은 통제 그룹과 견주어 실험 그룹에서 줄어들었다. 실험 그룹은 통제 그룹과 견주어 낮은 인지 통제 및 낮은 인지를 나타냈다.

두 번째 작업에서 감정의 표정에 대한 뇌의 반응을 계측했다. 행복하거나 분노하거나, 중립적인 표정을 짓는 남녀의 얼굴을 제시했다. 흥미롭게도 화면에 얼굴을 나타내고 200밀리초(milliseconds, 1,000분의 1초) 미만부터 중립적인 표정과 견주어 화가 난 얼굴에 대한 뇌의 반응은 통제 그룹보다 실험 그룹에서 더 크게 나타났다. 이전 연구에서, 그러한 상황을 통제하고자 하는 역량이 추가적인 작업 때문에 감소되었을 때 감정을 일으키는 뇌의 응답은 더 커진 것으로 나타났다.

이러한 결과는 상대적으로 짧은 시간 동안 작은 사무실 공간에서 혼자 밥을 먹는 것과 견주어 음식점에서 식사하는 상황에서 두 가지 효과가 존재함을 나타낸다. 첫째로 음식점 식사는 사무실 식사보다 더 편안했을 것이다. 둘째로 음식점 식사 이후에 인지적 통제 및 오류 모니터링은 사무실에서 식사한 사람들과 견주어 음식점에서 다른 사람들과 먹은 사람들에게서 감소되었다.

우리가 아는 한 이 연구는 식사 경험의 심리학적인 결과를 평가한 최초의 연구다. 여기서 발견한 중요한 효과는 소비된 음식의 종류와 양과는 관련이 없었는데, 그 이유는 두 그룹에서 모두 동일했기 때문이다. 이와 유사하게, 몸무게, 선호하는 음식, 나이를 통제요인으로 두었으며 우울증 등을 앓는 환자들은 제외했다. 전체적으로 두 가지의 식사 상황을 비교했기에 식사를 하는 상황에서 어떤 요소들이 효과를 일으켰는지는 알 수 없다. 중요한 잠재적 요소는 사무실과 음식점 환경일 것이며, 혼자 먹거나 타인과 먹는 것, 그리고 식사 이전 혹은 이후 15분 걷는 것이었을 것이다.

어떤 이는 음식점에서 식사를 하는 상황에 있던 참가자들의 심리적 과정에서 더욱 더 긍정적인 효과가 나타날 것이라고 기대했을지도 모른다. 그러나 인지 통제의 감소는 효과에 대한 자체 모니터링 및 오류에 세밀한 주의가 필요한 경우에는 불리하게 작용할 수 있다. 사회적인 조화가 필요한 때와 같이 다른 상황에서는 인지 통제의 감소가 유리할 수 있지만 말이다. 연구의 예시는 첫째, 식사가 식사 자체와 관련이 없으면서도 식사 상황보다 오래 지속되는 심리적 영향을 미칠 수 있다는 것을 보여준다. 둘째, 이러한 결과는 구체적일 수 있다는 것을 보여준다. 우리는 식사가 감정, 인지, 행동 기능에 미치는 영향을 더 알기 위해 이 연구 영역을 다양한 방향으로 확장하는 것이 바람직할 것이라고 생각한다.

식사 상황과 식사 경험에 대한 심리학적인 결과에 대해 연구 가능한 영역은 다음의 질문들을 탐구하는 것이다. 식사 경험이 어떤 심리적인 절차와 기능에 영향을 미치는가? 우리가 첫 번째 연구에서 평가한 절차 외에도, 사회적 행동, 언어 처리, 창의력, 기억

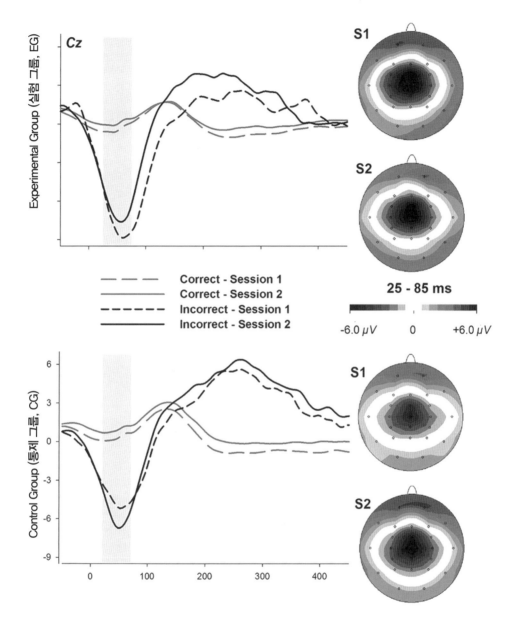

그림 14-1

사이먼 작업의 응답 동기화 ERP. 정확한 반응과 부정확한 반응, 절차 1과 2, 그리고 EG와 CG에 겹쳐진 전극 Cz의 ERP. 부정확한 반응과 정확한 반응 간의 차이로서 Ne가 파형 오른쪽에 표시되어 있다(25 – 85ms).

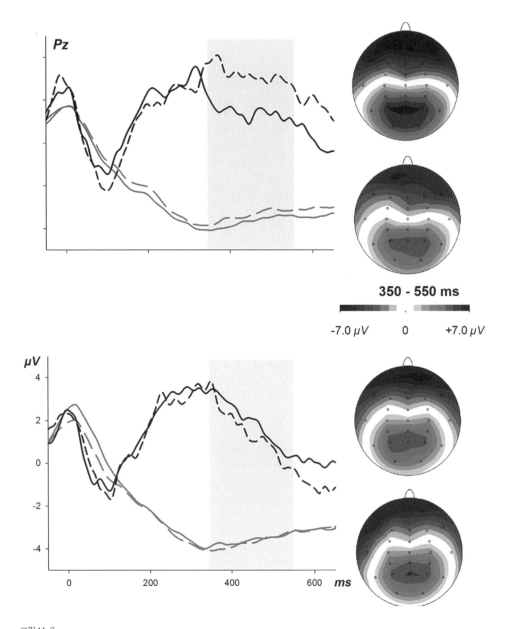

그림 14-2
그림 14-1과 동일하나 전극 Pz의 경우를 나타낸 것(전압 및 시간 척도의 변화에 주목하라). 파형 오른쪽에 오류 긍정성에 대한 지형도 (350 – 550ms)가 표시되어 있다

력 또는 정신적 속도를 고려할 수 있다. 이러한 요소들의 역학은 무엇인가? 방법적으로는 어렵겠지만 식사 도중에 그런 특유의 심리학적 효과가 언제 나타나고 시간에 따라 어떻게 발달하는지를 보는 것은 흥미로울 것이다. 이러한 효과를 나타내는 필수적인 요소는 무엇일까? 위에서 언급했듯이 두 상황을 전체적으로 비교했으며 효과에 기여하는 구체적인 요소와 변수 사이를 구분할 수 없다. 만약 이러한 요소들을 체계적인 실험 변동을 통해 파악할 수 있다면 이러한 요소들을 소비자가 원하는 심리적 효과를 달성하기 위해 식사 경험을 디자인하는 데 활용할 수 있을 것이다.

식사 경험 디자인

식사 경험과 그 심리학적인 결과에 관한 디자인은 많은 사업 분야와 관련되어 있다. 식품 산업은 이들이 팔고자 하는 식품의 적합한 감각적 특성(그리고 매력적인 포장)을 디자인하여 제품의 마케팅 효과를 최대한 끌어올리고자 한다. 유사하게도 음식점과 다른 식품 산업은 구체적인 입맛, 시각적인 제시, 영양적 가치, 신선함 등을 제공하여 고객의 기대를 충족시키고자 한다. 여기서 디자인 문제는 요리 및 식사 준비와 관련이 있다. 그러나 위의 검토로부터 감각적인 특성이 맥락에 강한 영향을 받는 사실을 알아야 한다. 예를 들면 오래 숙성된 치즈의 '맛있는' 냄새는 따로 제시될 때에는 몸에서 나는 악취로 경험될 수 있다. 허버트 메이젤만(Herbert L. Meiselman)은 실제로 먹는 맥락을 무시하여 음식의 감각적인 특성을 평가하는 것에 대해 경고했다. 그렇기에 기내식을 최적화하기 위해서는 음식에 대한 경험을 비행기 상황에서 계측해야 하며 음식의 표본만을 제시하는 실험실 환경이 아닌 전체적인 식사 맥락에서 계측해야 한다.

예를 들어 레스토랑 디자인은 기능적 제한점을 고려해야 한다. 패스트푸드 음식점이나 구내식당은 수백 명의 사람들에게 서비스를 제공할 수 있어야 하며, 좌석과 화장실을 신속하게 찾을 수 있어야 한다. 청소하기 쉬워야 하고 짧은 시간 안에 더 많은 돈을 벌기 위해 회전율을 높이고 싶다면 지나치게 안락해서는 안 된다. 좋은 음식점은 사람들이 가까이하고 편안하게 느끼도록 사람들을 끌어들이는 인테리어를 갖고 있어야 한다. 또 기능적인 요구를 항상 충족해서 레스토랑을 잘 운영할 수 있어야 한다.

레이첼 허스트(Rachel Hurst)와 제인 로렌스(Jane Lawrence)는 '날것(길거리 판매상 및 패스트푸드 음식점)', '미디움(패밀리 레스토랑과 카페)'에서 '웰던(고급 미식)'이라는 흥미로운 분류를 제시했다. 다른 카테고리의 식사는 다른 목적을 갖고 있다. 그렇기에 바쁜 하루 동안 점심 식사는 칼로리와 영양을 제공하기 위해 섭취되며 사회적인 소통에 대한 강조는 적다. 이는 '날것'을 파는 음식점의 사례다. 다른 경우에 사람들은 점심 식사를 하면서 관심사를 논하고자 할 수 있겠다. 여기서는 편안한 분위기가 새로운 아이디어를 생성할 수 있을 것이다. 여기서는 '미디움' 종류가 더욱 적합할 것이다. 그리고 저녁 식사는 손님을 대접할 때, 생일을 축하할 때, 사회적 관계 및 연인 관계를 시작하거나 깊게 할 때 또는 회복할 때와 같이 사회적인 목적을 갖고 있다. 여기서 선택은 '웰던' 장소일 것이다. 이렇듯 레스토랑 디자인의 대략적인 분류가 가능하지만 최적화와 조율은 실험에서 나타나듯이 시스템적 연구 및 정량적 분석에서 효익을 얻을 것이다.

레스토랑 디자인은 적합한 분위기를 제공하여 고객이 음식을 잘 섭취할 수 있도록 해준다. 그렇기에 유기농 음식을 제공하는 음식점은 음식점에 대한 접근법을 나타내기 위해 인테리어 디자인에서 자연과 관련된 재료를 사용하고, 이탈리안 음식점은 이탈리아 인테리어를 사용할 수 있다. 만약 이를 성공적으로 해낸다면 맥락은 식사 경험에 영향을 미칠 것이다. 파도 소리가 굴의 맛을 강화하는 것처럼 인테리어 디자인은 그에 따른 음식의 질을 강화할 수 있다. 릭 벨(Rick Bell), 허버트 메이젤만, 배리 피어슨(Barry J. Pierson), 그리고 윌리엄 리브(William G. Reeve)는 이탈리안 음식점을 이탈리아의 환경에서 제공한다면 더 진짜인 것처럼 느껴진다고 보고했다. 그러나 디자인은 균형을 잘 잡아야 한다. 그렇지 않는다면 과도하고 부적합한 환경으로 이어질 것이다.

인간의 식사 경험은 인테리어 디자인뿐 아니라 식기에도 영향을 받는다. 잔, 그릇, 그리고 식기는 인지에 유의한 영향을 미칠 뿐만 아니라 우리가 먹는 식사에 대한 평가에도 영향을 미치기에 물리적인 환경을 디자인할 때 고려해야 한다.

언급한 것처럼 셰프들은 식사 경험을 전반적으로 고려하기 시작했다. 하지만 이들은 대체로 그릇에 무엇이 올라가는지, 혹은 음식이 고객과 어떻게 상호작용하는지에 관심이 많다. 하지만 다행히도, 음식을 주인공으로 생각하기보다 전체적인 식사 과정에 집중하는 디자이너들과 예술가들도 있다.

이 맥락에서 흥미로운 문제는 개인적인 가정과 식사 장소의 디자인이다. 식사는 대부분 가정에서 이루어지므로, 집에서 가족과 함께 즐거운 식사 경험을 할 수 있는 기회를 제공하는 것은 매우 중요하다. 요리하고 식사하는 공간 역시 압박을 받게 되었다. 넓은 가정에는 별도의 식사 공간이 있을 수 있다. 그러나 일반적인 현대 가정에서 식사는 거실이나 부엌에서 이루어진다. 대부분의 경우 아파트는 너무나도 좁아서 가족이 모두 모여 식사하거나 손님을 초청하여 식사를 하기 힘들다.

식사 경험에 대한 맥락 효과의 지식이 식사와 음식점의 디자인을 최적화하는 것처럼, 식사의 심리학적인 결과에 대한 지식은 식사 상황을 개선할 수 있게 한다. 현재 식사의 심리학적 결과에 대한 연구는 아직 초기 단계에 있다. 만약 어려운 재료, 창조적 과정, 사회적 상호작용, 일반적 웰빙(예컨대 재활이나 취미의 맥락), 혹은 최소한의 인지적/감정적 영향을 미치는 영양에 대한 집중적 학습과 이해를 촉진하는 것이 목표라면, 음식점과 그 공간에서의 절차에 대한 최적의 디자인(그리고 고객 관점에서의 선택)은 아주 달라질 수 있다. 우리가 수행한 연구 결과를 토대로 다음과 같은 예비 제안을 도출할 수도 있다. 집중력과 근면함이 필요하다면, 식당에서 오랜 시간 식사하는 것보다는 점심시간을 줄이는 편이 좋다. 이와 대조적으로, 좋은 친구들과 음식점에서 식사하는 것은 긴장을 푸는 데 큰 도움이 될 수 있다.

식사 디자인에서는 전체적인 경험을 생성하기 위해 여러 다른 요소들을 혼합해야 한다. 이는 실내 디자인, 요리, 음식 디자인, 제품 디자인, 사회학, 심리학, 생물학, 그리고 음식과 그 소비자의 역사를 활용해야 하는 일이다. 이러한 요소들은 개인의 욕구와 관심을 충족시키는 식사 상황을 형성하거나 선택하는 데 기여할 것이다.

더 읽어볼 것

머리말에서 언급했듯이 이 책의 출판을 위한 협력적 노력의 목적 중 하나는 공통된 이론적 기반을 구축하기 위한 것이었다. 하나의 교리로서 경험 디자인은 아직 너무 이르며, 너무 유동적이고 이론적 체계를 개발하기 위한 괴리적 배경을 가진다.

경험 디자인이란 무대 자체에서 이 출판의 탄생 배경은 건축, 고고학, 컴퓨터 과학, 인터랙션 디자인, 제품 디자인, 심리학, 시각 커뮤니케이션 등의 여러 학문적 영역의 배경에서 비롯된 것이다. 다양한 배경과 접근을 통해 다양한 의도와 기대로 경험 디자인 영역에 대한 추가 자료를 제시하려는 시도는 무의미해 보일 수도 있다. 그러나 이는 늘 새로운 독자가 어떻게 접근하느냐에 따라 다를 것이다.

아직은 논의를 통해 그 다양한 학제적 배경 사이에서 공통된 참조를 구축하기란 힘들지도 모르지만 참조 목록의 비교 분석은 꽤 흥미롭다.

전체적으로 보면 10개의 글이 2번 이상 참조되었다. 놀랍지도 않지만 가장 많이 참조된 글은 이것이다.

Pine, B. Joseph II, and James H. Gilmore. *The Experience Economy*. Updated edition. Boston, MA: Harvard Business Review Press, 2011.

두 번째로 가장 많이 참조된 책은 경험과 예술을 분석한 듀이의 책이다.

Dewey, John. 《경험으로서의 예술(*Art as Experience*)》. New York, NY: Perigee Books, 2005.

가장 많이 참조된 목록에 두 권의 책을 올린 유일한 저자는 과학자이자 사용자 중심 디자인의 옹호자인 도널드 노먼이며 그는 아래의 책들을 집필했다.

Norman, Donald A. 《감성 디자인(*Emotional Design Why we Love [or Hate] Everyday Things*)》 NewYork, NY: Basic Books, 2005 ; and

Norman, Donald A. 《도널드 노먼의 디자인과 인간 심리(*The Design of Every day Things*)》 NewYork, NY: Basic Books, 2013.

한 번 이상 참조된 문헌들은 다음과 같다.

Desmet, Pieter, and Paul Hekkert. "Framework of Product Experience." *International Journal of Design 1*, no. 1 (2007): 57 – 66.

Forlizzi, Jodi, and Katja Battarbee. "Understanding Experience in Interactive Systems." *DIS '04: Proceedings of the 5th Conference on Designing Interactive Systems:Processes, Practices, Methods and Techniques.* New York, NY: ACM, 2004: 261 – 8.

Gell, Alfred. *Artand Agency: An Anthropological Theory.* Oxford: Oxford University Press, 1998.

Hassenzahl, Marc. *Experience Design: Technology for All the Right Reasons.* San Rafael, CA: Morgan & Claypool, 2010.

Redstrom, Johan. "Towards User Design? On the Shift from Object to User as the Subject of Design." *Design Studies 27*, no. 2 (2006): 123 – 39. Shedroff, Nathan. Experience Design 1. Indianapolis, IN: NewRiders, 2001.

이 목록이 통계학적으로 타당성을 보여주지는 않지만 전 세계의 학계, 디자인업계 전문가들이 그 내용을 가치 있게 여겼다는 사실은 이 책들의 독서 권장을 정당화해준다. 열 명의 저자들의 글이 이 책에서 한 번 이상 언급되었으며 추가적으로 몇 명의 저자들만이 다른 책에서 참조되었다. 이들은 다음과 같다.

1 카차 배트어비(Katja Battarbee)와 일포 코스키넨(Ilpo Koskinen), 이들은 서로, 혹은 조디 폴리지(Jodi Forlizzi)와 함께 인터랙션 디자인/사용자 경험 디자인에 대해 글을 쓴다.

2 제품 디자인을 배경으로 하여 폴 헤커트(Paul Hekkert)와 피터르 데스메(Pieter

Desmet)와 함께 작업하는 헨드릭 슈퍼스타인(Hendrik Schifferstein)

3 미국의 디자인 이노베이션 기업 IDEO의 CEO이자 디자인 씽킹 이론의 지지자 인 팀 브라운(Tim Brown)

4 미국 심리학자 미하이 칙센트미하이(Mihaly Csikszentmihalyi)

5 프랑스 철학자인 질 들뢰즈(Gilles Deleuze)와 앙리 르페브르(Henri Lefebvre)

6 프랑스 사회학자 브뤼노 라투르(Bruno Latour)와 앙트안 에니옹(Antoine Hennion)

7 핀란드 건축가 유하니 팔라스마(Juhani Pallasmaa)

이 연구자 목록은 포괄적이거나 일반적으로 수용될 수 있는 것은 아니지만, 책 전반에 걸친 저자들의 반복적 인용은 이것이 경험 디자인에 관심이 있어 더 깊이 탐구하고자 한다면 추가적으로 검토할 가치가 있을 수 있음을 나타낸다.

경험 디자인 교과서

UX 디자인을 위한 이론과 연구

초판 1쇄 발행일 2017년 2월 28일
1판 1쇄 발행일 2018년 7월 6일

발행처 유엑스리뷰
발행인 현명기
엮은이 피터 벤츠Peter Benz
옮긴이 범어디자인연구소
주　소 부산광역시 수영구 광남로 160-1 2층
전　화 051.755.3343
메　일 uxreviewkorea@gmail.com

ISBN 979-11-955811-3-9

Experience Design: Concepts and Case Studies by Peter Benz

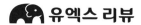